现代海洋观

主　编　江儒敏
副主编　黎法明　肖仁龙　林　郁
主　审　金湖庭
参　编　陈　溶　吴永华　王宗开

U0292973

哈尔滨工程大学出版社
Harbin Engineering University Press

内容简介

本书是为响应国家加快建设海洋强国的号召，满足推进全民海洋意识教育和提高航海类专业学生职业素养的需要，按照高校通识教育课程标准而编写的。

全书共分为十三个专题，主要包括现代海洋观导论，海洋环境，海洋国土，现代海洋国土观，海洋资源，现代海洋经济，现代海洋资源观，海洋权益，现代海洋权益观，海洋战略，海洋军事，现代海洋防卫观和现代海洋文化等。

本书可作为中高等学校海洋观念通识教育教学用书，亦可作为航海类专业职业素养培养教学参考用书。同时，本书还可作为提高全民海洋意识教育的读本。

图书在版编目(CIP)数据

现代海洋观 / 江儒敏主编. —哈尔滨：哈尔滨工
程大学出版社，2018.7（2024.7重印）
ISBN 978-7-5661-2062-5

Ⅰ.①现…　Ⅱ.①江…　Ⅲ.①海洋学－高等学校－教材　Ⅳ.①P7

中国版本图书馆CIP数据核字(2018)第165275号

选题策划　史大伟
责任编辑　张淑娜
封面设计　刘长友

出版发行　哈尔滨工程大学出版社
社　　址　哈尔滨市南岗区南通大街145号
邮政编码　150001
发行电话　0451-82519328
传　　真　0451-82519699
经　　销　新华书店
印　　刷　哈尔滨午阳印刷有限公司
开　　本　787mm×1092mm　1/16
印　　张　13.75
字　　数　370千字
版　　次　2018年7月第1版
印　　次　2024年7月第5次印刷
定　　价　35.00元

---

http://www.hrbeupress.com

E-mail:heupress@hrbeu.edu.cn

P 前言
PREFACE

　　1998 年，第一个国际海洋年，我们通过举办走向海洋、爱我蓝色国土等一系列活动来提高国民的海洋意识。弹指一挥间，二十年后的今天，国民海洋意识高涨，国家海洋建设如火如荼。"一带一路"和南海岛礁建设积极推进，开放型经济新体制逐步健全。面对经济建设取得的重大成就，回顾"砥砺前行"的中国海洋强国建设中的历史性成就和历史性变革，我们不得不为新时代海洋意识迸发出的巨大潜在动力和排山倒海的磅礴气势所震撼。

　　党的十八大以来，以习近平同志为核心的党中央高度重视海洋事业发展，牢固树立陆海统筹理念，从根本上转变"重陆轻海""以陆看海""以陆定海"的传统观念，强化多层次、大空间、海陆资源综合利用的现代海洋经济发展意识，做出了一系列重要的决策，取得了无比辉煌的成就，为新时代海洋观念的发展指明了方向，也为海洋意识内涵的拓展提供了宝贵的经验。

　　李克强同志对中国"和平、和谐、合作"海洋观的系统阐述，全面透彻地辨析了中国现代海洋观"海陆一体的海洋国土观，主权、安全、发展利益相统一的海洋利益观，和平合作的海洋发展观，共建共享共赢的海洋安全观"的准确内涵，明确地指出了中华民族走的是一条"依海富国、以海强国、人海和谐、合作共赢"的和平发展道路，并形成了逻辑严密、系统完整的海洋强国建设思想，促进了海洋观内涵向深层次的拓展。

　　习近平同志海洋强国建设思想贯穿着马克思主义的立场、观点、方法，蕴含着指导我国发展海洋事业、建设海洋强国的科学方法论。其中，创新思维的阐发和应用，战略思维、系统思维、底线思维的引入、论证和实践丰富和发展了我国海洋观的科学内涵，充分证明了现代海洋观不仅仅是一种海洋意识，而且是一种系统的思维体系和方法论，是蕴含着指导我国发展海洋事业、建设海洋强国的科学方法论。

　　党的十九大报告中"坚持陆海统筹，加快建设海洋强国"目标的进一步明确，充分证明了海洋观作为一种国家和民族意识，缜密、立体、全面、长远地考虑了国家的安全、利益和发展。其内涵中不但包含了对海洋的基本认知观点，而且包含了可以用来制定国家发展战略的思维模式和逻辑性原理，是理论性和实用性兼备的方法论，这便超越了原有海洋观的意识认知领域，成为具有新的内涵和实际应用价值的现代海洋观。

现代海洋观作为代表国家和民族意识形态的逻辑体系，其来自浩瀚历史长河的程序性，横跨多领域的全方位逻辑性，战略性规划的缜密性，既能引导国家海洋战略，更能引导地区性建设、家庭规划与发展、公民的人生观和世界观。

中华民族五千年的沧桑曲折巨变，每一寸热土都铭刻着不屈不挠的民族精神。旧中国丧权辱国的近代史为拓展现代海洋观教育提供了反面教材，新中国"海洋强国战略"的一系列正确举措和丰硕成果为现代海洋观的应用提供了坚实的佐证。结合内陆文化和海洋文化相辅相成的融合，国际发展形势此消彼长的演变，国家兴衰变迁的演绎，现代海洋观形成了古今中外相融合，理论和现实相互呼应的知识体系。当今实现中华民族伟大复兴中国梦的特殊时期和海洋强国发展的大好形势为我们深入研究和大力发掘现代海洋观内涵，提供了得天独厚的拓展环境和契机。

感触历史，感受征程，感动时代，感慨成就，感悟未来，编写此书，感召现代海洋观走进广大人民群众的现实生活实践之中，落地生根并开花结果，为中国海洋强国建设加油助力，为实现中华民族伟大复兴的"中国梦"增砖添瓦。

基于近年"现代海洋观"课程的教学实践和理论研究，编者经过反复酝酿和策划，完成这本教材的编写。本书共分为 13 个专题，由江儒敏主编，黎法明、肖仁龙、林郁、陈溶、吴永华、王宗开等参加了部分主题的编写。我们正在积极推进"现代海洋观"的在线开放课程建设，以便跟进课程内涵的发展，同步更新课程信息。

"现代海洋观"作为一门跟进海洋发展局势，解读国家当前"一带一路"倡议和"海洋强国"战略思想，重点诠释海洋国土观、海洋资源观、海洋权益观、海洋防卫观的课程，旨在引导"爱国爱家，自主自强"的民族精神，引领"程序化和逻辑化"的规划性思维，弘扬"进取奉献"的人生观和价值观，提高国民综合海洋意识和人生内涵。本书不仅适用于海洋观念知识的普及教育，而且可供广大海洋工作者、热爱海洋的各界人士阅读，期待携手解读海洋思维，启迪人生和未来。

本书的主体思想是受到航海前辈与同仁的启发形成的，在编写中查阅、参考了同一领域浩繁的相关文献资料，借鉴了由前人研究得出的大量相关学术成果，在此一并致以衷心的感谢。

本书的出版，得到了哈尔滨工程大学出版社领导和编辑的大力支持，使得教材在短时间内能够与师生及广大读者见面，在此表示诚挚谢意和深切敬意！

基于中国现代海洋观内涵正在突飞猛进地拓展，本书难免存在诸多不成熟之处，欢迎老师、同学们以及广大海洋工作者、热爱海洋的各界人士批评指正，以便在今后修改完善。

编　者

2018 年 5 月

目录
CONTENTS

现代海洋观导论

1. 正确理解现代海洋观的概念及内涵，形成现代海洋意识。
2. 了解世界和中国海洋观的发展历史，形成爱国爱家观念。
3. 理解现代海洋观的多重思维模式及其意义，有效应用于分析常规问题。
4. 了解现代海洋观的建立方法及意义，应用于思考人生，促进人生观和价值观的完善。
5. 理解现代海洋观的实践途径和方式，能够结合生活实践，形成生活和学习的动力。

现代海洋观的导入

　　要树立以人民为中心的工作导向，把服务群众同教育引导群众结合起来，把满足需求同提高素养结合起来，多宣传报道人民群众的伟大奋斗和火热生活，多宣传报道人民群众中涌现出来的先进典型和感人事迹，丰富人民精神世界，增强人民精神力量，满足人民精神需求。

——习近平 2013 年 8 月 19 日

　　房价飞涨，让退缩的人不堪重负；改革浪潮，让保守的人局促而拮据；"大众创业，万众创新"的风暴，让有些人眼花缭乱、茫然而无所适从，他们好似一叶扁舟飘摇在狂风恶浪的大洋之上，又犹如中国的黄土海洋文化颠簸在历史长河，沧桑而悲壮。同时，我们不得不敬佩海洋的浩瀚和博大精深，不得不为中国现代海洋文化的坚韧成长和兴起而赞叹。

　　文化是基础和前提，意识形态是核心和枢纽，有什么文化，就成就什么意识，而意识形态决定人的生活方式。中国现代海洋文化成就了中国现代海洋意识。生机勃勃的中国现代海洋意识正指引着新中国的改革开放、海洋强国、"一带一路"等战略及倡议，创造着中国的繁荣昌盛。

　　临渊羡鱼，不如退而结网。我们与其飘摇在汹涌澎湃的中国现代海洋文化浪潮中茫然，不如鼓起勇气，扬起风帆，顺应改革开放的浪潮，自强不息，坚韧顽强地拼搏一把，做时代的弄潮儿。这就是现代海洋意识，我们将要接触的"现代海洋观"的精髓和主旨。

知识要点一： 现代海洋观的概念与内涵

一、海洋观的基本概念

海洋观，简单地讲就是对海洋的基本观点，作为一种意识形态，海洋观是人们对海洋在人类生活和社会发展中的地位、作用和价值的理性认知，是人们对海洋、国家、民族发展之间相互关系的总体看法，是民族或国家在海洋问题上共同意志和根本利益的具体体现。

海洋观既是一个思想的范畴，也是一个历史的范畴，更是一个哲学的范畴。在它的内涵里，既包括民族或国家现实的海洋利益，又包括民族或国家长远的海洋利益；既包括海洋经济利益，又包括与之相适应的政治、军事利益。新时代下的中国现代海洋观以建设海洋强国为核心目标，包括海洋国土观、海洋资源观、海洋权益观和海洋防卫观等。

海洋观是随着民族和国家经济基础的发展而变化的，同时又会对国家的经济基础产生一定的反作用。对于濒海民族或国家来说，正确的海洋观可以促进社会的发展进步，而陈旧甚至是落后的海洋观，给社会带来的将是不幸和灾难。

只有树立符合时代要求的现代海洋观，才能在经略海洋中有效维护国家的海洋权益，在建设海洋强国中真正让海洋造福国家和人民。同时推进全民现代海洋观念也是我们肩负的历史使命。

二、中国海洋观的发展

在中华五千年的发展历程中，沧桑的黄土海洋文化，造就了中国海洋观念艰辛的发展历程。我们从"渔盐之利，舟楫之便"的朴实，经历"闭关锁国"丧权辱国的悲怆，再到"加快海洋强国建设"经略海洋的辉煌，彰显了中华民族坚忍顽强、睿智进取的民族精神，也揭示了我们中华泱泱海洋大国从田间走向海洋的海洋观念的历史嬗变。

（一）中国历史上的海洋观

原始型海洋观：指将海洋仅仅作为取得生活所需自然资源的天然场地的认知和理念。具体指古代开始进行海洋采集和海洋捕捞，以及以利用海洋"渔盐之利，舟楫之便"为主体的原始海洋认知和理念。

闭关型海洋观：指主观上将海洋区域作为天然防御屏障，闭关锁国、隔离民族或国家与外界的交流，以安享太平的海洋认知和理念。明末清初时期，中国统治者坚持"以农为本，重农抑商"的政策，自满于自给自足的封建经济，为逃避倭寇和外域的频繁侵犯而"闭关锁国"，以期待安享太平。结果，不仅使中国丧失了进步发展的历史机遇，而且使中国陷入了"任人宰割"的尴尬历史境地。

防御型海洋观：指仅仅将海洋区域和海洋建设作为对外敌入侵和来犯的被动防御途径的认知和理念。清朝末年，西方殖民主义和帝国主义乘虚而入，凭借"坚船利炮"打碎了中国封闭已久的国门。于是，1840年鸦片战争后，中国开始抵抗侵略，御海图强，并虚心学习和积极引进"夷之长技"，建设新式海军，发展工业与航运，倡导海洋风气，形成了新一阶段以"师夷之长以制夷"为特点的中国海洋观。这种海洋观的特点具有鲜明的被动性和单一性，内涵浅薄，以至于北洋水师的迅速消沉，喧嚣一时的"洋务运动"也无果而终。

海权型海洋观：期待通过"海权"诉求实现海洋权益和海洋防卫安全的认知理念。1895年中日甲午战争爆发，北洋水师全军覆没的惨痛历史教训，使中国人开始接受以"海权"思想为主体的海洋观，并期待通过"海权"的获得促进国家的主权安全和发展。虽然孙中山把发展海军与发展海洋实业提到了国家政治和国家战略的高度，他认为：国家之生存要素，为人民、土地、主权。其海权，操之在我则存，操之在人则亡。一个国家要掌握海权，必须有控制海洋的手段；建立一只强大的海军，这是国家富强之基，没有强大的海军，不仅会丧失海权，甚至会导致亡国，故应将海军建设列为国防之首要，但在当时军阀割据、政局混乱的情况下，这样的蓝图不可能实现。

以上中国历史上出现的海洋观念基于落后的社会发展状况，具有极强的局限性和片面性，是中国现代海洋观发展的雏形和基础。

感悟　　环境决定着人们的语言、宗教、修养、习惯、意识形态和行为性质。

——欧文

（二）中国近代具有社会主义特色的新型海洋观

1949年中华人民共和国成立后，中国海防力量的建设和海洋事业的发展有了很大进步。然而，基于当时落后的经济基础和工业发展状态，加上当时特殊的东西方政治背景，以毛泽东为核心的领导集体把海洋看作天然的战略屏障，提出了在沿海地区建立"海防前线"的战略，使海洋只处于服从和服务于"巩固国防"的次要地位。我们对南海保卫战和越南自卫还击战的定位充分展现了中国近代蓄势待发、迅速成长的海洋战略思维。

1982年国际海洋公约会议决议的通过，让中国领导集体陷入沉思。改革开放的果断推进，使得新中国的生产力得到突飞猛进的增长，国家经济实力迅猛提升，海洋事业发生了根本性变革，获得了跨越式的发展。中共中央第二代领导集体认识到海洋是改革开放的前沿、通道和窗口，充分认识到增强对海洋的控制能力势在必行，并果断地突破了传统近岸防御的海防观念，提出了"近海防御"的海防战略思想；中国共产党的第三代领导集体把握时代发展的脉搏，在继承改革开放型的海洋观的基础上，对中国海洋安全问题进行了深刻的反思和探索，并提出了具有中国特色的社会主义新型海洋观，也就是从国家安全、国家权益、国家发展、和平崛起的高度上认识和开发海洋。党的十八大进一步提出了建设"海洋强国"的崭新海洋观，明确要求"要提高海洋资源开发能力，坚决维护国家海洋权益，建设海洋强国"。

（三）中国和平、和谐、合作的现代海洋观

21世纪是海洋的世纪。中国和世界的发展历史一再证明，背海而弱、向海则兴，封海而衰、开海则盛。以习近平同志为核心的新一代中央领导集体，顺应世界发展和时代需求，进一步深化拓展了海洋强国建设的战略思想，坚定实施科技强军战略，号召全党全国人民要进一步"关心海洋、认识海洋、经略海洋"，并提出了"依海富国、以海强国、人海和谐、合作发展"的指导方针，给中国海洋观注入了更高层次的内涵，把海洋强国建设推向了新高潮。

2013年10月，习近平总书记在印度尼西亚国会演讲时提出了"建设21世纪海上丝绸之路"的宏伟构想，把新时代的海洋观进一步国际化，以海洋设施互联互通为基础，以"共享共赢"为目标，真正实现海上丝路沿线国家的共同发展，共筑蓝色辉煌。

2014年6月，李克强总理出访希腊时，在中希海洋合作论坛上系统阐述了中国现代海洋观"和平、和谐、合作，反对海洋霸权"的深层次内涵。并表示中国愿与各国共建"和平之海"，将坚定不移地走和平发展道路，坚决反对海洋霸权，致力于在尊重历史事实和国际法基础上，通过当事国直接对话谈判解决海洋争端。中国坚定维护国家主权和领土完整，致力于维护地区的和平与秩序；中方愿与各方共建"合作之海"，积极构建海洋合作伙伴关系，共同建设海上通道、发展海洋经济、利用海洋资源、探索海洋奥秘，为扩大国际海洋合作做出贡献；中方愿与各方共建"和谐之海"，在开发海洋的同时，善待海洋生态，保护海洋环境，让海洋永远成为不同文明间开放兼容、交流互鉴的桥梁和纽带。

2015年11月7日，国家主席习近平在新加坡国立大学发表演讲时强调，中国提出建设"一带一路"的设想是发展的倡议、合作的倡议、开放的倡议，强调的是共商、共建、共享的平等互利方式。中国欢迎周边国家参与到合作中来，共同推进"一带一路"建设，携手实现和平、发展、合作的愿景。这充分诠释了中国现代海洋观"和平之海、合作之海、和谐之海"的深刻内涵。

2017年，基于我国综合力量的实质性提高和国际地位大大提升的实际发展情况，结合中国背靠欧亚大陆面向太平洋的特殊地理位置，国家提出了"中国不是陆权国家也不是海权国家，而是海陆权益兼顾的多元一体海洋权益国家"的观点。为了充分发挥大国的实际作用，担当起海洋大国在海上的责任，中国必须实现海陆兼顾发展，同时必须具备良好面对和妥善解决海陆兼顾发展带来的多元性问题，因此亟待全民和全党齐心协力充分理解和践行睿智进取的海洋意识，加快海洋建设步伐。故此，继十八大提出海洋强国战略，十九大提出了加快建设海洋强国的要求。

李克强同志对中国"和平、和谐、合作"海洋观的系统阐述，全面透彻地辨析了中国现代海洋观"海陆一体的海洋国土观，主权、安全、发展利益相统一的海洋利益观，和平合作的海洋发展观，共建共享共赢的海洋安全观"的准确内涵，明确地指出了中华民族走的是一条"依海富国、以海强国、人海和谐、合作发展"的和平发展道路，并形成了逻辑严密、系统完整的海洋强国建设思想，促进了海洋观内涵向深层次的拓展，指明中国海洋观由认知海洋向经略海洋发展。

2018年大型纪录片《厉害了，我的国》在全国上映，充分展示了中国在海洋建设上取得的坚实成果，着实展现了我们革命先辈的艰辛付出和取得的伟大成就，大大增强了中华民族的荣誉感、幸福感和实现中华民族伟大复兴的自信心；有效地引导了全国人民对国家海洋权益诉求和海洋防卫措施的正确理解，激发了人民支持国家海洋建设、助力国家海洋强国战略的潜在动力。从而促进中国海洋观从保守型向主动型，从内敛型向开

放型，从简单朴素的认知型向睿智进取的战略型转变。

> **感悟**　　点、线、面，空间立体才是现实。昨天、今天、明天，唯有睿智进取，才能梦想成真。

三、现代海洋观的内涵

（一）现代海洋观的概念内涵

现代海洋观是一个与时俱进的概念，其内涵会随着社会的发展不断拓展。目前，专家学者们普遍认为现代海洋观主要有以下四个方面内容：

1. 海洋国土观

海洋国土观是指一个国家和民族在考虑自己的国土建设和国土防卫时要自觉地将海洋国土和陆地国土全面结合起来加以综合考虑的意识。海洋国土不单指根据国际海洋法规所指的专属经济区、大陆架、领海、内水等属于主权国家管辖的海域，还包括国际公海等人类共有的海洋面积。海洋国土观的强弱，表现了一个国家政治、经济、国防力量的强弱。

中华人民共和国国家海洋局党组强化"海陆一体的海洋国土意识"的提出，标志着中国"海陆一体海洋国土观"的建立，说明我们已经走出狭隘的陆域国土空间思想，走进了海陆一体空间思想，我们将蓝色国土与陆地领土视为平等且不可分割的统一整体，这是中国几千年来国土观念未有之变革，是中华民族寻求新的发展路径的重大战略选择，是海陆统筹发展战略的思想指导。

而"海陆统筹"科学发展观的提出标志着"现代海洋国土观"的形成。同时，海陆整体发展的战略思路被充分应用到全球经济一体化条件下中国经济发展的战略规划当中。此时，现代海洋国土观已经载入一种"统筹全局的战略思维"方法论的内涵。

并且，现代海洋国土观作为一种认知事物的意识可以被广泛应用于对太空、空间、人文和知识领域的认知，作为一种方法论可以被广泛应用于人生规划和企业发展规划的制定，从而顺理成章地走进老百姓的日常生活和工作之中。

2. 海洋资源观

海洋资源观是指一个国家或民族把海洋资源与国家或民族利益紧紧联系起来的意识。一般意义上的海洋资源，是指与海洋本身有着直接联系的物质和能量，具体来说，海洋资源包括海洋空间资源、海洋生物资源、海底矿藏资源、海洋化学资源和海洋能量，等等。

海洋资源的有限性，引发了人类对未来生存和发展的担忧，激发了人们的危机意识，并演绎了在危机意识作用下国家和社会发展的举措和态度。危机意识的合理应用有效促进了社会生产力的发展，同时也提高了国家和企业的管理水平。危机意识是推进社会发展的潜在动力。

海洋资源"可再生理念"的引入，激发了"可持续发展"意识的成长，标志着"现代海洋资源观"的形成。"可持续发展"作为现代海洋资源观的核心内涵被广泛应用于国家发展、经济发展等国家战略规划领域。同时，已被企业和个人拓展应用到认知社会资源、人力资源和经济资源等更广阔的经营和生活领域，也就是说，现代海洋资源观的内涵有了新的拓展和应用。

3. 海洋权益观

海洋权益观是指将国家的海权和海洋利益纳入国家和民族安全利益中进行考虑的思想意识。海洋权益属于国家的主权范畴，它是国家领土向海洋延伸形成的权利。海洋历来就是国际政治斗争的重要舞台，而海洋政治斗争的中心就是海洋权益问题。随着近现代海洋军事和科技的发展，海洋已经成为战争的发起地，成为发达国家的防弹衣和坚实盾牌，但同时也成为欠发达国家和地区不可防御的威胁之地。

随着人类对海洋认识的发展，海洋权益的内容也将会发生重大变化。现代海洋权益观必将融入更多海洋主权的可控制权利和可拓展权利，以便为更深层次和更长远的海洋利益做好规划。同时这种认知方式和意识已经被应用到相关维权领域，内涵得到了迅猛的拓展。国家在国际舞台上的政治威望、战略利益在很大程度上依赖于国家海洋开发的程度和对海洋的控制能力。海洋权益是国家主权的一个重要组成部分。

中国"关注核心利益，强化底线思维"的提出标志着中国现代海洋权益观的形成。我国拥有广泛的海洋战略利益，涉及国家主权、安全和发展等核心利益，具体体现为国家的海洋政治利益、海洋经济利益、海洋安全利益和海洋文化利益等，它们共同构成一个统一整体，既相互影响、互为交织，又不能相互替代。坚持底线思维，是以习近平同志为核心的党中央保持战略定力、应对错综复杂形势的科学方法，更是推动新一轮改革发展的治理智慧。正如习近平总书记所强调，良好运用底线思维的方法，凡事从坏处准备，才能努力争取最好的结果。

现代海洋权益观作为"核心利益"的认知意识和底线思维的科学方法，可为老百姓广泛应用于日常生活之中，对推进社会的文明建设，形成和谐的社会环境具有现实的指导意义。

4. 海洋防卫观

海洋防卫观是指一个民族或国家要将所管辖或所拥有权益的海域纳入国家防卫体系当中形成的对海、陆、空全方位一体的国家防御体系的认知。

现代海洋防卫观要求国家的每一位公民清楚地知道海防线与海洋防卫的区别。在现代环境下，海防线是指一个国家在海洋方向建立起来的立体防卫体系。而海洋防卫是指一个国家的防卫将不仅仅限于国家管辖的海洋国土，它还可以延伸到国际公海等任何一处辽阔的空间之中。同时，海洋防卫观的内涵也从海洋军事防卫拓展成为军事、经济、人力和资源等多维度的国家可持续发展的安全防卫观念。

现代海洋防卫观在充分考虑现代海洋战争的实际情况下，增添了更深层次的人力、资源、经济、文化等多维一体的防卫因素，并充分考虑到各因素的相互作用和影响，是一种战略性防卫意识。这种意识可以为广大民众应用于生活中维护权益，这也增添了其更广泛的内涵。

> **感悟**　人活在世界上好比一只船在大海中航行，最重要的是要辨清前进的方向。
>
> ——潘菽

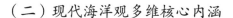

（二）现代海洋观多维核心内涵

中国在建设海洋强国的艰辛历程中，通过对经略海洋、维护海权、建设海上防卫实践的总结，形成了当今中国海洋观的多维核心内涵，其主要包括以下三点：

1. 海洋经济观的核心内涵

从海洋经济发展的角度看，当代中国海洋经济观的核心内涵是：靠海富国、以海强国。现今，海洋在中国经济发展运行中的地位作用日益重要，国家经济的发展繁荣离不开海洋，因此必须从经济全球化的角度认识海洋经济发展的战略性、开放性和高科技性，积极发展海洋高科技，有效地开发与利用海洋资源，尽快把我国建设成为海洋经济强国。一方面，应增强以海强国的意识。大力提高海洋开发的速度、深度和广度，缩短我国在海洋开发上与海洋强国之间的差距。另一方面，要实施科技兴海战略，加大科技开发投入，提高资源的利用效率，优化海洋产业结构，改善海洋环境保护。

2. 海洋安全观的核心内涵

从维护海洋安全的角度看，当代中国海洋安全观的核心内涵是：以维护国家安全为根本目标，建设强大的海上安全力量，构建有效的海上安全体系，确保祖国统一，有效维护国家海洋权益，妥善解决岛礁主权、海域划界和海洋开发利用等矛盾，全面实现海洋政治、经济和军事安全。当前，我国的陆上安全环境得到很大改善，但海上安全仍存在着诸多不确定因素，有些海上矛盾还非常尖锐复杂。可以说，当前我国主要安全威胁来自海上，且为多样化对手、多种类矛盾。从近些年世界上几场局部战争的特点来看，海洋战场有利于兵力集结和机动，即打即离，可实施大纵深、高立体的攻击，战争可随时发生。如何打赢信息化、智能化海上局部战争，是摆在我们面前的一个重大课题，我们必须深入研究探求打赢信息化、智能化海上局部战争的有效对策。

3. 海洋政治观的核心内涵

海洋政治作为上层建筑，是海洋经济和海洋安全的集中体现，海洋政治观是对海洋战略环境以及对国家海洋总体政策的认识与看法，其中的基础就是要维护国家利益。当今时代，中国海洋政治观的核心内涵是：以完成"两个一百年"奋斗目标，实现中华民族伟大复兴的中国梦为目标导向，大力发展海洋经济，创新海洋科技，完善海洋法制，维护国家统一和海洋权益安全，改善海上方向的战略态势，改良国际海洋治理体系，增强我国在全球海洋格局变化中的战略主动，提高我国在亚太海洋地缘政治中的战略地位。

站在中华民族伟大复兴的历史高度，纵观世界格局发展变化，中国现代海洋观的内涵必将随着海洋强国建设的进一步深入和海洋建设实践的进一步丰富而进一步拓展。

知识要点二：　现代海洋观的确立

世界大国的兴衰历史、近代中国因闭关锁国和忽视海洋留下的深刻历史教训反复证实，海洋观正确与否关系到国家的兴衰荣辱和前途命运。凡在观念上重视海洋并注重发展海权的国家，往往既能护卫国家安全，又能利用世界资源成长壮大。建设海洋强国是党的十八大明确的奋斗目标，树立新时代的中国海洋观，对进一步凝聚共识，正确理解海洋强国战略有着重大的意义。

（一）确立正确的现代海洋观的必要性

1. 时代进步需要睿智进取的海洋观

中国海洋观的发展历程告诉我们，民族和国家要生存，就必须谋求生计，坚守和谋划自己的生命线。原始无知、逃避守旧、武断盲从、不因势利导、不开放创新就只有被动挨打或萎靡没落。站起来、走出去是必须的，只有走出去才有阳光雨露和无限风光。而中国要发展，就必须开放。中国要开放，就要走向海洋，走进蔚蓝色的海洋文明。在这里，海洋文明已经不再是一个单纯的传统文化问题，而是要造就出中华民族走向世界的新的睿智进取精神，符合时代发展要求的现代海洋观念。

2. 全球化科技爆发需要与时俱进的海洋观

21世纪将是蓝色海洋世纪，虽然经济发展形势难以准确预计，但有一点是明确的，那就是：人类对于海洋的开发和利用将提高到一个新的水平，对海洋精神文明的开发和演绎将从点滴变成海量。西方的战略家们曾预言：21世纪的竞争将主要是海洋的竞争。一个国家、一个民族，赖以振兴和发展的经济将更大程度地取决于其对海洋的利用和开发。

在中国，随着海底石油的开采，潮汐和海上风电技术、海水养殖和海上运输业的发展，海洋经济结构将有重大变化和调整，海洋经济将作为一个完整的经济体系而存在。随着世界经济共同体的发展，网络贸易的展开，世界贸易将需要更先进的意识和理念去经营，并需要制定更长远的规划。这些都将需要最先进的现代海洋观作为深层次的指引。鉴于海洋经济和世界贸易未来的发展形势，中国必须随之确立正确的现代海洋观，并与时俱进地更新其内涵。

3. 国家生存、生计需要战略性的海洋观

2018年1月17日晚，美国海军"霍珀"号导弹驱逐舰未经中国政府允许，擅自进入中国黄岩岛12海里内海域。美国总统特朗普2017年1月20日宣誓就职仅仅一年时间，美国军舰就四次威胁中国南海领海。所以，讲到现代海洋防卫观，必须强调海上军事力量是保卫国家海洋权益不可或缺的重要力量之一。

20世纪后半叶，《联合国海洋法公约》通过之后，人类的海洋实践开始从以海洋为通道上升为直接利用和争夺海洋本身，于是海洋在可持续发展理念下便成了人类赖以生存发展的战略空间和资源宝库。当今时代，人类对海洋的认识早已突破了海洋资源和海洋空间本身，海洋已然成为各国提高综合国力和争夺战略优势的制高点。

随着太平洋地区政治地位和经济地位的日益提高，许多国家都力求从浩瀚的太平洋里谋求越来越多的利益。各个海洋大国早有谋划，在西太平洋周边建立了海陆空三军基地或安全防御系统。周边国家也不顾历史事实，拼命扩张领海线，以便占有海底资源，越南和菲律宾依然占据着中国南海诸多岛屿，菲律宾又起"仲裁笑谈"，日本欲以"冲之鸟"咫尺"礁石"霸海，再唱钓鱼岛公投。不得不承认，今日太平洋的上空依然笼罩着浓厚的霸权主义和地区霸权主义的阴霾。因此，我们要保卫国家的安全和建设，拥有一支强大的海上军事力量迫在眉睫，只有这样才能完成坚定维护国家主权和领土完整，致力于维护地区的和平与秩序的伟大历史使命。同时，这也是畅谈现代海洋观的坚实基础和精气神。

感悟 中国将长时间处在社会主义初级阶段，国亦有疆，维护中华权益是当务之急。

（二）现代海洋观教育与学习的意义

1. 有机整合海洋知识，丰富现代海洋观教育与学习

基于中国的义务教育模式，我们前期一直将海洋国土和海洋资源简单地融入地理教育当中作为基础教育，将海洋经济和海洋军事融入经济学和军事学教育，然后将海洋权益融入政治和法制教育之中，这样就将原本浑然一体的海洋文化教育肢解得没有了内涵。

而现代海洋观作为一种认知意识，有300万平方千米海洋国土和海洋军事编队，有遍布全国证明中华五千年沧桑进步的海洋文化古迹作为实体，有"海洋强国"战略演示下"一带一路"火热的经济生活，有蓬勃发展和不断迈进的"中国梦"。中华民族伟大复兴历程当中现代海洋观是一个有躯体、有活动、有精神的朝气蓬勃、意气风发的少年。所以，有机整合海洋知识，形成"有人、有物、有生活"三位一体的现代化海洋文化是一项阳光而淳朴的事业，是摆事实、说道理和总结经验的通俗现代海洋文化。

拥有和保卫自己的海洋国土，拓展自己的海洋事业，发展自己的海洋经济，维护自己的海洋权益等是全世界人民的共同愿望，也是中华人民共和国每一个公民的朴实愿望和共同事业，它既然不是海上霸权，就应该大力普及推行，以便实现现代海洋文化的伟大复兴。

2. 增强全民现代海洋意识，激发生活动力，振奋民族精神

目前，海洋意识和海洋观薄弱的现象还较为普遍。由于陆上文化和改革开放以来内陆经济发展模式的思维惯性，加上外国分裂势力对国家发展战略的多年牵制，我国在海洋教育和海洋研究等方面均比一些发达国家要落后许多。

面对与公民紧密联系的陆岸高速发展经济利益，存在社会意识形态平民化和短浅化现象，人们生活紧紧围绕赚钱养家、买房子和享受。由于忽视海洋文化对自身生存环境的深层次影响，从而忽视了对海洋文化的学习和对海洋意识的培养，这样只能在世界经济浪潮中茫然摸索。理解海洋国土牵涉到国家整体安全和经济利益，需要以现代海洋观结合现实生活和家庭的生存发展进行正确引导，有效阐述人类可持续发展思维的深层次内涵，培养公民"睿智进取"的生活意识，激发公民的民族危机感和捍卫民族长远复兴基石的民族责任感。

为紧密联系时代的潮流和百姓日常生活实际，大力开展现代海洋观教育势在必行。只有充分发掘现代海洋观的潜能才能有效激发社会生活的动力，有效振奋民族精神。

3. 整合现代海洋观教育与学习群体结构，共享现代海洋观资源

现代海洋观教育需要以立体全方位的模式开展，不能局限于部队官兵和在校师生。可以将深刻体会过民族危机的老一辈中年一代和新生代链接起来，设立平台进行交流互动，互通有无，拓展现代海洋观教育群体的年龄限制。同时，利用其独有的战略程序性和缜密逻辑性将大学教育与平民生活连接起来，让现代海洋观从理论走向实践，从而突破现代海洋观教育的沿海地域性限制和涉海专业的专业性限制。

我们必须对海洋知识和文化有所了解，包括海洋的地理分布及构成特点，海洋的军事价值和经济价值，海洋与人类政治、经济、军事、文化、外交的相互关系理论，以及

海洋法的有关知识。只有具备了海洋知识和科学理论，才能形成现代海洋理念，从而加速推进全民现代海洋观教育的实现，共享现代海洋观资源。

4. 更新现代海洋发展信息，进入常态化，跟上时代发展步伐

全民海洋意识更新和自主更新教育不可或缺。"向海而兴，背海而衰"，纵观当今世界格局和发展趋势，在短短几十年时间里，国际海洋公约的拓展，世界性的圈海运动，日美岛链的封锁等一系列世界格局改变，敦促我们必须加强现代海洋观教育，增强国民的海洋意识，繁荣中国海洋文化，逐步从传统的海洋观转型发展为现代海洋观。

客观、正确地认识海洋的潜在价值，突出海洋的战略地位，树立科学的海洋观，才能正确理解和支持中国"海洋强国战略"，齐心协力突破海上封锁，固土封疆，大踏步走在中华民族伟大复兴的道路上。

海洋发展的进展状况，牵涉到我们赖以生存的自然环境和经济环境，与我们的生活密切相关。时刻关注现代海洋发展信息，及时优化自我海洋意识，就犹如百姓关注股市和楼市一样，形成习惯，并进入常态化。应充分收集、分析和处理相关信息，理解和顺应国家政策，跟上时代的发展步伐。

5. 助力和践行"海洋强国战略"，分享时代红利

特别是十八大以来，党中央、习近平主席站在民族复兴的历史高度，纵观世界格局发展变化，提出了建设海洋强国的战略目标，并对经略海洋、维护海权、建设海军作出了一系列重要战略部署。"海洋强国"战略和"一带一路"倡议已经成为中华之崛起必须全民解读的课题，迫切地需要全民动员、全民参与。只有具备海洋意识的睿智才能透彻理解和正确诠释国家相关政策和战略。

全面提高海洋意识已刻不容缓。要在短时间内实现全民海洋意识紧跟世界格局变化和国家发展的步调，掌握涉及海洋自然及国家政治、经济、军事、科学、技术、文化等诸多领域融会贯通的海洋观知识，时间紧迫，所以只有大力推进现代海洋观教育才能助力和践行"海洋强国战略"。

作为中国公民，只有树立正确的海洋观念才能正确地理解中国国家海洋强国的各项举措和战略，才能顺应国家发展政策需要有效开拓个人事业，在有效支持国家海洋战略的政策和举措的同时分享时代红利。

6. 居安思危，树立全民正确的现代海洋国土的科学观念

我国不仅是陆地大国，同时也是海洋大国。不仅仅有 960 万平方千米的陆岸国土，还有 300 多万平方千米的海洋国土。

我国濒临渤海、黄海、东海、南海四海和台湾以东海区，海区总面积达 480 万平方千米。按照《联合国海洋法公约》对国家管辖海域划分的规定，应划归我国管辖的海区也超过 300 万平方千米，相当我国陆地面积的 1/3 左右。但今天，我国海洋国土正受到周边一些国家的蚕食侵占，海洋权益面临严重的威胁和挑战。

21 世纪将是海洋世纪，海洋资源将会成为各国之间争夺的焦点，海上争端也将频繁地出现。严峻形势要求我们必须重视海洋，树立一种全新的海洋意识：我国既是一个陆地大国，同时又是一个海洋大国，要破除"重陆轻海"的传统观念，发扬"头可断，血可流，祖国国土一寸不能丢"的民族精神。然而，还有一部分人对我国拥有的海洋国土面积不甚了解，300 万平方千米的海洋国土没有深深印入人民的脑海，很多人认知不到中国所面临的严峻形势和沉重任务。

为此，我们迫切需要提高全民族、全社会的海洋观念，尤其是海洋国土观念。所以，必须普及海洋的科学理论和相关知识，加强现代海洋观教育，使每一位公民都能牢固树立海洋国土观念，关注海洋权益，献身海洋国土，随时准备为祖国的安全和国家民族的利益血洒海疆。

7. 坚定奉献海疆的科学信念，助力"中国梦"，践行家国理念

学习和研究海洋科学知识和科学理论，对于中国全民教育具有特别重要的意义。现代海洋国土与陆地国土、领空一样都是我们的国土，海洋资源和陆岸资源、空中资源一样都是国家资源，海上交通和陆岸交通、空中交通一样都是交通，海洋权益和陆岸权益一样都是国家权益，海军和陆军及空军都是国家军队。中国海洋建设和开发一样要求我们勤奋工作，默默奉献，用自己的一腔热血换来祖国的繁荣昌盛；海洋战时，一样要求我们奋不顾身，用自己的热血支援海军，保卫祖国神圣的海疆。

中国现代海洋建设和开发急需我们用正确的现代海洋观来武装头脑，树立科学的世界观和人生价值观，这种科学的人生价值观的确立离不开对国家海洋形势的了解和对海洋科学的学习和研究。只有持续系统地开展现代海洋观学习，才能使我们对海洋的政治、经济、军事价值，海洋权益与国家利益的关系，海洋观念与中华民族的伟大复兴等一系列问题有较为深刻的理解；才能使我们提高海洋认识，增强海洋观念，做到知我海洋，爱我海洋，兴我海洋，奉献海洋；才能将海洋意识植入我们的骨髓，融入我们的血液，代代相传，助力"中国梦"，践行家国理念，完成中华民族伟大复兴的宏图伟业。

8. 发掘现代海洋观内涵，建立和完善认知思维能力

现代海洋观作为一种认知事物的思维方式，具有纵横万里江山，洞悉全球局势的横向融通思维，也具有上下五千年透析浩瀚历史长河，洞悉现状，勇于拓展长远未来的纵向借鉴思维，海陆空全面综合协调发展的立体思维，是三位一体思维方式的经典。中国共产党人成功开拓中华民族新纪元，制定和实施的"海洋强国战略"、"一带一路"倡议，是极其经典的"程序思维"和"逻辑思维"案例。尤其是习近平同志的海洋强国建设思想，贯穿着马克思主义的立场、观点、方法，蕴含着指导我国发展海洋事业和建设海洋强国的科学方法论，既是内涵丰富而深刻的科学理论，又是指导具体实践的基本原则和有效方法。

引领时代的创新思维。创新是引领发展的第一动力。坚持创新思维，才能以思想认识的新飞跃打开事业发展的新局面。当前，国际海洋治理体系进入加速演变与深度调整期，我国海洋事业进入历史上最好发展期，尤其需要提高创新思维能力。习近平同志创造性地提出建设海洋强国是中国特色社会主义事业的重要组成部分等一系列重大命题，提出提高海洋资源开发能力、保护海洋生态环境、发展海洋科学技术、维护国家海洋权益等重大观点，科学谋划了我国海洋事业的创新发展，推动了理论创新和实践发展。这些重要思想和观点丰富和发展了我国海洋强国建设的科学内涵，引领和推动着我国发展海洋事业、建设海洋强国。

统筹全局的战略思维。建设海洋强国，必须制定出站得高、看得远、想得全、立得住、能管用的海洋战略，强化对海洋事业发展的顶层设计与战略统筹。建设海洋强国是一项宏大复杂的系统工程，需要不断强化战略思维和系统思维，在党和国家事业发展全局中、在实现中华民族伟大复兴历史进程中、在国际格局深刻演变的大背景中谋篇布局、统筹推进。党的十八大以来，以习近平同志为核心的党中央牢固树立陆海统筹理念，从根本上转变以陆看海、以陆定海的传统观念，强化多层次、大空间、海陆资源综合利用的现

代海洋经济发展意识，既提升海洋经济、军事、科技等硬实力，又增强海洋意识、海洋文明等软实力；从经济建设、政治建设、文化建设、社会建设和生态文明建设等各领域统筹推进我国海洋事业整体向前发展，不断提高海洋及相关产业、临海（港）经济对国民经济和社会发展的贡献率。

国家利益至上的底线思维。海洋权益和海洋安全是国家核心利益，维护海洋权益和海洋安全是建设海洋强国必须坚守的底线。习近平同志强调，我们爱好和平，坚持走和平发展道路，但决不能放弃正当权益，更不能牺牲国家核心利益。他还指出，要坚持把国家主权和安全放在第一位，贯彻总体国家安全观，周密组织边境管控和海上维权行动，坚决维护领土主权和海洋权益，筑牢边海防铜墙铁壁。这划出了我国维护海洋权益、捍卫海洋安全的底线，表达了我国在涉及重大核心利益问题上的严正立场、高度自信和坚定决心，彰显出国家利益至上的底线思维。

随着海洋强国建设的进一步推进，健康可持续的发展思维的逐步形成，"大众创业，万众创新"理念的进一步实践，中国现代海洋观作为一种科学理论和方法论的内涵将进一步丰富和展现，也会从实现"中国梦"和中华民族伟大复兴的宏伟事业走向寻常百姓生活，真正造福于民，为民所用。

研究现代海洋观，充分学习、研究和应用现代海洋观作为思维意识和方法论的内涵，并充分应用于认知和解决百姓日常问题将是一个期待"爆炸"的领域。而这种研究和实践将对全民认知思维能力的建立和完善起到极其重要的作用。

知识要点三： 现代海洋观的实践

一、现代海洋观教育和学习方式

随着中国海洋战略的逐步实践，传统的海洋观已经逐步转型发展为现代海洋观，完全可以通过理论联系实际生活，赋予海洋观现实载体，通过不同途径凸显中国现代海洋观对中国和平崛起和百姓日常生活具有同样的重要意义。

1. 拓展现代海洋观的内涵

现代海洋观作为代表国家和民族意识形态的逻辑体系，具有来自浩瀚历史长河的程序性，横跨多领域的全方位逻辑性，战略性规划的缜密性，这些具有独特实用价值的内涵亟待发掘。其既能用于引导国家海洋战略，更能引导地区性建设，家庭发展和公民的人生观和世界观的优化，因而与人们的日常生活和工作实践联系紧密，应使其落地生根。

2. 拓展现代海洋观的教育与学习方式

沿用说教和理论分析方式开展现代海洋观教育脱离实践，缺乏说服力。若能以引导学员利用现代海洋观内涵和原理随机分析生活中的细小事务并做出正确决策为要旨，即便是百家争鸣，也能激发责任感、危机感、正义感，通过明辨是非的逻辑演绎达到现代海洋观教育联系实践的根本目的。拓展海洋观教育应当采取百花齐放的方式，达到殊途同归的教育目的。

3. 拓展现代海洋观的载体

现代海洋观以海洋价值认识为主体，蕴含着人类认识海洋的思维方式，是世界观与方法论的统一，因此需要多样化的载体体现其全方位价值。除现有的义务教育、新闻、网络载体外，可拓展引用相关教育基地、海洋博物馆、涉海专业实训基地和科技创新基地等作为载体，有效拓展现代海洋观的应用空间。譬如，可将航海类专业的实训基地作为海洋意识教学、海洋文化宣传、海洋科技创新、海洋观辨析等的载体。

4. 拓展现代海洋观的教育体系，践行海洋意识生产力

目前，现代海洋观教育与学习偏重于义务教育和高校师生教研，但其应当向系统化和制度化发展，逐步建立海洋观教育与学习内容专业化、形式多样化、学习和教育成果推广大众化的教育理念，形成常态化和持续化的教育与学习体系。将海洋观的逻辑理论应用于企业发展规划、科技创新规划和提高生产力，亦可用于指导建立正确的人生观和世界观及人生规划，从而使其拓展为与人们生活息息相关的理论，进而形成有价值、有应用、有产出的现代海洋观的教学和研究体系。

践行现代海洋观，提高全民海洋意识是一个任重道远的系统工程，需要坚持不懈地拓展和与时俱进地更新才能满足时代和现实的要求。因此，我们只有正视国民海洋观教育的现状，着眼于国家和民族的长远利益，大力发掘现代海洋观的内涵，依据适当的载体和搭接合适的平台，充分利用多元化的教育途径，将正规的海洋理论知识教育和非正规的海洋科普知识有机结合起来，将海洋观的内涵与现实生活紧密联系起来，才能真正实现现代海洋观的平民化、通俗化和实用化，让海洋观的理论接地气，迎朝阳，落地生根，开枝散叶，以旺盛的生命力更好地服务于海洋强国战略，促进中华民族伟大复兴的早日实现。

> **感 悟** 理论结合实践，实践才是检验真理的唯一方法。真实产出，空谈误国，实干兴邦。

二、现代海洋观的校园实践与应用

大学生是成长的群体、发展的群体，是中国未来的引导者和生力军。大学生正处于人生发展的机遇期，急需引导以便树立正确的世界观和人生观。大学生正处于人生发展的规划期，亟待正确的思维方式和良好的综合认知来指导规划完美的人生。而现代海洋观中蕴含的世界观、方法论刚好是指导我们学习成长的有力武器，当今蓬勃发展的海洋事业和稳健的中国海洋强国战略实践和成果是大学生践行现代海洋观的榜样。大学生现代海洋观的实践，对促进个人健康成长，推进海洋强国建设，实现中华民族的伟大复兴都具有重大而深远的意义。如何有效地在大学践行现代海洋观，需要进一步探索、研究、论证和总结。

（一）透彻理解"国、家、我"理念

2012年11月29日习近平总书记来到国家博物馆，参观《复兴之路》基本陈列时说：历史告诉我们，每个人的前途命运都与国家和民族的前途命运紧密相连。国家好，民族好，大家才会好。

有国才有家，有家才有我。叹息伊拉克和叙利亚的纷飞战火，怜惜非洲索马里的贫苦和灾难，我们无不庆幸生活在当今和平富强的中国；没有中国共产党睿智进取地开拓改革开放新事业，引领我们父辈走上发家致富的新道路，就没有热火朝天的社会主义建

设新局面。感恩革命先烈建立了和平稳定的新中国，感谢勤奋拼搏的父辈建立了繁荣富强的幸福家庭；有了幸福的家庭才有我们健康成长的青春，优越殷实的生活环境。《孟子》有言："天下之本在国，国之本在家，家之本在身。"家是国的基础，国是家的延伸，在中国人的精神谱系里，国家与家庭、社会与个人，都是密不可分的整体。

如果没有新中国的繁荣富强，我们将忍饥挨饿，挣扎于"东亚病夫"的悲愤之下；如若没有新中国的和谐安宁，我们将生活在枪林弹雨之中，恐怖阴霾之下，或疲于奔命，妻离子散，甚至家破人亡；没有父辈艰辛付出组成的幸福家庭，我们将成为四海漂泊的浪子。有国才有家，"国家好，民族好，大家才会好"，有家才有我，"小家"与我们同声相应、同气相求、同命相依。

繁荣富强、和谐安康的新中国是由革命前辈呕心沥血苦心经营出来的，和睦而富足的家庭是由祖祖辈辈积累和辛勤奋斗创造出来的，我们生活在当今优越的环境之中，应该冷静思考我们的现在和未来。因为，我们是，也必然是国家和家庭未来的主宰，是国家和家庭承前启后的中流砥柱！

我们的睿智进取将造就长江后浪推前浪、一代更比一代强的新时代，实现中华民族的伟大复兴；我们的愚昧堕落或许将重奏晚清中华的沧桑悲歌，我们的家人也将流离失所，我们将成为历史和家族的千古罪人。我们肩负着齐家和兴国的双重历史使命，承载着国和家的双重未来和希望。故此，梁启超有云：故今日之责任，不在他人，而全在我少年。少年智，则国智；少年富，则国富；少年强，则国强；少年独立，则国独立；少年自由，则国自由；少年进步，则国进步；少年胜于欧洲，则国胜于欧洲；少年雄于地球，则国雄于地球。

有我们睿智进取、勤劳勇敢、团结拼搏的新一代，才有我们幸福美满的家庭和未来，由千千万万个幸福美满的家庭构造成我们繁荣富强的未来新中国。有我，有家，有国，有未来！

实现中华民族伟大复兴是一项光荣而艰巨的事业，需要一代又一代中国人共同为之努力。世事催人奋进，国需要我、家需要我，时代需要我们自强不息！为我、为家、为民族，扬起风帆，开拓美好人生，给予"钢铁是怎样炼成的"一个正确的答复。

感悟 国家好，民族好，大家才会好。每个人的前途命运都与国家的前途命运紧密相连。

1. 树立正确的人生观、世界观，成就"进取人生"

当代青年，尤其是大学生是有中国特色社会主义各项事业的生力军和接班人，他们承担着继往开来、迎接挑战、推动中国走向世界强国之林的历史使命。在当代海洋事业蓬勃发展的 21 世纪，中国的和平统一伟大事业面对着诸多的争端和压力，同时也具有巨大的发展潜能。

正确理解"我国将很长一段时间处在社会主义初级阶段"。中国目前和谐幸福的生活环境来之不易，国家和平统一大业依然需要我们持之以恒地维护和付出。优胜劣汰的社会发展规律依然有效，中华民族生存危机依然存在。正所谓，世事催人奋进，民族需要精神；国家需要我们、家庭需要我们、时代需要我们自强不息，需要我们担当起民族和家庭未来的双重重任。李大钊说过：青年之字典，无"困难"之字，青年之口头，无"障碍"之语；惟知跃进，惟知雄飞，惟知本其自由之精神，奇僻之思想，锐敏之直觉，活泼之生命，以创造环境，征服历史。

我们必须透彻理解人生，人生犹如海洋国土具有有限性和立体性，犹如海洋文化具有发展性和融合性，犹如海洋资源具有可持续性，犹如海洋权益具有辩证统一性，犹如海洋防卫具有睿智进取性。通过正确辩证分析中国海洋观念发展的历史，参照新中国经略海洋的成功经验及有关教训，树立正确的世界观、人生观和价值观，才能成就"进取人生"，实现美满幸福的家庭梦想，助力中华民族伟大复兴。

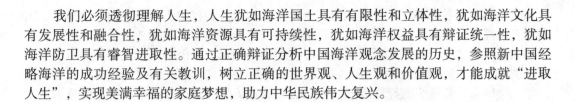

> **感悟** 青年是民族的未来和希望，是推动历史发展和社会前进的重要力量。

2. 成就德智体全面发展，践行乐观进取、睿智向上的大学生活

（1）下网上场，强身健体

沉迷网络已成为当代青年的一大陋习，网络的过度使用，使人意志毅力消磨和自控能力下降。长时间接受电脑辐射和精神高度紧张，会损害各种人体机能，导致身体素质下降。网络的虚拟使得人们在现实生活中变得更加内向和自我闭锁。网络虚拟世界里人际关系的随心所欲、无须承担责任和免遭惩罚的特点，养成了以自我为中心的习惯，特别是网上暴力、色情、欺诈等，使得迷恋网络的青少年道德素质下降、道德观念淡化。同时，极容易引发青少年的安全焦虑、网络安全隐患和网络犯罪现象。

海洋的空间立体结构告诉我们要理智全面看待事物；海洋文化的开放性告诉我们要融入现实生活，勇于进取；海洋战略和现代海洋权益观告诉我们科学规划人生和合理合法地利用人生资源是家庭和个人生存和发展的基础。同时，坚强的意志和睿智进取的精神是创造幸福生活的动力源泉。海洋国土观和海洋资源观的有限性和可持续发展理念告诉我们，人的生命和精力都是有限的，身体是革命的本钱。现代海洋防卫观告诉我们，当今海洋新时代需要我们珍爱和平、珍惜生命、爱护健康，以超常自控力和持之以恒的毅力，凝聚人生精力，将有限的生命投入到建设幸福家庭中去，为建设中国海洋强国和实现中华民族伟大复兴而奋斗。

所以，践行现代海洋观就应该避免沉迷网络，加强身体锻炼，如此才能充实人生，扬我中华。

（2）求学求能，科技强国

世界海洋大国的兴衰历史告诉我们，科技创新非常重要。科技是国之利器，国家赖之以强，企业赖之以赢，人民生活赖之以好。中国要强，中国人民生活要好，必须有强大科技。新一轮科技革命带来的是更加激烈的科技竞争，如果科技创新搞不上去，发展动力就不可能实现转换，我们在全球经济竞争中就会处于下风。谁牵住了科技创新这个牛鼻子，谁走好了科技创新这步先手棋，谁就能占领先机、赢得优势。

中国面临的海洋权益现状告诉我们，科技强国不能指望别人，要立足于自主创新。我国发展到现在这个阶段，不仅从别人那里拿到关键核心技术不可能，就是想拿到一般的高技术也是很难的。西方发达国家有一种教会了徒弟、饿死了师傅的心理，所以立足点要放在自主创新上。而且，不创新不行，创新慢了也不行。如果我们不识变、不应变、不求变，就可能陷入战略被动，错失发展机遇，甚至错过整整一个时代。

中国海洋权益争端的妥善处理和海洋强国战略的实践征程告诉我们，科技创新也要敢为天下先，在独创独有上下功夫。我国科技界要坚定创新自信，勇于挑战最前沿的科学问题，提出更多原创理论，做出更多原创发明，力争在重要科技领域实现跨越发展，跟上甚至引领世界科技发展新方向，掌握新一轮全球科技竞争的战略主动。

建设世界科技强国，人才是关键。大学生作为社会新技术、新思想的前沿群体、国家培养的高级专业人才，代表着最先进的流行文化。在当今中国识才、爱才、敬才、用才的大好环境之下，我们有责任勤奋学习科学理论知识，积极提高专业技能，勇于参加科技创新实践，创造人人皆可成才、人人尽展其才的生动局面。大学生代表年轻有活力一族，是推动社会进步的栋梁之材，因此更应该发扬我国科技界追求真理、服务国家、造福人民的优良传统，勇担重任，勇攀高峰，积极做到"求学求能，科技强国"，当好建设世界科技强国的排头兵。

> **感悟** 有多大担当才能干多大事业，尽多大责任才能有多大成就。

（3）知情知趣，感恩生活

回顾中国海洋观的沧桑和艰辛的发展历史，纵观当今海洋强国战略的丰硕成果，展望中华民族的伟大复兴和中国梦的实现；左看内在分裂主义的潜在威胁，右看外在海洋权益争端的霸权；再看，从"天眼"探空到"蛟龙"探海，从页岩气勘探到量子计算机研发，中国科技创新有着"叫得响、数得着"的丰硕成果。我们应感知当今中国的繁荣昌盛、经济的飞速发展和人民生活水平的大幅度提高，珍爱"和平、和谐"的国家环境，珍惜来之不易的幸福生活，感恩中国共产党的正确领导。

现代海洋观的家国理念告诉我们，我们在感恩和享受现实幸福生活的同时，也承担着继承和发展的责任。我们是中华民族的希望和未来的主宰者，需要我们具有强大的民族使命感、社会责任感和健康的生活态度，更需要我们有"苟利国家生死以，岂因祸福避趋之"的广阔胸怀。在尊重知识、尊重人才的科学指引下，自觉投身于"大众创业，万众创新"的火热实践中去，实现自我、建设祖国、报效祖国。这样我们才能充实人生，知情知趣，国家才有未来，民族才有希望。

总之，践行现代海洋观就是要爱健康，爱学习，爱生活，爱家、爱国；下网上场，强身健体，科技强国，求学求能，知情知趣，感恩生活；睿智进取，自强不息。

> **感悟** 人活在世上三件宝：身体，本事，精神好；一样不能少。

【思考与练习】

1. 中国国土面积是多少？
2. 现代海洋观的内涵主要包括哪四个方面？
3. 系统论述现代海洋观的价值内涵。

专 题 二
海洋环境

引导案例

什么是海洋？

大海啊，你全是水。骏马啊，你四条腿。

美女啊，你说你多美。鼻子下面居然长着嘴。

以上是曾经流行的一段顺口溜。其实呢，大海，并不全是水，有空间、有物质，也有精神文化。海洋具有空间立体结构，平面上有东西南北中，时间有历史、现在和将来，空间有上下左右和前后。万事都有起因、经过和结果。知识的表达和问题的分析及处理都需要应用"立体思维"和"程序思维"才能全面，只有遵循"逻辑思维"才能谋略和推陈出新。

知识要点一： 海洋的概念及内涵

一、海洋的概念

海洋是人类赖以生存发展的全球地理环境的主要组成部分，面积约 3.62 亿平方千米，占地球表面积的 71%，相当于陆地面积的 2.5 倍。地球表面被各大陆地分隔为彼此相通的广大水域称作海洋，平均水深约 3 795 米。海洋之中含有约十三亿五千万立方千米的水，约占地球上总水量的 97%，而淡水资源仅占地球总水量的 2% 左右。地球上的四大洋分别为太平洋、大西洋、印度洋和北冰洋，大部分以陆地和海底地形线为界。

海洋的中心部分称作洋，边缘部分称作海，彼此沟通组成统一的水体。参照水域与陆岸的关系海洋通常被分为洋（大洋）、海、海湾和海峡等。

洋，一般远离大陆，面积广阔，水深大于 3 000 米，有独立的潮汐和洋流系统，而且水文要素变化小，比较稳定。

海，在洋的边缘，是大洋的附属部分，它紧靠陆地，面积较小，水浅，潮汐、海流受陆地影响大，水文要素有明显的季节变化。海又可分为三种，分别是位于大陆之间的地中海，位于大陆边缘的边缘海以及内陆海。

海湾，指大洋或海的一部分伸入大陆，水深和宽度逐渐减小的水域，如渤海湾。

海峡，指相邻海区之间较窄的水道。

> **感 悟** 海洋有大小、陆海相依存，全面立体看，万物有三维。避免以偏概全、以点代面。

二、海洋的内涵及其拓展

1. 海洋空间

海洋面积广泛，资源丰富，可以将海面、海中和海底空间用作交通、生产、储藏、军事、居住和娱乐场所，是人类赖以生存的第二空间。依据海洋空间的内涵，在现实生活中我们对应的空间除了生存空间，还有生活空间和发展空间。就生存环境上看，我们除了需要自我空间和家庭空间外，还有集体空间和国家空间需要我们发现、关心和支持，并进行有效开发和利用。

2. 海洋思维

海洋观包含由表及里，由浅入深，由物质到精神的程序思维；由历史、现在到将来，由野蛮、协调到文明的逻辑思维。对海洋的综合认知——现代海洋观就是立体性的战略思维。

习近平同志海洋强国建设思想贯穿着马克思主义的立场、观点、方法，蕴含着指导我国发展海洋事业、建设海洋强国的科学方法论。其中，引领时代的创新思维的应用，统筹全局的战略思维、国家利益至上的底线思维的引入、论证和良好的实践，丰富和发展了我国海洋观的科学内涵，充分证明了现代海洋观不仅仅是一种海洋意识，而且是一种系统的思维体系和方法论，蕴含着指导我国发展海洋事业、建设海洋强国的科学方法论。

3. 海洋哲理

海洋的博大精深告诉我们要学会立体思维，海底资源告诉我们知识和内涵在于积累；潮起潮落，海洋告诉我们，人生在于拼搏、不进则退；海洋的季风环流告诉我们应因势利导，海洋的风云突变告诉我们要坚忍顽强。海洋沧桑的文明启示我们，适者生存，优胜劣汰，千秋功业，志在千里，有志者事竟成。

4. 海洋精神

海洋族群的禀赋胸襟，舍家离乡的忘我情操，吃苦耐劳的禀性品德，俭朴谦恭的品行操守，海纳百川的广阔胸襟，以苦为乐的奉献情怀；以及放眼四海的广博胸怀，勇立潮头的冒险精神，战风斗浪的拼搏精神，放手一搏的神勇气概，永不放弃的顽强意志，都是海洋精神的体现。

5. 海洋文化

海洋是有文化的，既有人类对海洋本身的认识、利用，还有因海洋而创造出来的精神的、行为的、社会的和物质的文明生活内涵。海洋文化是人类海洋文明的积累和成就，当代海洋文化需要我们去创造，同时也是我们有待开发和利用的领域和空间。

> **感悟** 立体思维，战略思维，辩证思维，实在睿智。

知识要点二： 太平洋概况

太平洋是世界海洋中面积最阔、深度最大、边缘海和岛屿最多的大洋。"太平"一词即"和平"之意，据较多资料介绍，其最早是由西班牙探险家巴斯科发现并命名的。16世纪，西班牙的航海学家麦哲伦从大西洋经麦哲伦海峡进入太平洋并到达菲律宾，航行期间，天气晴朗，风平浪静，于是也不约而同地把这一海域取名为"太平洋"。太平洋总面积占地球表面积的三分之一，是世界海洋面积的二分之一。平均深度3957米，最大深度11034米。全世界有6条万米以上的海沟全部集中在太平洋。太平洋海水容量为70710万立方千米，居世界大洋之首。太平洋中蕴藏着非常丰富的资源，尤其是渔业资源和矿产资源。其渔获量，以及多金属结核的储量和品位均居世界各大洋之首。

一、 地理位置

太平洋位于亚洲、大洋洲、北美洲、南美洲和南极洲之间，东及东南由巴拿马运河和麦哲伦海峡、德雷克海峡与大西洋相通，西经马六甲海峡、巽他海峡、龙目海峡等与印度洋相接。以赤道为界，分为南、北太平洋；以东经160°线为界，分为东、西太平洋。面积约17968万平方千米，居世界大洋之首。

其边缘海主要有白令海、鄂霍次克海、日本海、中国海、爪哇海、班达海、珊瑚海、塔斯曼海和阿拉斯加湾等。

太平洋地区有近40个国家和地区，西岸有俄罗斯、中国、日本、越南和印度尼西亚等12个国家，东岸有加拿大、美国、墨西哥、巴拿马和智利等13个国家，大洋洲有澳大利亚、新西兰、斐济和瑙鲁等10余个国家和地区。

> **感悟** 东西/反相连，海陆异相依，国有疆相通，全面认知事物需要融会贯通。

二、 自然条件

（一）气候

太平洋以热带和亚热带海洋性气候为主，也包含亚寒带到赤道带的多种气候。纵向跨越南北半球赤道无风带、信风带和西风带。北半球冬季风力较大，南半球全年风力强劲。太平洋边缘区域受季风影响较大，西北部海域尤为显著。低纬海区经常出现热带风暴和台风。菲律宾以东、马里亚纳群岛以西是世界上热带风暴和台风最多的海域。在南海、澳大利亚以东、墨西哥以南洋面也会出现热带风暴。

年降水量，在低纬度洋区，赤道带西部为 2 000 ~ 4 000 毫米，赤道带东部以南，一般为 1 000 毫米以下。在高纬度洋区，东部为 2 000 ~ 3 000 毫米，西北部一般在 1 000 毫米以下。除少数地区外，降水一般都集中在夏季。

海雾的分布，北纬 40° 以北、南纬 40° 以南是多雾海域。日本北海道、俄罗斯千岛群岛以东洋面，是世界上著名的多雾区。中国海西北部沿岸、北美加利福尼亚沿海、塔斯马尼亚岛与新西兰之间海面、秘鲁和智利沿海，在春、夏季节也有雾。

（二）水文

表层水温，以赤道附近最高，由赤道向高纬区，水温逐渐下降。水温的年变化，低纬区最小，中纬区最大，因此西北太平洋较显著。太平洋南北两端海域常结冰或漂有浮冰。

表层洋流，约以北纬 5° 为界，分南、北两个对称环流。在北太平洋由北赤道流、黑潮、北太平洋暖流和加利福尼亚寒流等构成右旋环流。在南太平洋由南赤道暖流、东澳大利亚暖流、西风漂流和秘鲁寒流等组成左旋环流。在北纬 5° ~ 10° 南、北两大环流之间还有一自西向东的赤道逆流。各流的流速不大，一般为 0.5 ~ 1.5 节。

潮汐，沿岸以不规则半日潮为主，大洋中岛屿以半日潮为主。潮差各地不一，一般为 2 ~ 5 米。其中大洋两岸较大，岛屿沿岸较小，最大潮差在边缘海，如鄂霍次克海的舍列霍夫湾达 12.9 米，阿拉斯加湾的安克雷奇为 12 米。

海浪，随风场和季节的变化而变化。北纬 30° 以北洋面，冬半年是大风浪区；南纬 40° 以南洋面，常年是大浪区。从中纬度至赤道，海浪逐渐减弱，赤道附近常年少见大浪。各海域夏半年海浪都比冬半年小。

此外，太平洋常因地震和水下火山爆发而掀起巨浪，称为海啸。地震浪在接近海岸时破坏力极大。印度尼西亚、新西兰、智利、秘鲁和日本等国常受其侵袭。

（三）岛屿

太平洋是世界上岛屿最多的大洋，岛屿面积约 440 万平方千米，占世界岛屿面积的 45% 左右。多分布在西部和西南部海域，形成一系列巨大的岛弧，从北向南有阿留申群岛、千岛群岛、日本群岛、琉球群岛、菲律宾群岛和巽他群岛以及伊里安群岛、新西兰诸岛等。这些岛屿多为大陆岛，面积较大，地形条件较好。太平洋中部有密克罗尼西亚、美拉尼西亚和波利尼西亚三组群岛；东部岛屿既少又小（不含邻近大陆的温哥华岛、科隆岛等）。

（四）地貌

太平洋是世界上最深的大洋，平均水深约 4 028 米，最大水深 11 034 米（马里亚纳海沟）。水深 5 000 米以上的面积约占其总面积的 1/3。只有白令海的北部、中国海（除南海中部）和爪哇海是浅海，水深多在 200 米以内。

沿岸地形：东岸的山脉与海岸平行，海岸平直，边缘海、优良海湾和沙质海岸较少。西北部和日本海沿岸也是一些与海岸大致平行的山脉绵亘于濒海陆地。中国海沿岸和越南沿海，海岸曲折，海湾和岛屿密布，沙质海岸多。

海底地形：东部较平坦，海沟较少，深度多在 5 000 米以内；西部海底凹凸不平，海岭起伏，坡度较陡。有海沟 19 处（世界各大洋共有海沟 29 处），10 000 米以上的海沟 6 处（世界上 10 000 米以上的海沟都在太平洋）。北太平洋地区海沟主要有阿留申（最深

7 678 米）、千岛（最深 10 542 米）、日本（最深 10 554 米）、琉球（最深 7 751 米）、菲律宾（最深 10 497 米）和世界上最深的海沟马里亚纳（最深 11 034 米以上）；南太平洋地区海沟主要有汤加（最深 10 882 米）、克马德（最深 10 047 米）、秘鲁（最深 6 215 米）与智利（最深 7 973 米）。

> **感 悟** 水无定型有三态，风云雨雪、潮起潮落成气候；山有峰，海有沟，万物有三维。

三、海上交通线

太平洋在国际海上交通中具有十分重要的地位，海上交通线多达数百条。目前运输最繁忙、战略意义重大的是：北航线、中航线、南航线、日本—东南亚航线、日本—澳大利亚航线、石油航线和俄罗斯太平洋沿岸—欧洲地区航线等。

（一）东西向航线

1. 北航线

北航线是指美国、加拿大西海岸经太平洋北部到日本、中国等地的航线。航路集中在北纬 40° 以北至阿留申群岛附近，是横渡太平洋的最短航线，航程约 4 200 ~ 4 500 海里。北航线是东亚工业产品、原材料的重要运输线，是美国的重要军用航线。其优点是距离近，航行时间短。如从旧金山到横滨，比中航线近 985 海里，以航速 20 节计算，可提前两昼夜到达；但冬季航行困难，缺乏岛屿，不能在途中进行补给和避风。北太平洋流终年流向为由西向东，东行顺流，西驶逆风逆流。北航线夏季使用较为有利。

2. 中航线

中航线是从美国西海岸和巴拿马运河起，经夏威夷群岛和关岛等到日本、中国和东南亚各港口的航线。航路多集中在北纬 20° ~ 25° 之间，航程 6 000 ~ 8 000 海里。中航线是北美与东亚之间的主要运输线，是美国的主要军用航线。其优点是沿途岛屿较多，续航力较小的船舶可在途中补充燃料和淡水，也可在冬季航行。但距离较远，夏季气温高，西段受热带风暴及台风威胁大。北赤道流终年自东向西，西行船舶更为有利。

3. 南航线

南航线是从美国西海岸和巴拿马运河起，经萨摩亚群岛、斐济群岛到澳大利亚、新西兰，延伸到东南亚的航线，航程 6 000 ~ 11 000 海里。南航线主要是澳大利亚、新西兰同美国、加拿大之间的重要运输线。其自然条件和地理特点与中航线基本相同。但地理位置偏僻，运输量较小。

4. 中东石油航线

该航线是从中东各产油国经印度洋、马六甲海峡或龙目海峡至日本、中国等地的航线。进出印度洋的航路有二：一是经马六甲海峡，二是经龙目海峡。航程 5 300 ~ 6 800 海里。该航线是日本的主要石油运输线，担负着日本进口原油 70% 的运输任务，被称为日本的海上生命线，也是美国在远东的主要石油补给线。在太平洋航行条件与日本—东南亚航线基本相同。

（二）南北向航线

1. 日本—东南亚航线

该航线是从日本各港口到东南亚，向西可延伸至南亚、非洲、西欧的航线。航路大体有二：西航线自下关、长崎经东海、台湾海峡入南海，至东南亚各港口；东航线自横滨、东京等，沿琉球群岛、台湾以东，经巴士海峡入南海，至东南亚各港口。航程1 600～3 200海里。该航线是日本与东南亚之间的重要运输线。它的航程较短，便于途中进行补给、避风和锚泊；但受热带风暴及台风威胁大（尤其夏季），北段由北向南大多在逆流中航行。

2. 日本—澳、新航线

该航线是从日本各港口至澳大利亚、新西兰等地的航线。航路有二：东航线自日本南下，经马里亚纳群岛附近、所罗门海、珊瑚海至澳大利亚东海岸及新西兰；西航线自日本南下，经菲律宾以东、望加锡海峡、龙目海峡到澳大利亚西海岸。航程4 000～5 000海里。该航线已成为日本的重要原料运输线，年运输量1亿吨以上。它的航行条件良好，唯受台风影响较大。

（三）最具突破价值的航线

俄罗斯太平洋沿岸—俄罗斯欧洲地区航线，共有三条航路：

一是从圣彼得堡起，经波罗的海、北海、英吉利海峡，沿非洲大西洋海岸南下，绕过好望角，横渡印度洋，进马六甲海峡或巽他海峡、中国海、朝鲜海峡到符拉迪沃斯托克（海参崴）等港口，航程约16 000海里（约3万千米）。

二是从黑海经土耳其海峡、苏伊士运河、红海、印度洋北部、马六甲海峡、中国海等到符拉迪沃斯托克（海参崴）等港口，航程约9 200海里（约1.7万千米）。

三是从北冰洋的摩尔曼斯克沿欧亚大陆北部海岸东进，经白令海峡到符拉迪沃斯托克（海参崴）等港口，航程约5 600海里（约1万千米）。现代称其为"北极航线"。

第一、二条航线的航程远，绕好望角航行约需50天，经苏伊士运河需30天左右。第三条航线虽然航程近，狭窄水道少，但全年只有7月中旬至10月中旬通航。直达船舶一年只能往返一次，运输量有限。

感悟 地分东西南北中，事分轻重缓急庸；无农不稳，无商不富；要想富，先开路。

四、主要通道

太平洋与其他大洋的通道，主要有马六甲海峡、巴拿马运河和白令海峡。

（一）马六甲海峡

马六甲海峡位于马来半岛与苏门答腊岛之间，连接安达曼海与中国南海，长约580海里，是太平洋最长的海峡。它的西北口宽约200海里，水深13～151米，深水航道宽1.5～2

海里。海峡水深自西北向东西南递减，主要深水航道靠近马来半岛一侧，水深25～113米，可行驶吃水20米的船舶。全年绝大部分时间风力很小，是一个风平浪静的海峡。但海峡较窄，又有一些浅滩和沙洲，加之沉船、流沙和淤泥的影响，不断发生巨轮搁浅事故。因此，载重20万吨以上的油船都绕道龙目海峡（航程比经马六甲海峡多1 000余海里）。

马六甲海峡连接太平洋与印度洋，是战略交通要道，它和新加坡海峡现由马来西亚、印度尼西亚与新加坡共同管理。三国宣布，一切船只都要遵循无害通过的原则。

（二）巴拿马运河

巴拿马运河位于巴拿马共和国中部，南、北美洲交界处，可供6万吨级以下船舶出入。巴拿马运河通过升级改造，2016年投入营运，新巴拿马船型船的主尺度上限为船长366米，船宽49米，吃水15.2米，集装箱船的最大载箱量理论上可以达到1.2万～1.3万TEU左右，散货船载货吨预计在11.5万吨左右。

巴拿马运河的通航，缩短了大西洋和太平洋之间的航程。与绕道南美洲的麦哲伦海峡相比，从美国大西洋沿岸的纽约到太平洋沿岸的旧金山，航程缩短了7 800海里，从纽约到日本的横滨，航程缩短了3 770海里。从大西洋东部的英国利物浦到美国旧金山，航程缩短了5 670海里。它被人们称为"世界桥梁"，是仅次于苏伊士运河的一条重要国际航道，具有重要的经济、军事意义。

（三）白令海峡

白令海峡位于俄罗斯西伯利亚东端的楚科奇半岛和美国阿拉斯加的苏厄德半岛之间，是太平洋与北冰洋之间的唯一通道。海峡最狭处（迭日涅夫角与威尔士角间）宽约45海里，水深70～42米。海峡中央是亚洲与北美洲、俄罗斯与美国的分界线，也是国际日期变更线。位于海峡最窄处中央的米德群岛（分界线以东的岛屿属美国，以西的岛屿属俄罗斯）和海峡南口的圣劳伦斯岛（美国），对控制海峡具有重要作用。

白令海峡是俄罗斯太平洋沿岸港口通往北冰洋的唯一通道，其俄罗斯欧洲北部港口通往太平洋沿岸的捷径。与经苏伊士运河或好望角的中航线、南航线相比，航程分别缩短了1/2和2/3。虽通航时间短，但作用重大。美国也很重视该海峡的作用。

太平洋还有巽他海峡、龙目海峡、巴士海峡、麦哲伦海峡和德雷克海峡等重要通道。

感悟 ｜ 有取必有舍，有利必有害，扬长避短，把握关键要塞，融会贯通乃为上策。

五、中国海及相邻海区

中国海及相邻海区，是指中国海、日本海和菲律宾海，是西太平洋的重要组成部分。它北起鞑靼海峡，南至印度尼西亚的勿里洞岛，西濒亚洲大陆，东临日本诸岛、马里亚纳群岛和帛琉群岛等。周边国家有俄罗斯、日本、朝鲜、韩国、中国、越南、菲律宾、柬埔寨、泰国、马来西亚、文莱、新加坡和印度尼西亚，还有美国的关岛及其他托管地。

（一）中国海

中国海位于太平洋西缘，由渤海、黄海、东海和南海组成。它北接我国辽宁省，南至印度尼西亚勿里洞岛，西濒我国大陆与中南半岛，东临朝鲜半岛、日本的九州与琉球群岛、我国的台湾以及菲律宾群岛和加里曼丹岛。

渤海属于中国内海，三面环陆，在辽宁、河北、山东、天津三省一市之间。辽东半岛南端的老铁山角，经庙岛至山东半岛北端的蓬莱角一线，是渤海和黄海的分界。渤海海峡是渤海与黄海的唯一通道，素有"渤海咽喉"之称。

黄海北接我国辽宁省，南与东海相连，西濒我国鲁、苏，东临朝鲜半岛。它以我国山东半岛的成山角与朝鲜的长山串一线为界分为南北黄海。

东海西濒我国沪、浙、闽，东临日本九州、琉球和我国台湾岛，北与黄海相接，南同南海相连，位于中国海的中部，既是我国连接南北海域的纽带，又是保卫和统一祖国的重要区域。

南海北部连接我国广东、广西，南至印度尼西亚，西濒中南半岛，东抵菲律宾群岛，是我国南面面积最大的海（其中在我国传统海疆线内的海域约有200万平方千米，为我国海洋权益所辖的海区）。东北侧的台湾海峡和巴士、巴林塘、巴布延海峡分别连接东海和菲律宾海，西南侧的马六甲海峡是进入印度洋的主要国际通道。南海不仅蕴藏着丰富的石油、天然气等战略资源，而且是我国和世界的重要海上交通要道。

（二）菲律宾海

菲律宾海位于日本琉球群岛和菲律宾以东，马里亚纳等群岛以西，由东、西两岛弧环抱。它西与日本海、中国海、苏禄海和苏拉威西海等相邻，东与太平洋毗连，除岛链区外，水深多为4 000～5 000米；气候、水文条件受大陆影响较小，近似于大洋。菲律宾海是西太平洋航海、航空交通要冲。

（三）日本海

日本海东临日本，西濒朝鲜半岛和俄罗斯，平均水深150米左右。东北部库页岛沿岸，地势较低平，为泥沙岸，东部日本诸岛沿岸为丘陵、谷地，岸线较曲折，岩岸多；西北部俄罗斯沿岸山脉与海岸平行，岸线平直，断崖峭壁多；西部朝鲜半岛沿岸北部山势较险峻，南部以丘陵、平原地为主。主要岛屿有郁陵岛、隐岐诸岛和位于朝鲜海峡中央的对马岛等。冬季气候严寒，海上北部结冰，南部有浮冰，风浪较大，常出现风暴；夏季俄罗斯沿岸多雾，多低云，有各种海水跃层。日本海有5个海峡：鞑靼海峡、宗谷海峡（俄罗斯称拉彼鲁兹海峡）、津轻海峡、朝鲜海峡（含对马海峡）和关门海峡。其中，朝鲜海峡、津轻海峡和宗谷海峡最为重要。

1．朝鲜海峡

朝鲜海峡位于朝鲜半岛南岸和日本九州北岸、本州西岸之间，长160海里，宽110～150海里，水深66～228米，对马岛位于海峡中部，分为东西两条水道。与九州之间的东水道称对马海峡，与朝鲜半岛之间的西水道称釜山海峡（又有狭义的朝鲜海峡之称）。朝鲜海峡最窄处为对马岛至壹歧岛，宽仅25海里左右。对马岛中部有一狭窄水道将其分为南、北两部分。它与日本的壹歧岛、五岛列岛和朝鲜半岛的巨济岛、济州岛，对控制海峡都有重要作用。朝鲜海峡是日本海至中国海的唯一海上通道。

2．津轻海峡

津轻海峡位于日本北海道与本州之间，呈东西向。长约55海里，最窄10海里左右，水深120～450米，水流较急。海峡北岸有函馆，南岸有大凑和青森等港口。1986年建

成沟通本州与北海道的海底隧道。津轻海峡是日本海与太平洋的交通要道，有日本海中部门户之称，属于国际航道。日本对该海峡与对马海峡一样，划为特定水域，宣布其领海宽度为3海里。

3. 宗谷海峡

宗谷海峡，位于日本北海道的宗谷岬和俄罗斯库页岛的克里利昂角之间，纵深很短，宽约23海里，水深23～60米。南北岸附近的宗谷和阿尼瓦湾，可作为船舶的驻泊地。宗谷海峡有日本海北大门之称，是日本海与鄂霍次克海的纽带。

中国海及相邻海区是重要的国际海上通道，海区沿岸人口最稠密，人口约占世界人口的1/3左右，人力资源雄厚。这里也是世界上热带经济作物和稻米的重要产地。同时，这一海区是殖民主义、帝国主义、霸权主义角逐的场所。在历史上，有些国家沦为英、法等国的殖民地，有些战略要地被德、俄等国霸占过，也有许多国家和岛屿曾被日本侵占。

近20年来，沿岸各国经济发展较快，占世界经济的比重越来越大。巨大的消费市场和廉价劳动力市场，更加凸显了其重要的战略地位。

感悟 物竞天择，落后必然挨打，卧薪尝胆，振兴中华，千里之行始于足下。

六、太平洋的战略地位

（一）资源丰富

太平洋在浅海大陆架富含石油、天然气、煤炭和各种矿砂，在深海蕴藏着大量的锰结核和沉积矿藏，含有锰、镍、铜、钴、铅、锌、铬、银、铁等众多的金属和稀有元素。其中深海锰结核以北太平洋分布面积最广，储量占一半以上，约为17 000亿吨，比大陆储量多几十倍至百倍以上；沿岸地区锡、铝、钨、煤、铁等藏量丰富，在世界上占有重要地位；渔场面积约占世界各大洋浅海渔场总面积的1/2，年捕鱼量占世界海洋渔业总产量的55%，居各大洋首位。

（二）交通发达

太平洋有多条航海、航空国际航线联结着亚洲、大洋洲和南北美洲。大洋中的一些岛屿是海、空航线的中继站。海上航线四通八达，海运占世界海运的比重仅次于大西洋，居第二位。沿岸港口众多，西岸有东方港、东京、横滨、神户、大阪、釜山、大连、上海、广州、香港、新加坡、悉尼等，东岸有温哥华、西雅图、圣弗朗西斯科（旧金山）、洛杉矶、巴拿马城、瓦尔帕来索等。

（三）多种国家制度，多层次国家共存区

太平洋地区既有美国、加拿大、日本、俄罗斯等发达国家，又有几十个如中国、朝鲜、越南等发展中国家，因此在国际事务中起着特别重要的作用。

（四）经济充满活力

一些国际舆论认为"目前最有前途的国家都在太平洋沿岸"，"太平洋地区在21世

纪将发展成为居世界支配地位的经济区"。中国濒临太平洋西岸，太平洋与中国经济发展、对外往来和国家安全息息相关。从 1840 年鸦片战争起，英、法、日、美等列强多次由海上入侵我国。在未来反侵略战争中，太平洋仍然是重要战略方向。

> **感悟**　生存、生计、生命线；开放、开发、开乾坤；创业、创新、创未来。

概括来说，太平洋面积最大，海沟最深，年捕鱼量最多，海运占世界海运的比重仅次于大西洋，居第二位，是世界海运的交通要道。是周边国家人民赖以生存的空间和重要资源的出处。

知识要点三：　大西洋概况

一、地理位置

大西洋：位于欧洲、非洲、南北美洲之间，类似"S"形。两端宽中部窄，面积为9 336 万平方千米，相当于太平洋面积的 1/2，是世界第二大洋。它东、西分别经直布罗陀海峡、苏伊士运河和巴拿马运河连接印度洋和太平洋。沿岸有 50 余个国家。其中西岸主要有加拿大、美国、墨西哥、古巴、委内瑞拉、巴西和阿根廷等国；东岸主要有挪威、瑞典、俄罗斯、德国、荷兰、法国、西班牙、葡萄牙、意大利、摩洛哥、利比里亚、尼日利亚、安哥拉和南非等国。

二、自然条件

大西洋通常以北纬 5° 为南、北大西洋的分界线。北大西洋的海岸曲折，有许多深入大陆的内海和海湾。如欧洲西岸有北海、波罗的海、地中海和比斯开湾等；北美洲东岸有哈得逊湾、巴芬湾、圣劳伦斯湾、墨西哥湾和加勒比海等。大西洋的岛屿不多，大部分集中在北大西洋，沿大陆周围分布。如大不列颠岛、爱尔兰岛、冰岛和纽芬兰岛等。欧洲西部的北海和波罗的海、南美洲东南和东北沿海、北美洲的纽芬兰岛和佛罗里达半岛附近海域的大陆架最为宽广。

大西洋的海雾主要分布在圣劳伦斯湾 – 纽芬兰岛附近海面，覆盖着整个北大西洋北部的欧美航线，是世界上最主要的雾区之一。因位于欧、美主要航道，而成为世界上雾中船舶碰撞最多的海区。

北半球热带纬区，5 ~ 10 月常有飓风（即热带风暴），从热带洋面吹向西印度群岛及美国东海岸。北大西洋的冬季常有大浪，格陵兰、纽芬兰和北欧近海的大浪频率可达50％ ~ 60％，是世界著名的大风浪区之一。 南大西洋的风浪区位于南纬 40° 以南的"西风漂流带"上，有"咆哮 40 度"之称。

> **感悟**　岛礁林立，沙漠成性，形成彪悍的民族。

三、主要通道

大西洋的主要通道有直布罗陀海峡、英吉利－多佛尔海峡、基尔运河。

（一）直布罗陀海峡

直布罗陀海峡位于西班牙南端和摩洛哥北端之间，东窄西宽，长约 48 海里，最宽 23 海里，最窄 6.5 海里，表层海水由大西洋流入地中海，深层海水由地中海流入大西洋。它是沟通地中海和大西洋的唯一通道。被称为地中海西部的"咽喉"。苏伊士运河通航后，它成了大西洋连接印度洋、太平洋的捷径，是世界上最繁忙的海上通道之一。

（二）英吉利－多佛尔海峡

英吉利－多佛尔海峡位于欧洲大陆和大不列颠岛之间，由英吉利和多佛尔两个海峡组成。以法国塞纳河口—英国朴次茅斯为界，西南是英吉利海峡，东北是多佛尔海峡。它是大西洋与北海的重要通路，是世界海运量最大的水道之一，年均过往船只 10 万艘以上。英、法两国共同开凿了多佛尔海峡的海底隧道，火车只需 35 分钟即可从英国到达法国。

（三）基尔运河

基尔运河，也称"北海－波罗的海运河"，位于德国北部，横贯日德兰半岛，由易北河口的布龙斯比特尔科克到基尔湾的霍尔特瑙，可通行吃水 9 米、长 315 米、船宽和净空高度 40 米以下的船只。基尔运河沟通了波罗的海和北海，使两者之间的航程比绕道丹麦缩短了 685 千米，是世界著名的国际通航运河。

四、海上交通线

大西洋的航线密布，海运发达，具有重要战略意义的海上航线主要有 6 条。

（一）美国—西、北欧航线，由美国大西洋沿岸各港口至西欧、北欧各港口。

（二）美国—地中海航线，由美国大西洋沿岸各港口至地中海沿岸各港口，可经苏伊士运河到印度洋。

（三）美国—加勒比海航线，由美国大西洋沿岸各港口至加勒比海（包括墨西哥湾）各港口，是美国输入战略原料、输出工业产品的主要航线。航程较短，运输量大，大部分位于美国近海，可经巴拿马运河到美国东海岸，也可与太平洋各航线连接。

（四）欧洲—中、南美航线，由欧洲各港口至大西洋沿岸拉美各港口，欧洲—加勒比海航线，可经巴拿马运河到美洲太平洋沿岸各港口。

（五）欧洲—好望角航线，由欧洲各港口至非洲各港口，该航线是欧洲沿海各国与非洲连接的主要航线，特别在苏伊士运河封闭时尤为重要。西欧、北欧各国都经此航线输入部分石油、粮食等战略物资。

（六）欧洲—苏伊士运河航线，由欧洲各港口至苏伊士运河，该航线是欧洲与亚太、海湾地区的主要贸易航线，也是世界上最繁忙的航线之一。从欧洲运去的主要是工业设备及制成品，运回的主要是石油及工业原料。

此外，还有由美国和南美横渡大西洋，经好望角去波斯湾、澳大利亚及远东的航线等。这些航线均是由地理大发现所开辟，历经殖民时期航海贸易和海洋战争的检验和拓展，再由现代世界航海和航天科技勘测和核实的安全航线，留存着深深的历史印记。

感悟 ┃ 昔日疆场，今日的繁荣。昔日的血泪殖民，今日的人权宣言。

五、战略地位

大西洋的矿产和渔业资源丰富，沿海大陆架蕴含着丰富的石油和天然气，还有煤、铁、硫黄和金刚石等。北海、纽芬兰岛附近是世界著名的渔场，年捕鱼量居世界第二。北非沿岸和中东储藏着丰富的石油和天然气，加勒比海沿岸矿藏丰富，盛产石油、铜、铁和其他重要战略资源。沿岸的欧、美发达国家，科学技术先进，经济实力雄厚，不仅占世界经济的比重大，占世界贸易额的比重也很大。

大西洋在世界海运排名中位居第一。地中海西经直布罗陀海峡与大西洋相连，东北经达达尼尔和博斯普鲁斯两海峡通往黑海，东南经苏伊士运河接红海。海上运输繁忙，有许多重要的国际航线，是各国海上往来的必经之地，是欧美发达国家输入亚非拉资源、输出商品的重要通道，是俄罗斯西部与远东太平洋地区联系的重要航道。

概括来说，作为世界货运量第一的世界第二大洋大西洋，其航海历史悠久，是海洋文化和新大陆发现的起源地，从欧洲殖民主义者开始对亚洲、非洲和美洲进行掠夺起，它就成了世界航海的中心。从克里王子寻找新大陆的起航，到麦哲伦环球航行，直到当今世界超级大国的角逐与演绎，大西洋不仅彰显着海洋观念波澜壮阔的气势和排山倒海的能量，同时也是现代海洋文明的参照物。

感悟 ┃ 沧桑海洋史，壮哉中国梦，千秋功业，志在千里，振兴中华，始于足下。

知识要点四：　印度洋概况

一、地理位置

印度洋：位于亚洲、大洋洲、非洲和南极洲之间，大部分在南半球。南部开阔，与大西洋、太平洋连成一片，北部临亚、非大陆，面积7 500万平方千米，是世界第三大洋。它的周围共有30多个国家和地区，东岸主要有缅甸、印度尼西亚和澳大利亚等国，北岸主要有孟加拉国、印度、斯里兰卡、巴基斯坦、伊朗、伊拉克、科威特、沙特阿拉伯、埃及和也门等国，西岸主要有索马里、坦桑尼亚、莫桑比克和南非等国。

二、自然条件

印度洋的海岸，北部曲折，南部平直。洋区岛屿不多，最大的是马达加斯加岛，次为斯里兰卡岛。西部主要有亚丁湾的索科特拉岛，波斯湾的巴林群岛，东非沿岸的桑给巴尔岛和科摩罗群岛等；东北部有一系列长形群岛。印度洋大陆架面积较小，仅占总面积的4.1%，主要分布在波斯湾、孟加拉湾东北部、阿拉伯海东北部和澳大利亚西北部沿海。

印度洋大部分位于热带与亚热带，年均气温较高，洋区北部是地球上季风最多的地区之一。冬季盛行来自大陆的东北风，夏季盛行由海洋吹向大陆的西南风；赤道以南，风向比较稳定，低纬区盛行东南信风，中纬区为强劲的西风带。

南纬 40°～60° 的西风带和阿拉伯海西部常有暴风。马达加斯加岛以东至澳大利亚西北沿海、孟加拉湾常受飓风侵袭。洋区降水最多的阿拉伯海东部、孟加拉湾东部和赤道附近，由于喜马拉雅山脉阻挡和中纬西向季风作用造成了印度洋西北部干旱和沙漠性气候。同时也造就了印度沿岸暖流的季节性改变。

印度洋北部的阿拉伯海在夏季季风期间，尤其是 7～8 月份有特大的波浪，大浪频率可达 74%，是世界大洋中大浪频率最高的区域；南部西风带，尤其是好望角附近，全年风浪都比较大，一年中大约 110 天有狂浪，浪高 6 米以上，素有"咆哮西风带"之称。

感悟 地理位置与气候决定资源，石油与沙漠；影响意识和宗教。

三、主要通道

印度洋北部的航线密布，主要通道有苏伊士运河、曼德海峡和霍尔木兹海峡等。

（一）苏伊士运河

北起塞得港连接地中海，南达陶菲克港连接红海，经过亚丁湾沟通印度洋，长 161 千米，可通行吃水 16 米、满载 15 万吨或空载 37 万吨的巨轮。扩建后，能通行吃水 20 米、满载 26 万吨或空载 70 万吨超级巨轮。苏伊士运河沟通了地中海与红海，是欧、亚、非三大洲的交通要冲，也是世界著名的人工航道，马克思称其为"东方伟大的航道"。它缩短了从大西洋到印度洋、太平洋的航程（与绕道好望角相比，缩短了 3 000～4 000 海里）。它航程近、时间短、运费省，并且安全，从而成为世界上最繁忙的运河。目前，因亚丁湾水域海盗活动猖獗，造成通过运河费用急剧攀升，从而大大降低了其应有的实用价值。

（二）曼德海峡

曼德海峡位于阿拉伯半岛西南端和非洲大陆之间，入口处有几个小岛，其中较大的是丕林岛，它把曼德海峡一分为二：东称"小峡"，是红海出入印度洋的主要航道；西称"大峡"，多暗礁险滩，不便通航。曼德海峡南经亚丁湾通印度洋，北经红海、苏伊士运河达地中海和大西洋，被称为连接欧、亚、非三大洲的"水上走廊"，印度洋—红海—地中海—大西洋航线的"咽喉"，是世界上既重要又繁忙的海峡之一。

（三）霍尔木兹海峡

霍尔木兹海峡位于世界上著名的"石油宝库"波斯湾和阿曼湾之间，是波斯湾通往印度洋的必经之地，被称为海上石油通道的"咽喉"和油库的"阀门"。

四、海上交通线

印度洋的航线众多，海运繁忙，主要航线有 5 条。

（一）海湾—东南亚—远东航线：由海湾各港口经东南亚到日本、中国、关岛等港口，是日本、美国（在远东的基地）输入石油的主要航线。超级油轮多使用波斯湾—龙目海峡—望加锡海峡—日本航线，年运量 1 亿吨以上。

（二）远东—东南亚、欧洲航线：由亚洲太平洋沿岸各港口，经印度洋北部至欧洲各港口，是亚洲太平洋沿岸各国与欧洲的重要航线，是俄罗斯远东地区与欧洲地区的主要航线。从亚洲向西主要运输锡、橡胶、有色金属、大米和麻类等；从欧洲运回的主要是机器设备、工业品。该航线的航程近，又安全，但通过狭窄水道较多，苏伊士运河一旦封闭，则需绕道好望角。

（三）远东—西非、南美（经好望角）航线：由亚洲太平洋沿岸各港口经西非至南大西洋沿岸各港口，是亚洲太平洋沿岸各国与南大西洋沿岸各国的主要航线，是远东地区与西非、南美联系的纽带。我国和巴西的石油、铁矿石贸易都使用该航线，但需通过好望角。

（四）海湾—西北欧、北美（经好望角）航线：由海湾各港口经莫桑比克海峡、好望角至西欧、北美各港口，是西欧、北美输入石油的主要航线，由超级油轮营运，年运输量最高时曾达6亿吨。15万吨以下的油轮货船都经苏伊士运河、地中海到欧洲、北美。

（五）澳、新—海湾、欧洲航线：由澳大利亚、新西兰各港口斜贯整个印度洋，至海湾各港口，是澳大利亚、新西兰从波斯湾输入石油，从欧洲输入工业品和日用消费品的主要航线。

五、战略地位

印度洋的战略地位十分重要。它的资源丰富，尤以石油最著名。波斯湾是世界最大的石油产区之一，红海、阿拉伯海、孟加拉湾、苏门答腊岛与澳大利亚西部沿海都蕴藏有石油。洋底藏有铬、铁、锰、铜与铁锰结核。印度洋有多条国际航线，是亚洲、非洲、大洋洲的海上交通要道。东北非、中东、波斯湾、南亚次大陆和东南亚，是西方国家赖以生存的石油及其他战略资源的供应地。

感悟 一扇窗，视野。一道门，世界。一启迪，睿智。

概括来说，印度洋是世界第三大洋。其边缘海红海是世界上含盐量最高的海域。印度洋周边国家拥有丰富的紧缺资源——石油和矿产，波斯湾是世界海底石油最大的产区。海洋货运量约占世界的10%以上，其中石油运输居于首位。是福亦是祸，历史悠久的宗教背景，谋求和平权益的艰辛历程，形成了近年该区域的恐怖活动和局部战争。

知识要点五： 北冰洋概况

一、地理位置

北冰洋：大致以北极为中心，由北美洲、亚洲、欧洲环抱，面积1 310万平方千米，是四大洋中面积和体积最小、深度最浅的大洋。它通过挪威海、格陵兰和加拿大北极群岛各海峡与大西洋相连，通过白令海峡与太平洋相通。它的附属海区主要有格陵兰海、挪威海、巴伦支海、喀拉海、拉普捷夫海、东西伯利亚海、楚科奇海和波弗特海等。周围的国家和地区有俄罗斯、挪威、冰岛、加拿大、美国的阿拉斯加和丹麦的格陵兰岛等。重要港口有摩尔曼斯克和阿尔汉格尔斯克等。

二、自然条件

北冰洋在亚洲和北美大陆边缘有宽达1 200多千米的大陆架，是世界海洋中大陆架最宽广的地区。洋区岛屿很多，既有世界第一大岛格陵兰岛，又有挪威的斯匹次卑尔根群岛，俄罗斯的法兰士约瑟夫地群岛、新地岛、北地群岛和新西伯利亚群岛，加拿大北极群岛中的巴芬岛、埃尔斯米尔岛和维多利亚岛。岛屿总面积 400 万平方千米。

北冰洋的气温很低，暴风雪多，降水少（以下雪为主）。北极海区寒季常有暴风。北冰洋的寒季，浮冰面积达 1 100 万平方千米，暖季仍有 2/3 的洋面为冰覆盖。冰层厚度一般 2～4 米，最厚 30 米。海水温度一般在 0 ℃以下。

暖季受陆地气温和大陆河水的影响，水温最高可达 8 ℃，形成沿岸融冰带。挪威海、巴伦支海因有大西洋暖流流入，部分海域冬季不结冰。北冰洋的含盐度较其他大洋低。流入北冰洋的水，既有北大西洋暖流，又有欧、亚、北美洲一些河流和太平洋海流（经白令海峡），从而导致了过剩的水。它由东西伯利亚海岸和北美洲海岸流向格陵兰海，形成东格陵兰寒流。格陵兰寒流从北冰洋流入大西洋，将部分冰块带入，对海上航行威胁很大。挪威海、巴伦支海的部分海域不结冰，船舶可进行正常活动，但需采取措施，克服严寒、大风、海冰等带来的困难。

感悟　一张白纸，一方纯洁，隐藏着大千世界的处女之地。

三、海上交通线

北冰洋的海上航线少，仅挪威海和巴伦支海的西南部全年可通航。主要航线有：

英国伦敦—俄罗斯的摩尔曼斯克和阿尔汉格尔斯克航线，航程分别为 1 700 海里和 2 042 海里。摩尔曼斯克沿亚洲北岸近海至俄罗斯远东海参崴等地航线，航程 5 600 海里，仅在暖季（7～10 月），在破冰船的保障下才能通航。还有摩尔曼斯克至冰岛的雷克雅未克和挪威的斯匹次卑尔根群岛航线。

四、战略地位

北冰洋的战略地位相当重要。它的自然资源丰富，主要矿藏有石油、天然气、煤炭、磷灰石和有色金属等。大陆架是世界海底石油主要蕴藏区之一。渔业资源丰富，巴伦支海和挪威海是世界最大渔场之一。飞越北冰洋的航空线，是欧、亚与北美洲沟通的捷径。如从莫斯科至纽约，经北冰洋上空，比横越大西洋缩短近 1 000 千米；从东京到伦敦，沿北极圈飞行比经莫斯科缩短 1 100 千米。现在，欧洲经格陵兰岛、加拿大至美国西海岸，欧洲经阿拉斯加至日本等地，都选用北冰洋航空线。

感悟　处女之地，播种什么样的人类历史，形成什么样的人类文明。

五、北冰洋的特点

北冰洋是四大洋中温度最低的寒带洋，终年积雪，千里冰封，覆盖于洋面的坚实冰层足有 3～4 米厚。每当这里的海水向南流进大西洋时，随时随处可见一簇簇巨大的冰山随波飘浮，逐流而去，就像是一些可怕的庞然怪物，给人类的航运事业带来了一定的威胁。而且，北冰洋还有两大奇观。第一大奇观：一年中几乎一半的时间，连续暗无天日，恰如漫漫长夜难见阳光；而另一半日子，则多为阳光普照，只有白昼而无黑夜。由于这样，北冰洋上的一昼一夜，仿佛是一年而不是一天。此外，置身大洋中，常常可见北极天空的极光现象，飘忽不定、变幻无穷、五彩缤纷，甚是艳丽。这是北冰洋上第二大奇观。

感悟 北极犹如我们火热的青春，理智思考，睿智开发，日夜兼程。

【思考与练习】

1. 大海里只有水吗？骏马只有四条腿吗？鼻子下面长着一张嘴就是美女吗？
2. 海和洋相同吗？海洋等于海加上洋吗？
3. 试用立体思维演绎一下"我爱你"的表白。
4. 试用程序思维辨析"海洋观冒险精神"的意义。

提示：

1. 没有冒险就没有新发现，没有探索就没有创新，没有创新就没有创造，没有创造就没有未来。未知到已知，探究到开发，现在到未来。

2. 战略眼光是对常规发展经验总结的结果，今日战略性思考和部署是未来的希望。

3

专题三
海洋国土

任务介绍

1. 理解现代海洋国土的概念及内涵，形成正确的海洋价值观念。
2. 了解现代海洋国土的特征，形成海洋国土意识。
3. 了解全球性"蓝色圈地运动"，理解海洋的重要战略地位，形成海洋国土意识。
4. 了解中国海洋国土面积与现状，建立正确的现代海洋观念。
5. 熟悉国际海洋法的规定，掌握国家在不同程度上行使主权权利和管辖权的区域。

引导案例

日本冲之鸟礁事件

2008 年 11 月日本以冲之鸟礁为由，向联合国大陆架界限委员会提出大陆架延伸申请（申请期限至 2009 年 5 月），同年提出太平洋南部及东南部海域大陆架延伸申请，而冲之鸟礁是南部海域的重要申请理由之一。

冲之鸟礁处日本以南 1 000 多千米，退潮时东西长 4.5 千米、南北长 1.7 千米、周长 12 千米。涨潮时基本淹没在海水中，通过人工投石，才保持两块礁石露出水面，面积不到 10 平方米。一旦申请获准，日本将获得冲之鸟礁周边 74 万平方千米的海底大陆架，这一数字是其陆地面积的两倍；日本同时还将获得超过 40 万平方千米的海洋专属经济区，享有海洋资源开采权。

对此，中国向该委员会提交了备忘录，指出冲之鸟礁是《联合国海洋法公约》中规定的"不拥有大陆架"的"无法维持人类居住和经济生活的岩礁"，要求该委员会拒绝日本的申请。

【总结】

日本对国际海洋法的理解对不对、其如意算盘能不能实现，这是一回事；但有没有这样的观念、做不做这样的争取，则是另一回事。

中国国土 1 260 万平方千米，领土 960 万平方千米，还有 300 多万平方千米的海洋国土有待我们完善和开发，更有国际通道和公海事业有待我们建设和维护，加快建设海洋强国，任重而道远。

知识要点一： 海洋国土的概念及内涵

一、国土的概念及内涵

国土是国家主权与主权权利管辖范围内的地域空间。从权利层次上分，包括主权领域（领土）和管辖领域；从空间结构上分，包括国家的陆岛、水域以及它们的底土和上空，也就是说国土包含了"海陆空"三重含义。它是由各种自然要素和人文要素组成的物质实体，是国家社会经济发展的物质基础或资源、国民生存和从事各种活动的场所或环境。

国土，按照表面形态分为陆岛和水域。按照主权权利和管辖权限的地球平面区域分为：领土、毗连区、专属经济区、大陆架等。国土是正在发展中的概念，广泛使用在社会经济活动方面。国土概念较领土概念要丰富得多。

领土，包括一个国家的陆地、河流、湖泊、内海、领海以及它们的底床、底土和上空（领空），是主权国管辖的国家全部疆域。位于国家主权下的地球表面的特定部分，以及其底土和上空，被称为领土。领土是国家行使主权的空间，是严格的法律用语，主要用于政治、法律。

二、海洋国土的概念及内涵

海洋国土概念：置于一个沿海国家主权或管辖下的地域空间的海域部分，是其陆地国土向海洋的延续，是沿海国家国土的重要组成部分，是一多元法律地位的海域。它同陆地国土本质相同但有很大区别，所以把国土区分为海洋国土和陆地国土来对应称呼是科学的。

"海洋国土"又称蓝色国土，是指在国家主权和管辖下的一个特定的海域及其上空、海床和底土。从国际海洋法的角度讲，海洋国土就是国家管辖海域，是一国内海、领海、毗连区、专属经济区、大陆架等所有管辖海域的形象总称，是一个集合概念。其内涵包括了海洋国土地域范围内的全部资源。其基本结构体系和常规参数如图3-1所示。

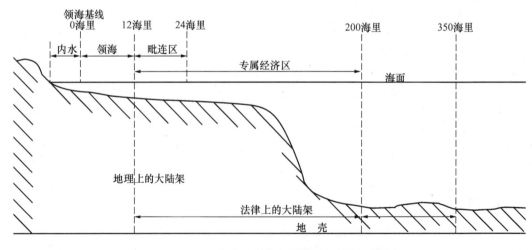

图3-1 海洋国土基本结构体系和常规参数

感悟 国土领土一字谬，三海两洋未稳固，睿智进取勤经略，火炬雄鸡两不误!

三、海洋国土相关概念及其内涵

21世纪是海洋的世纪，"海洋国土"的发展形式急剧变化，新型发展模式和新型理念蓬勃发展，为了精准理解"海洋国土"现代内涵，需要准确辨析现有海洋国土相关概念。

（一）内陆水

内陆水是指一国内河、内湖、界河、界湖以及多国河流流经本国之内的河段。我国内河有黄河、长江、珠江等；内湖有洞庭湖、太湖、微山湖等。而"界河、界湖以及多国河流河段"是指两国或多国国界上的湖泊、河流或河段。也就是河流两岸或湖泊的周边不属于同一个国家。内陆水都在领土之内，这些都不在国家管辖海域论述之列。

（二）内海水

内海水指沿岸领海基线向陆地一面至海岸线的水域，又称"内水"。内海水是国家领水的组成部分，具有与国家陆地领土相同的地位，完全处在一国管辖之下，国家具有绝对的排他性主权权利。非经该国许可，他国船只不得进入。内海水的范围，包括一国的海港、海湾、海峡以及其他属于领海基线以内的海域，只有有海或靠海洋的国家才存在内海水。内海水的法律地位不同于领海，外国籍舰船在内海水内，没有"无害通过权"。

（三）领海基线

领海基线，为沿海国家测算领海宽度的起算线。基线内向陆地一侧的水域称为内水，向海的一侧依次是领海、毗邻区、专属经济区、大陆架等管辖海域。

沿海国有权选择划定基线方法，但领海基线的走向与沿海线的走向不得相差过远。目前世界上公认的领海基线有三种，即正常基线法、直线基线法以及混合基线法。

（1）正常基线法：也叫作低潮基线法，以退潮时海水退到离岸最远的那一条线（即最低退潮线）为领海基线。在海岸较为平直的情况下多采用此法。

（2）直线基线法：在岸上（向外突出的地方）和在一些岛屿上（群岛外缘岛屿上）选定一系列基点，在这些基点之间连续地画出一条条直线，使这些直线构成沿着海岸的一条折线，这一条折线就成为领海基线。因为这样的基线是由一系列直线构成的，所以叫作直线基线；又因其整体呈现为折线，所以又叫作"折线基线"。在海岸较为弯曲，且沿岸附近岛屿较多的情况下多采用此法。我国是采用此法划定领海基线的。

（3）混合基线法：在海岸兼有平直和弯曲的情况下，可以混合采用正常基线法和直线基线法。如芬兰、瑞典、意大利、爱尔兰等就采用这种方法。

特定区域可采用特定基线法，考虑某些区域内的特殊经济利益及特殊情况，确定特定基线可不受海岸线自然地形的限制。

（四）领海界线

领海界线又称"领海线"，是一个国家根据《联合国海洋公约》的"精神"而确定本国领海最大范围的边界线，是以国家规定的领海基线向外延伸到确定距离的分界线，是宣示或确定国家海洋主权范围最外、最远的线。领海线与领海基线之间的距离等于领海宽度。

目前划定领海线的方法有以下三种：

（1）共同正切线方法：如果领海基线采用直线基线法，则以每个基点为中心，用等于领海宽度的半径，向公海方面画出一系列半圆，然后画出每两个半圆之间的共同正切线。每一条这样的正切线，它平行于相应的各段直线基线，其距离等于领海宽度，这些正切线连在一起就形成领海线。

（2）交圆方法：如果领海基线采用正常基线法，则以基线上某些点为中心，用等于领海宽度的半径向公海方面画出一系列相应的半圆，使它们各交点之间的一系列相连的弧线形成领海线。圆弧中心点间的距离愈小，领海线则愈准确。

（3）平行法：海岸各点按领海宽度的距离向海岸线大致走向的平行方向上平行外移，使领海线与整个海岸的曲折情况相平行。

（五）领海

主权是一个国家对其管辖区域所拥有的至高无上的、排他性的政治权力，简言之，为"自主自决"的最高权威，也是对内立法、司法、行政的权力来源，对外保持独立自主的一种力量和意志。主权的法律形式对内常规定于宪法或基本法中，对外则是国际的相互承认。因此它也是国家最基本的特征之一。国家主权的丧失往往意味着国家的解体或灭亡。

管辖权通常是指一个国家在规定和实施其权利和义务以及在管理自然人和法人的行为等方面的法律权力。国际法的一个重要作用就是准确划分国家间对某些问题的管辖权，从而维护一个国家的独立和主权平等。

领海是沿海国或群岛国主权管辖下与其海岸或内水相邻的一定宽度的海域，是国家领土的组成部分。领海的上空、海床和底土，均属沿海国"主权管辖"。这里的"主权管辖"与"主权"是两个不同的概念。也就是说，一个国家对领海和其"领土"所拥有的权利是不同的，最典型的是外国籍船舶在他国领海水域内享有"无害通过权"，承担不进行"非无害通过"的义务。

1. 沿海国在其领海内享有的权利

（1）对领海内的生物和非生物资源具有主权权利。不经沿海国同意，外国不得在其领海内从事捕捞和其他开采活动。

（2）领海的上空是领空，国家对其具有主权权利。外国飞机不经沿海国同意，不得飞入。

（3）沿海国具有沿海航行权、从事本国各港口之间的航运和贸易的权利，他国不得干涉。

（4）沿海国对领海具有保护权。国家可根据国际法则制定有关保护的法律和规章，外国必须遵守。

（5）有对在领海内犯罪的刑事管辖权。

（6）对违反无害通过的一切外国船舶，沿海国有权终止其通过或将其扣留、拿捕。

（7）在战时，沿海国保持中立时，交战国不得在其领海内作战和拿捕商船。

2. 中国的领海

根据1958年中华人民共和国政府发表关于领海的声明和1992年通过并颁布的《中华人民共和国领海及毗连区法》以及国际惯例，我国领海基线画法采用直线基线法，从基线向外延伸12海里的水域是中国的领海，中国政府拥有其领海全部主权，包括领海上空的主权。并做出有关规定，摘录如下：

第一、一切外国飞机和军用船舶，未经中华人民共和国政府的许可，不得进入我国的领海和领海上空。

第二、外国"船舶"在我国领海享有无害通过权，但必须遵守我国政府的有关法令。这就是说，外国船舶是在"不违反中华人民共和国法律和规章"的情况下，享有无害通过我国领海的权利，外国船舶不得损害我国和平、安全和良好秩序。我国政府有权在领海内采取"一切必要措施"，以防止和制止对领海的非法的无害通过。

第三、外国大型油轮，核动力船舶和载运核物质、危险物质、有毒物质的船舶通过我国领海，必须遵守有关的法律和规章。

外国派遣船舶进入我国领海搜寻救助遇难的船舶或人员，必须经过我国"主管机关"的批准。中华人民共和国"海事局"主管我国沿海、港口，包括领海海上交通安全工作。在我国领海内航行的所有船舶都必须遵守有关海上交通安全的法律和规章。

第四、中国"政府"拥有其领海内全部资源主权权利，包括领海内一切生物与非生物资源。我国领海内一切具有历史、艺术、科学价值的文物，也属中华人民共和国所有。

第五、依国际惯例，对通过我国领海的外国船舶上的犯罪行为，我国一般"不"行使刑事管辖权，但犯罪行为或后果涉及我国或我国公民或我国利益、或不涉及我国利益但涉及国际惯例、国际和平与安全，如贩奴、非法贩运麻醉品者，我国可以行使管辖权。

（六）毗连区

毗连区又称"邻接区"，是指沿海国根据其国内法，在领海之外邻接领海的一定范围内，为了对某些事项行使必要的管制权，而设立的特殊海域。毗连区从领海基线量起不超过24海里。我国的毗连区宽度为12海里，从领海基线量起为24海里。

1. 法律地位

毗连区的法律地位不同于领海。沿海国在毗连区内只能行使某些方面的管制，而且这种管制不包括毗连区上空。毗连区没有独立的法律地位，其地位取决于其依附的海域，或接近于公海或接近于专属经济区。国家在毗连区内行使管制是为了维护本国主权和法律秩序，是为了对违法者进行追究和惩罚。

毗连区的法律地位是一个复杂的问题，1958年《领海与毗连区公约》在"领海之外即公海"的原则下，把毗连区规定为"毗连领海的公海区域"。1982年《海洋法公约》把公海的范围规定在沿海国的内水、领海和专属经济区和群岛国的群岛水域之外，因而把毗连区明确规定为毗连领海的"特定水域"。从《海洋法公约》的规定来看，毗连区既不属于国家领水的一部分，也不属于公海领域，所以，毗连区是由沿海国加以特殊管制的区域。

《联合国海洋法公约》规定了沿海国在毗连区行使下列管制：防止在其领土或领海内违反其海关、财政、移民或卫生的法律和规章；惩治在其领土或领海内违反上述法律和规章的行为。

2. 法律作用

《联合国海洋法公约》第33条规定，沿海国为防止或惩治在其领土或领海内违反其海关、财政、移民或卫生的法律和规章的行为而在毗连区内行使必要的管制。沿海国可在这个区域内对下列事项进行必要的管辖：

（1）防止在其领土或领海内违反其海关、财政、移民或卫生的法律和规章。

（2）惩治在其领土内违反上述法律和规章的行为。沿海国在邻接其领海并在领海之外，从领海基线量起不超过24海里内，对海关、财政、移民、卫生等事项进行必要的管辖。

沿海国在其领海内行使主权权利，但为了防止走私和偷越国境，以及卫生检疫等实际需要，还必须将某些权利扩大到领海之外的一定区域，于是产生了毗连区。

毗连区不是国家领土，国家对毗连区不享有主权，只是在毗连区范围行使上述方面的管制，而且国家对于毗连区的管制不包括其上空。毗连区的其他性质取决于其所依附的海域，或为专属经济区或为公海。在国家设立专属经济区后，毗连区首先是专属经济区的一部分，但由于国家可以在毗连区实施上述方面的管制权，毗连区又是就此有别于专属经济区其他部分的特殊区域。毗连区的种类主要包括：海关缉私区、移民区、卫生区、中立区、要塞区、渔区、防污染区、安全区等。在20世纪50年代，中国在黄海北部设立的军事警戒区、机轮禁渔区，以及20世纪80年代初期设立的幼鱼保护区在性质上都属于毗连区。

3. 中国毗连区的规定

1992年《中华人民共和国领海及毗连区法》做出了规定，毗连区宽度为12海里。对于领海和毗连区的制度的内容，该法与《海洋法公约》的规定基本一致。另外有以下规定：

（1）对于外国军用船舶通过中国领海，该法要求须经中国政府批准。

（2）第十三条　中华人民共和国有权在毗连区内，为防止和惩处在其陆地领土、内水或者领海内违反有关安全、海关、财政、卫生或者入境、出境管理的法律、法规的行为行使管制权。

（3）第十四条　中华人民共和国有关主管机关有充分理由认为外国船舶违反中华人民共和国法律、法规时，可以对该外国船舶行使"紧追权"。

紧追开始条件：追逐须在外国船舶或者其小艇之一或者以被追逐的船舶为母船进行活动的其他船艇在中华人民共和国的内水、领海或者毗连区内时开始。特例：如果外国船舶是在中华人民共和国毗连区内，追逐只有在本法第十三条所列有关法律、法规规定的权利受到侵犯时方可进行。

紧追区域：追逐只要没有中断，可以在中华人民共和国领海或者毗连区外继续进行。在被追逐的船舶进入其本国领海或者第三国领海时，追逐终止。

紧追工具：本条规定的紧追权由中华人民共和国军用船舶、军用航空器或者中华人民共和国政府授权的执行政府公务的船舶、航空器行使。

（七）专属经济区

专属经济区又称经济海域，是指领海以外并邻接领海的一个区域，专属经济区从领海基线量起，不应超过200海里（370.4千米），除去距离另一个国家更近的点。

1. 专属经济区法律地位

"专属经济区"内沿海国对其"自然资源"享有"主权权利"和其他管辖权，而其他国家享有航行、飞越自由等权利，但这种自由应适当顾及沿海国的权利和义务，并应遵守沿海国按照《联合国海洋法公约》的规定和其他国际法规则所制定的法律和规章。

根据1982年《联合国海洋法公约》，沿海国在其专属经济区区域内有下列权利：勘探和开发、养护和管理海床和底土，以及上覆水域的自然资源的"主权权利"；利用海水、海流和风力生产能源等的主权权利；对建造和使用人工岛屿，进行海洋科学研究和保护海洋环境等方面的"管辖权"。其他国家在专属经济区内仍"享有航行和飞越的自由，敷设海底电缆和管道的自由，以及与这些自由有关的其他符合国际法用途的权利"。

2. 中国的专属经济区

《中华人民共和国专属经济区和大陆架法》作为中国的专属经济区的法律依据，于1998年6月26日由全国人民代表大会常务委员会发布，并从当日开始实施。

第二条规定：中华人民共和国的专属经济区，为中华人民共和国领海以外并邻接领海的区域，从测算领海宽度的基线量起延至200海里。

第三条规定：中华人民共和国在专属经济区为勘查、开发、养护和管理海床上覆水域、海床及其底土的自然资源以及进行其他经济性开发和勘查，如利用海水、海流和风力生产能源等活动，行使主权权利。中华人民共和国对专属经济区的人工岛屿、设施和结构的建造、使用和海洋科学研究、海洋环境的保护和保全，行使管辖权。本法所称专属经济区的自然资源，包括生物资源和非生物资源。

第五条规定：任何国际组织、外国的组织或者个人进入中华人民共和国的专属经济区从事渔业活动，必须经中华人民共和国主管机关批准，并遵守中华人民共和国的法律、法规及中华人民共和国与有关国家签订的条约、协定。中华人民共和国主管机关有权采取各种必要的养护和管理措施，确保专属经济区的生物资源不受过度开发的危害。

第六条规定：中华人民共和国主管机关有权对专属经济区的跨界种群、高度洄游鱼种、海洋哺乳动物、源自中华人民共和国河流的溯河产卵种群、在中华人民共和国水域内度过大部分生命周期的江河产卵鱼种，进行养护和管理。中华人民共和国对源自本国河流的溯河产卵种群，享有主要利益。

第七条规定：任何国际组织、外国的组织或者个人对中华人民共和国的专属经济区和大陆架的自然资源进行勘查、开发活动或者在中华人民共和国的大陆架上为任何目的进行钻探，必须经中华人民共和国主管机关批准，并遵守中华人民共和国的法律、法规。

专属经济区与大陆架二者共有的法律制度在《中华人民共和国专属经济区和大陆架法》的其他条款中规定。

（八）大陆架

首先对大陆架提出管辖权的是美国。1945年美国总统 H.S. 杜鲁门第2668号总统公告宣称："处于公海下面，但毗连美国海岸的大陆架的底土和海床的自然资源属于美国，受美国的管辖和控制。"随后不少国家发表了类似的关于大陆架的声明。

而大陆架原本纯属地理名称，也称大陆棚，是沿海国陆地在海底的自然延伸部分，其范围自海岸线（一般取低潮线）起，向海洋方面延伸，直到海底坡度显著增加的大陆"坡折"处为止，它由陆架、陆坡和陆基的海底和底土构成。

本书的大陆架多指法律上的，如《联合国海洋法公约》第七十六条的规定："领海以外依其陆地领土的全部自然延伸，扩展到大陆边外缘的海底区域的海床和底土。"并规定了以下四条划分基本原则：

其一， 大陆架包括领海以外依其陆地领土的全部自然延伸，扩展到大陆边外缘的海底区域的海床和底土。

其二，宽度的计算是从领海基线量起的，如从该基线到大陆边的外缘不到200海里距离的，可扩展到200海里。

其三，如从基线到大陆边外缘超过200海里的，可视情况自然扩展，但不能超过350海里。

其四,确定海岸相邻、相向国家大陆架的原则为"协议"原则、"无特殊情况等距离中线"和"公平"原则，我国主张"自然延伸"和按"公平"原则划界。

1. 沿海国在其大陆架的主要权利

沿海国拥有大陆架上的自然资源"主权"。因为大陆架资源丰富，而且对大陆架的划分从200海里到350海里各有要求，故此相邻和相对沿海国间，大多存有具体划界问题。存在以下相关规定：

（1）具有勘探和开发其海床和底土上的一切资源（包括附着其上的不移动的生物）的主权权利。但这种权利不影响上覆水域或水域上空的法律地位。在沿海国未从事勘探开发时，任何人未经沿海国同意，不得进行勘探和开发活动。

（2）具有建立人工岛屿、设施和结构并对其进行管理的专属权利。

（3）具有授权和管理为一切目的在大陆架上进行钻探的专属权利。

2. 外国在他国大陆架的权利与义务

外国在他国大陆架享有的权利：不同于领海，同于专属经济区，外国船舶和飞机在他国大陆架享有航行自由和飞越自由的权利。外国在他国大陆架还享有敷设海底电缆的权利，但其路线的划定需经沿海国的同意。

外国在他国大陆架承担的义务：未经沿海国同意，不得进行捕捞活动；未经沿海国同意，不得进行勘探及开发资源活动；未经沿海国同意，不得进行其他非和平目的的活动；不得违反沿海国有关法律和规章等。

3. 中国的大陆架

中国的大陆架以《中华人民共和国专属经济区和大陆架法》作为法律依据，并做了有关规定。第二条规定：中华人民共和国的大陆架，为中华人民共和国领海以外依本国陆地领土的全部自然延伸，扩展到大陆边外缘的海底区域的海床和底土；如果从测算领海宽度的基线量起至大陆边外缘的距离不足200海里，则扩展至200海里。中华人民共和国与海岸相邻或者相向国家关于专属经济区和大陆架的主张重叠的，在国际法的基础上按照公平原则以协议划定界限。第四条规定：中华人民共和国为勘查大陆架和开发大陆架的自然资源，对大陆架行使主权权利。中华人民共和国对大陆架的人工岛屿、设施和结构的建造、使用和海洋科学研究、海洋环境的保护和保全，行使管辖权。中华人民共和国拥有授权和管理为一切目的在大陆架上进行钻探的专属权利。本法所称大陆架的自然资源，包括海床和底土的矿物和其他非生物资源，以及属于定居种的生物，即在可捕捞阶段在海床上或者海床下不能移动或者其躯体须与海床或者底土保持接触才能移动的生物。大陆架与专属经济区二者共有的法律制度在《中华人民共和国专属经济区和大陆架法》的其他条款中规定。

（九）公海

"公海"即国家管辖海域以外的全部海域。现行《联合国海洋法公约》第八十六条规定：公海适用于不包括在国家的专属经济区、领海或内水或群岛国的群岛水域内的全部海域。换句话说，现在的公海是指沿海国内水、领海、专属经济区、大陆架和群岛国的群岛水域以外的全部水域。

不要错误理解为：公海是领海以外的海域。因为这一说法已经过时。例如，1958年《公海公约》第一条规定："公海"一词是指不包括一国领海或内水在内的全部海域。但这个概念现已不能反映当代国际海洋法的实际情况了。

公海属于国际社会所共有，对所有国家开放，所有国家都可以自由地利用公海，也有义务保护公海，但不能据为己有。任何国家不得有效地声明将公海的任何部分置于其主权之下。公海上的管辖权可以分为两类，一是船旗国管辖，二是普遍性管辖。而公海自由主要包括航行自由、捕鱼自由、敷设海底电缆和管道的自由、飞越自由、建造国际法所准许的人工岛屿和其他设施的自由、科学研究的自由，共计六项。这些都属于海洋权益范畴。

> **感悟** 主权管辖均权益，由近及远至两极，公海自由亦有疆，和谐中华靠睿智。

知识要点二： 现代海洋国土的特征

海洋与大陆密不可分，海洋国土与大陆国土有着一定的共性与联系，同样是人类生存的基本空间，经济发展和精神文化的源头。随着社会的发展，"国土"的内涵发生了相应变化，要了解海洋国土必须理解现代国土这一大概念的内涵和性质。

一、现代国土的一般性质

（一）国土的取得和变更

传统国际法的领土取得与变更的方式有先占、时效、割让、征服、添附五种。

（1）先占是对"无主地"实行"有效占领"。先占必须具备两个条件：其一，先占的对象必须为无主地，即不属于任何国家的土地，或被原属国家明确抛弃。其二，先占应为"有效占领"。现在世界上已基本不存在先占的对象，因而，先占在今天的最大作用是被用来澄清和解决某些历史遗留问题。西藏、台湾、南沙群岛从西周有历史记载开始，经过秦始皇统一中国，直至唐朝，这些地方都在中国版图之内，所以说它们是我国不可分割的领土的一部分，这也可以根据国际公法所认定的标准来确定。

（2）时效是对他国领土实行长时期的实际占领。其不以善意为前提，时间不确定，不单独成原则。

（3）割让是根据条约转移部分领土。其分为强制性割让和非强制性割让，如赠予、买卖、交换。

（4）征服是因战争中灭亡敌国而取得其领土。

（5）添附是由于自然现象或人为方法增加领土。例如江河湖海流沙的冲刷和沉积形成的三角洲，地理海底上升或礁石成长等自然现象；另如围海造地等人为方法。

从现代国际法观点来看，时效与征服是以侵占他国领土为前提的，是违反国家领土不可侵犯原则的行为；根据不平等条约的割让是国际法所不允许的。这五种取得方式的合法性应取决于它是否符合现代国际法的基本原则。同时，依据国际法的政府主张国土涵盖海洋国土（公海和国际海底）。

（6）现代国际法上的领土取得与变更的新方式有两种：第一，全民投票。全民投票又称全民公决，是指由某一领土上的居民充分自主地参加投票，以决定该领土的归属。第二，恢复领土主权。恢复领土主权是指国家收回以前被别国非法占有的领土，恢复本国对有关领土的历史性权利，如我国香港回归。

（二）现代国土主权的限制

现代领土主权并不是一项绝对主权，如领海的无害通过权、防止危害他国或污染他国环境；另外，各国还通过缔结条约实现如下4种特殊限制：

（1）共管：是指两个或两个以上的国家对某一特定的领土共同主张主权，因而对其共同行使主权。共管可以成为一些有待以后确定其归属的领土的临时管理措施，这往往发生在相邻国家之间。如比利时与德国协议共管他们边界上的莫勒内地区。

（2）租借：是指一国根据条约将其部分领土出租给另一国，在租借期内，承租国将租借地用于条约规定的目的并行使全部或部分管辖权。出租国仍保持对租借地的主权，租借期满后予以收回。在近代历史上，租借大多是根据不平等条约产生的，是帝国主义国家对弱小国家领土主权的非法限制，违反国家主权平等原则。

（3）势力范围：势力范围从国际政治角度上讲是指列强凭借军事、政治、经济力量，控制殖民地或半殖民地国家的全部领土或部分领土，宣称它享有独占的权利，不许其他国家染指。

（4）国际地役：是指一国根据条约承担的对其领土主权的特殊限制，其目的是为了满足别国的需要或者为别国的利益服务。国际地役的主体是国家，客体是受限制的有关国家领土，包括陆地、河流、海域或领空等，不构成国家领土组成部分的专属经济区、大陆架不能作为国际地役的客体。国际"地役"有积极地役和消极地役之分。积极地役是指国家承担义务允许或容忍别国在自己的有关领土上从事某种行为，例如，允许别国修筑的油气管道穿过本国领土等。消极地役是指国家承担义务承诺在其有关领土上不从事某种行为，如不在靠近边界地区建造有可能污染环境的工厂等。

二、现代海洋国土的本质特征

海洋国土或蓝色国土是一个新的概念。海洋国土具有质地的液态性、结构的立体性、赋存资源的独特性、法律地位的差异性、军事上的难守易攻性等特殊性质。

（一）质地的液态性

1. 液态国土的理化性质

海洋国土主要成分是液态的水体。因海水具有特定的盐度、温度、密度、光透射、水色(蓝色水分子折射最多)、表面张力和黏度等特殊物理特性,具有特定开发和利用价值。

2. 液态国土的流动性

海洋国土是起伏、流动的。例如波浪流、潮流、大洋流（漂流、密度流和补偿流），形成海洋资源和传输运动，需要特定的时机和特定方式进行开发和利用。

3. 对人类活动的阻碍性

水上交通需要特定工具，海上生存存在脱水和冻死等现象，它要求技术装备条件高，海洋的便利性和阻碍性是无法分割的。

4. 归属模糊性

海洋国土边界难立界碑、界牌，由于海洋的流动性和变迁性，即便规定了边界，往往在实际操作和管理上也很难实行。

（二）结构的立体性

海洋是一个多维体，具有独特的立体性结构。海洋国土之上的资源、相应地依赖资源的产业，是全方位立体分布的。不但有沿水面的水平布局，而且有沿水深的垂直布局。再加上大气水系的立体性连接和循环特性，以及多变的海洋资源，海洋远远超出海水的含义。海洋空间任意一点可以按上、下、左、右、前、后6个方向展开资源分布和产业布局，为真正的"垂直分布"，这是任何陆地国土所不具备的。

（三）赋存资源的独特性

由于海洋与大陆的自然性质不同，人类活动造成的影响不同，海洋中的自然资源不但与大陆上种类不同，就是同样的种类性状也不同。尤其是生物品种和性状、海水化学资源、海底矿产资源、海洋再生能源等。例如：海洋鱼类、"可燃冰"、海滨砂矿、潮汐能等是陆地国土不曾拥有的独特资源。

（四）法律地位的差异性

大陆国土不论是高山和平原，东西南北中，其法律地位是没有差别的，而海洋国土则大不相同。按照《联合国海洋法公约》规定，国家只有对内海水即领海基线向陆一面的海域与河流湖泊等内陆水享有绝对的权利。领海原则上与大陆的领土拥有相同的国家主权，但是国际条约规定了"无害通过"条款加以限制，在和平时期国际航道必须保持畅通。国家对大陆架的权利只限于海床和底土的开发和管辖。由此看来，国家对海洋国土在不同层次所拥有的经济权利也是不同的，往往受到国际法律或惯例不同程度的限制。

世界各国都有自己完整的陆地国土。而海洋国土则不同，所有国家（包括内陆国）经一定的法律程序，在承担一定的国际义务的前提下，都对国际海底区域和上覆水域（公海）的自然资源拥有一定的利用权。也就是说，内陆国家也有公海海洋开发的权益。

（五）军事上的难守易攻性

首先，海上防御正面开阔，需要监视的空间大，在缺乏敌人攻击位置信息的情况下，阵地的构筑、兵力的摆放存在不确定性，有时会造成大量物资、兵力的浪费，且一旦判断失误会给军队机动带来压力，甚至贻误战机。其次，海洋进攻和防御具有深度的立体性，水下防御受到监控能力的制约。再次，海洋物理成分单一，没有复杂地形地貌用作掩体，除个别岛屿，基本上无天险可守；在航天、航空技术发达的条件下，隐蔽和埋伏兵力也非常困难。所以在消极防御的战略指导下，海上几乎是防不胜防。

海上军事进攻具有诸多便利条件，首先是进攻方的机动范围很广，哪里好打打哪里，这里打不下，换个地方打；这次打不赢，可以跑到公海上，下次再来打。而且，军事后勤供应不受第三国制约，不需要向别国借路，不担心路面、铁轨等交通设施被炸；船舶的运输量巨大，可支持持久战。当然，进攻一方也同样面对着易暴露、无天险可守的危险。

三、现代海洋国土的价值

人类对海洋战略地位及其价值的认识，是一个不断深化的过程。这个过程随着海洋研究、开发和保护事业的发展，不断深化，不断发展。纵观漫长的历史过程，人类对海洋及其价值的认识从"鱼盐之利和舟楫之便"到"世界交通的重要通道"，再到"人类生存的重要空间"，最后到"海洋是人类生命支持系统的重要组成部分，可持续发展的宝贵财富"。它是人类在从海洋中获取财富、利用海洋争夺财富、依赖海洋生存的基础上，形成的持续发展的价值认知。到目前为止，我们可以把海洋的价值归结为以下几个方面：

（一）海洋的军事价值

1. 海洋是大型练兵场和屯兵之地

沿海地区是国防前沿，国家安全的外来威胁历来主要来自海上。沿海地区在反对外来侵略的斗争中，处于最前线。海岸类型的多样性适合于进行海防建设和海岸防御，同时海岸也是具有战略意义的地理屏障。

沿海的群岛和列岛是大陆的屏障，国防的前哨，海军的基地。我国的海岛多数为大陆岛，山地、丘陵地多，便于构筑坚固的工事，进行阵地防御。这些岛屿离陆地较近，容易得到陆地空中支援。许多海岛相互毗邻，形成岛群，良好的地理环境便于舰艇部队的配置。

通航海峡都是重要的海上通道，在军事和经济上都有重要战略意义。美国在世界上选择了 16 个通航海峡，作为控制大洋航道的咽喉点，它们是：阿拉斯加湾、朝鲜海峡、望加锡海峡、巽他海峡、马六甲海峡、红海南部的曼德海峡、北部的苏伊士运河、直布罗陀海峡、斯卡格拉克海峡、卡特加特海峡、格陵兰－冰岛－联合王国海峡、非洲以南和北美航道、波斯湾、霍尔木兹海峡、巴拿马运河、佛罗里达海峡。这些海峡实际上是所有从事海洋运输的国家都要用的通道。这些海峡被封锁，世界上绝大多数国家的经济发展都要受影响。我国的海区面临"两个岛链"封锁的威胁，确保通航海峡的安全畅通对于我国国防安全、经济发展，都具有非常重要的意义。

海域是屯兵、练兵、武器实验和作战等军事的活动空间。海洋空间广阔、深邃，军事力量在海洋中易于实施突然袭击、隐蔽防御，而且海洋兼有陆、海、空多维空间性，海洋的军事利用也兼有陆战、海战和空战的综合性特征。

由于海洋具有重要的军事价值以及经济利用价值，因此争夺海洋的军事斗争由来已久。各国都在采取各种措施加强海军规模、提高海军质量，在军事领域的国际竞争中，海军力量的竞争表现得尤为明显。我国近海就是军事利用的重要场所，帝国主义侵略的重要战场。

2. 海洋安全是国家安全的重要组成部分

从国家安全角度看，国家的海上安全是国家陆上安全的扩展，其不仅关乎国家的生存安全，更关乎国家的发展安全。海洋作为当前商品流通、国际贸易最重要的通道，已经使得传统的陆地安全边界扩展到了海上。此外，作为可以认识和开发利用的"人类第二生存空间"，海洋资源对于一个国家的经济和可持续发展而言也具有无可替代的作用。随着科学技术的进步和社会的发展，人类对海洋资源、海上交通的价值认识在不断前进，对海洋空间、地缘政治意义的认识也在不断前进，海洋日益成为现代国家尤其是大国必不可少的发展空间，海洋安全就是现代各国重要的国家安全。

3. 海上军事优势是海洋国家独立自主和引导世界发展的前提条件

从现代国际关系角度来讲，取得海上军事优势已成为引导世界的前提，它决定了一国的国际地位。现代军事的威慑力主要在于海洋远距离的打击和控制，强大的海军具有极强的远征能力和超远的防御能力，同时兼顾陆空，是陆上军事实力的输出和保护，是空中打击力量的承运和载体。海上军事优势能有效地创造和维护国家发展的和平环境，保护国家根本权益和安全，是海洋国家独立自主和引导世界发展的前提条件。

（二）海洋的经济价值

1. 海洋是资源的宝库

海洋拥有丰富的未充分开发利用的资源，是人类可持续发展的资源宝库。其包括海洋资源天然价值，人类发现海洋资源投入的劳动产生的价值，人工增殖海洋资源等产生的价值。

沿海地区是推动经济发展的黄金地带。世界上多数沿海地区由于濒临海洋而形成优越的地理环境，气候温暖适宜，适合人类居住，适合经济和社会发展，从而成为发达地区。沿海地区的港口和城市是带动沿海地区繁荣和发展的龙头。沿海经济的进一步发展必然带动沿海地区的城市化进程，形成城市化的经济、社会和文化发达的地带。

2. 大洋是全球经济的通道

海洋对世界政治经济发展具有极其重要的作用。它是世界政治经济地理结构的一个重要环节，是全球政治经济运转的通道。由于生产力的发展早已超出了自然经济阶段，世界各国的物质生产活动紧密相连，原材料和最终产品的运输，越来越多地需要跨洲际进行，形成了全球一体化的形势，这就对海洋运输提出了越来越多的社会需求。海洋运输有很多优越性，具有连续性强、费用低、适合大宗货物运输等特点。因此，在世界大洋上形成了许多重要航线，大洋已成为世界经济一体化的大通道。

我国是海陆兼备的国家，在世界经济一体化的大势下，与世界各地的经济贸易和科技文化联系越来越多，因此有效利用世界大洋通道是一个极其重要的战略问题。

3. 海洋是优化国际秩序与国际合作的重要途径

从经济发展的开放性来看，一个开放的经济体效率更高，而海洋作为开放的国际空间，对国际秩序与国际合作至关重要。开放经济体的重要特点是强大的海外贸易能力，涉及海上运输、海外市场与海洋疆域的拓展以及对海洋通道的军事控制能力。海洋是一个开放的国际空间，任何国家进入海洋，也就意味着进入了世界。

在当代经济全球化的大环境下，国家的利益空间也突破了传统的国家疆界概念，延伸至海洋上，国家海上利益的所到之处已经成为国家无形的新的安全边界。经济贸易的流通性和协作性要求优化了国际秩序，使得国家间的经济贸易竞争和协作悄然替代了武力战争和威胁，促进了世界和平和文明的发展。

国家要保持经济的发展动力，开放和协作是必然选择；海洋作为连接世界各国的开放性空间也能成为各个国家之间寻求合作、建构秩序的平台。利用海洋实施对外开放战略、发展自身经济成为在经济竞争中占据优势的重要前提，各国纷纷利用海洋战略控制寻求国家在国际格局中的最有利地位，海洋已经成为各国国际合作的重要途径。

（三）海洋的科研价值

海洋是现代重大科学发现的摇篮。科学家通过深海钻探、地球物理调查、印度洋考察等大型海洋科学研究，证实了大陆漂移学说、海底扩张理论、板块构造理论等，从而揭示了许多有关海洋和大陆起源的重大问题，促进了地球科学的发展。

当代地球变暖、气候变化、生命起源等重大科学问题的解决，都有赖于海洋科学研究。面对未来，海洋始终是人类考察研究的对象，并且已经成为许多现代科学发现的重要场所，具有极其重要的科学研究价值。

（四）海洋的生态价值

海洋是地球环境的调节器，人类生存环境的许多因素，都受海洋的影响或制约，海洋是人类生命支持系统的重要组成部分。海洋的生态服务价值类别包括空气调节、干扰调节、营养盐循环、废物处理、生物控制、生境、食物产量、原材料、娱乐和文化形态等。

海洋是生命的摇篮，它为生命的诞生进化与繁衍提供了条件；海洋是风雨的故乡，它在控制和调节全球气候方面发挥有重要的作用；海洋是资源的宝库，它为人们提供了丰富的食物和无穷尽的资源；海洋是交通的要道，它为人类从事海上交通提供了经济便捷的运输途径；海洋是现代高科技研究与开发的基地，它为人们探索自然奥秘、发展高科技产业提供了空间。

（五）海洋在未来太空时代的价值

从 15 世纪到 17 世纪世界地理大发现一直到 20 世纪航空工业的开始，国际地缘政治的争夺焦点就是海洋的控制权；但是到了 20 世纪，世界各国开始了空中优势的争夺；而在 21 世纪，太空优势争夺也呈愈演愈烈态势，于是很多人开始想海洋会不会像当今陆地国土一样，失去其现有的价值。

陆地可以提供人类长久居留的空间，支持、承受人类基本的生存活动以及社会活动；海洋虽可以成为人类短时间的活动空间，却只能供给有条件的滞留。人类的海洋活动必须依托陆地，陆地是人类生存的第一空间。因此，任何一个国家都离不开陆地的支撑。

只有在陆地不能满足人类基本需求，或更高需求的时候，人们才去开拓海洋。根本原因在于开拓利用海洋比开拓利用陆地要困难得多，而且开拓利用海洋必须从陆地起步，必然要利用到陆地资源和科技。海洋的价值在于它的一些物理的基本属性和物质的存在形式，人类开拓利用海洋的根本目的是服务人类生存和发展的国家和陆地，这些决定了它是人类生存的"第二空间"的基本地位。

其实，开拓空天与太空更是如此。正像 20 世纪对海洋的争夺服务于陆地那样，对空天的争夺以及对太空探索同样服务于陆地和海洋，海洋的价值并不会因太空时代的到来而下降，反而会随着商品贸易的繁荣和人类科技的进步而逐步上升。而空天的竞争只有落实到陆地和海洋上去，这种竞争才有价值。

总之，伴随着人类科技的进步，人类的活动领域一步步拓展，对战略优势的争夺被不断推向科技的最前沿领域。我们必须清楚地认识到海洋是人类生存的第二空间，自然财富之源，地球村廉价大通道，是国家和民族可持续发展的命脉。

感悟 一寸山河一寸血，一段历史一首歌，局限性和可持续发展引领着海洋价值观的演进！

知识要点三：　全球性"蓝色圈地运动"的启示

一、"蓝色圈地运动"的概念

"蓝色圈地运动"，是指各国争夺海洋资源的举动。当陆地资源稀缺，已经不足以支撑 21 世纪的经济发展速度时，为了生存，世界各国便把目光转到了人类最后一片知之甚少的未开发区域——海底世界。而公海，作为一块没有属地的资源地，像是布满财宝的荒郊野岭，更成为强国必争之地，而为此做出的所有行为便称为"蓝色圈地运动"。

二、"蓝色圈地运动"的缘起

（一）人类对海洋资源的迫切需求

现在是一个资源稀缺的时代。目前探明的石油和天然气储量将在未来 100 年内基本消耗殆尽，耕地面积以每年 2 100 万公顷的速度在减少，而人口预计于 2030 年增到 120 亿。千万年来大自然积存的自然资源在人类超负荷的开采中已岌岌可危。当陆地上的矿产资源已不足以支撑 21 世纪的经济发展速度时，人们便把目光转到了海底世界。深海海域作为人类最后一片知之甚少而资源丰富的未开发区域，必然成为世界各国争取海洋权益的重要场所。

（二）科技发展使得海洋深度开发成为可能

人类对海洋，始终是热爱又敬畏的。在海洋开发历史上，由于海洋科技的落后，人们能触及的仅仅是海面和海洋的有限深度，海底难以企及。从 20 世纪下半叶起，随着深海开发技术的不断完善，使人们有效探索和开发海洋底部无穷无尽的资源成为可能。而占有丰富海洋的渴望与探索生命起源的热情，使世界各国兴起了一轮"蓝色圈地运动"。

（三）国际法律新制度的推动

1982 年 12 月 10 日《联合国海洋法公约》以 130 票赞成、4 票反对、17 票弃权获得通过。1994 年 11 月 16 日公约正式生效。公约由正文 17 部分 320 条和 9 个附件 126 条，共计 446 条组成，其内容涉及海洋法的各个方面，包括领海、毗连区、国际海峡、群岛国、专属经济区、大陆架、公海、岛屿制度、封闭海或半封闭海、内陆国出入海洋权和过境自由、国际海底、海洋环境保护和保全、海洋科学研究、海洋技术的发展和转让、争端解决等各项法律制度。1996 年 5 月 15 日中国全国人大常委会批准《联合国海洋法公约》，成为第 93 个加入国家。

《联合国海洋法公约》打破了几百年来实行的领海和公海二元结构的传统海洋制度，建立了多元结构的新海洋法律制度；国家领土的取得和变更新增一种形式，在原来先占、时效、添附、割让、征服五种形式基础上增加了全民投票和恢复领土主权的新形式。突破了传统海洋理念和格局，同时也造成了新的竞争局面。这对 20 世纪末以及 21 世纪的海洋法发展以及新国际海洋秩序的形成带来巨大影响。

（1）专属经济区制度引起对原公海的分割。《联合国海洋法公约》突破了传统的领海和公海制度，明确大陆架是领海以外陆地领土的全部自然延伸，肯定了 200 海里专属经济区新制度，36% 的海面变成沿海国的海域和海洋资源。

（2）岛屿制度引起的斗争。《联合国海洋法公约》群岛制度中明文规定，不管是车水马龙的岛屿，还是寸草不生的礁盘，都享受同陆地领土一样的有关权利，是受国际法保护的。于是人们关注起岛礁，这也是今后海洋斗争的一个重要动向。

（3）公海和海底区域制度引起的圈占。《联合国海洋法公约》规定"公海对所有国家开放，不论其为沿海国或内陆国"。从而，剩下的约 2/3 的公海及其海底将成为各发达国家拼力相争的一块肥肉。海洋资源、公海海域、海洋权益的争夺成为国际海洋斗争的主要形式，从而成就了 21 世纪这一"太平洋世纪"，海洋成为人类争夺的一个热点。

三、"蓝色圈地运动"的后果

（1）公海变成了"海洋国土"。《联合国海洋法公约》打破了几百年来实行的领海和公海二元结构的传统海洋制度，将世界海洋分为 9 个不同的区域，沿海国除拥有作为其领土一部分的内水和领海外，还可以拥有专属经济区、大陆架等其他新的管辖海域。世界上许多沿海国家据此扩大了管辖海域范围。单单 EEZ 制度（专属经济区制度）的建立，将使全世界海洋中约有 1.29 亿平方千米的海域成为沿海国的专属经济区，占世界海洋总面积的 35.8%，成为"海洋国土"。现代公海的概念将不包括相关领域。

（2）隔海相望国家变成海上邻国。由于"专属经济区、大陆架"等的划分，有关国家的"海洋国土"领域将扩大到离岸 200~350 海里左右，使得原来隔海相望的国家海洋国土出现邻接或重叠现象，从而成为海上邻国，并引发国界划分的严重分歧。

（3）原来沿海小国或岛国瞬间变成海洋大国，而原来沿海大国变成更大的海洋国家。

（4）海洋边界争端增多。初步统计目前约 240 个，包括中国的南沙群岛、中日钓鱼岛及琉球群岛、韩日独岛（竹岛）、印马安巴拉特海域、玻利维亚出海口、秘鲁和智利海疆划分、日与俄"北方四岛"、西班牙和摩洛哥佩雷希尔岛以及俄罗斯、丹麦、美国、加拿大等的北极争端，英国、阿根廷马岛争端，以色列和巴勒斯坦争端，等等。

（5）"渔事战火"此起彼伏。根据《联合国海洋法公约》的含糊规定，划分各国间的海洋界线难免会出现划界争端，而护渔作为冷战时期海洋争端的一种表达形式，充分反映了各国对海洋国土的重视。

斗争最为激烈和复杂的有如下几宗：南沙问题、钓鱼岛问题、西沙问题、英阿马岛（福克兰）之争、俄日南千岛群岛（日称北方四岛）之争、里海之争、日韩独岛（竹岛）之争、苏尔特湾之争。其中位于太平洋的有 5 宗，与中国相关的就有 3 宗。作为当代中华儿女，站在时代的风口浪尖，必须充分透彻地理解海洋国土知识，形成睿智进取的现代海洋国土观念，机智勇敢地面对和妥善处理相关海洋争端，担当起这份神圣的历史使命。

感悟 危机意识演绎着人类竞争和发展的轨迹，吾辈当拭泪奋起，向南向海向两洋！

知识要点四： 中国海洋国土面积与现状

一、中国海洋国土面积约 300 万平方千米

2014 年中国公布了新版地图，中国的地图不再是一只雄鸡，而是立在亚欧大陆东部

的一把熊熊燃烧的火炬。960 万平方千米的陆地领土是这把火炬的旺盛火苗，从渤海、黄海经台湾以东海域至南沙群岛曾母暗沙，再上括到海南至北部湾，300 多万平方千米的海洋国土，是这把火炬的蓝色托盘和手柄。

"300 万平方千米"是国内公认的中国海洋国土面积。从权威部门获悉的中国海洋面积是 299.7 万平方千米，约为陆地面积的三分之一，其中还有部分海洋国土存在争议。

二、中国海洋国土现状

中国位于亚洲东部，太平洋西岸。陆地面积约 960 万平方千米，东部和南部大陆海岸线长 1.8 万多千米；渤海、黄海、东海、南海是中国周边的边缘海，面积分别约为 7.7，38，77，350 万平方千米。加上台湾东部的 200 海里以内的近海面积 8 万平方千米，中国周边的近海水域面积约有 480 万平方千米。但是，除渤海是我国的内海外，其他海区与周边国家的海域界线还都没有完全划定。

据报道，在黄海，总面积约 38 万平方千米的海域中应划归我国管辖的有约 25 万平方千米。可是在海域划界问题上，韩国主张以等距线为界，如果按此划分，朝鲜和韩国可以多划 18 万平方千米。也就是说，我国与朝鲜和韩国存在着约 18 万平方千米的争议海区。

在东海，我国的钓鱼岛被日本非法占领；东海大陆架是我国陆地的自然延伸。因此，面积约为 77 万平方千米的海区中应归我国管辖的约 54 万平方千米，但日本却提出中日两国是共架国，要求按中间线划分海域。

我国南海海洋权益受到的侵犯更加严重。迄今为止，越南已占据约 21 个岛礁，菲律宾占了约 8 个，马来西亚占了约 3 个，文莱和印度尼西亚对我国南海的岛礁也都提出领土要求。

【思考与练习】

1. 中国的国土面积约为多少？中国的海洋国土面积约为多少？
2. 中国的国土地图形状是"雄鸡"还是"火炬"？
3. 概述海洋国土的基本特征和价值。
4. 辨析海洋国土的相关概念，比对现有海洋争端，了解理论与实践的差异性。
5. 理解"蓝色圈海运动"的细节，宏观评价目前造成的影响，分析未来发展趋势。
6. 查阅和收集中国目前存在的海洋权益争端问题，搜集相关历史和发展资料。

专题 四
现代海洋国土观 › › › › › ›

任务介绍

1. 能正确认知我国国土面积约 1260 万平方千米，海洋国土面积约 300 万平方千米。
2. 理解海洋国土观的概念及内涵，形成现代海洋意识。
3. 理解世界和中国现代海洋国土观的发展历史，树立正确的海洋观。
4. 了解近代以来中国海洋国土观的教训，激发爱国热情和睿智进取人生观。
5. 理解"海陆一体"现代海洋国土观念及其内涵，树立科学的海洋国土观念。
6. 把握"海上争端"的历史渊源、现实原因及其应对措施，形成现代海洋国土观。
7. 了解我国海洋国土维护的战略以及实现"海洋强国"的有效途径。
8. 能自觉地将海洋国土和陆地国土全面结合起来加以考虑，理解国家海洋强国战略。
9. 能全面理解国土权益，形成家国理念和睿智进取的人生观。
10. 能全面理解中国对国际公海等人类共有海洋面积的权益，支持国家海洋建设。

引导案例

在北京世纪坛，其主坛匠心独具地用了 960 块花岗岩拼对而成，整个坛面也恰好是 960 平方米，艺术地代表了 960 万平方千米。而两侧的流水，则代表了中华民族的母亲河——长江与黄河。却不见黄海、东海和南海的踪影。我们还有泱泱 300 万平方千米的海洋国土，我们的海洋国土观念亟待加强。

【总结】

早有人预言：21 世纪是"海洋世纪"，向海则兴，背海则衰。在经济全球化的浪潮中，资源紧缺已经成为制约各国发展的瓶颈，而海洋里蕴藏着丰富的各类资源，围绕着海洋权益争夺的冲突日益加剧。

日本妄图以"冲之鸟"弹丸之地圈占海洋 70 万平方千米，而我们却有许多人都认为我国的国土面积是 960 万平方千米，对我国 300 万平方千米的海洋国土一无所知。中国版图，不是"公鸡"，而是"火炬"，中国国土之"神州圣火"正时时警告着我们提高海洋国土观念。加强现代海洋国土观的教育已经成为一项关系民族兴亡、不容忽视，而且势在必行的系统工程。

罗援：中国地图由雄鸡变火炬，海洋国土应重视。

感悟｜ 地球是局促的，海洋事关国家的兴亡，我们要有"寸土必争，寸水不让"的理念。

知识要点一： 现代海洋国土观的概念及内涵

一、现代海洋国土观的概念及内涵

海洋国土观是指一个国家和民族在考虑自己的国土建设和国土防卫时要自觉地将海洋国土和陆地国土全面结合起来加以综合考虑的意识。海洋国土不单指根据国际海洋法规所指的专属经济区、大陆架、领海、内水等属于主权国家管辖的海域，还包括国际公海等人类共有的海洋面积。海洋国土观的强弱，表现了一个国家政治、经济、国防力量的强弱。

"海陆统筹"科学发展观的提出标志着"现代海洋国土观"的形成，海陆整体发展的战略思路已被充分应用到全球经济一体化条件下中国经济发展的战略规划当中。现代海洋国土观已经载入一种"统筹全局的战略思维"方法论的内涵。十八大五位一体总体布局为海洋国土开发指明了方向。

国家海洋局党组强化"海陆一体的海洋国土意识"的提出，标志着中国"海陆一体海洋国土观"的建立，说明我们已经走出狭隘的陆域国土空间思想，走入了海陆一体空间思想。我们将蓝色国土与陆地领土视为平等且不可割的统一整体，这是中国几千年来国土观念未有之变革，是中华民族寻求新的发展路径的重大战略选择，是海陆统筹发展战略的思想指导。

并且，现代海洋国土观作为一种认知事物的意识可以被广泛应用于对太空、空间、人文和知识领域的认知，其作为一种方法论可以被广泛应用于制定人生事业规划和企业发展规划，从而顺理成章地走进老百姓的日常生活和工作之中。

感悟｜ 海是陆之甲、天之基，皮之不存，毛将焉附。加快海洋强国建设是图强之劲道。

二、世界海洋国土观的发展

纵观漫长的历史过程，人类对海洋的认知从最初的恐惧，到有所认识，到它的"渔盐之利""舟楫之便"以及把它作为赖以防御的自然屏障，再到联通全人类的桥梁，在整个现代化的过程中，伴随着人类认识自然、适应自然、改造自然能力的不断提高，海洋的重要性也在不断凸显。而帝国列强海洋国土意识的成长历程充斥着浓厚的海上霸权色彩，世界海洋国土观的发展也记录着人类追求和平、向往幸福的历史征程。

早在公元前，古代罗马法称："海洋如同阳光、空气一样，是大家共有之物。"人类自由地共享海洋恩惠，在生存中自然发展。但当罗马强大以后，则提出所有海洋应归罗马所有的主张。

10世纪，欧洲一些国家开始对自己周围海域主张权利，主张分割海洋。其中英国国王自称为"不列颠海之王",宣称英国周围海域是英国国王所有,外国船只航经该海域需要缴税,要向女王国旗致敬,外国人不能在此海域捕鱼。

1492年哥伦布率领西班牙船队横渡大西洋,占领中美洲沿岸地带。1493年葡萄牙和西班牙,以"罗马法"的先行占有、教皇的训谕与裁决和探险回报为依据,对全球海洋进行了瓜分。规定以教皇子午线为界,该线以西,包括墨西哥湾和太平洋归西班牙;线以东,包括摩洛哥以南的大西洋和印度洋归葡萄牙。

1496年,英国船队驶往东、西、北三个方向寻找"尚未知道"的岛屿、海域或陆地。荷兰船队也不断冲破西班牙和葡萄牙两国的限制,向印度洋、太平洋沿岸扩展殖民空间和掠夺物质财富。

17世纪,出现了海洋自由论与海洋闭锁论的争论。1609年,荷兰法学家格劳秀斯发表了著名的《海洋自由论》。同年,英国国王宣布"拥有不列颠海主权"。1618年英国的塞尔登撰写了《海洋闭锁论》,宣称"海洋同土地一样可以成为私有的领地或财产"。

17世纪到18世纪后半叶,欧美为寻求新资源和商品市场,开拓新的殖民地,而需要海洋的完全开放,便逐渐放弃了"海上控制论"的主张,把海洋划分为属于沿海国主权范围内的领海和不属于任何国家支配的公海两部分。于是就有了"领海"和"公海"之分。

1625年,格劳秀斯提出了"有效统治原则",在此基础上,荷兰法学家宾刻舒克提出了大炮射程规则,实践上,有的国家3海里,有的国家4海里或6海里,有的国家9海里,还有的国家11海里。

1736年,英国颁布"游弋法",规定在离海岸5海里的区域内,有权对有运载违禁品嫌疑的外国船舶进行检查,有权对运载违禁品的船舶没收货物和罚款。后来,又把这个区域扩大到6海里、12海里和24海里。

1793年美国第一个提出3海里领海制度,英法之后也规定了3海里的领海宽度。1852年英俄条约规定了公海自由的原则,公海制度开始形成。1795年,法国《万国公法宣言》草案申明公海不得为任何一国所有。然后"公海自由原则"才成为国际法原则。同时,"领海"也成为近代海洋权益争夺的热点。

到19世纪,正式确立"领海之外即公海"的国际法规。"公海自由"与"领海主权"的国际海洋法律原则被确立。

1922年,美国颁布法令,规定在12海里的区域内执行禁酒令。外国船舶不论是否驶往美国,只要进入12海里的范围内,美国都可登临检查。这引起了许多国家,特别是英国的反对。1935年,挪威为了制止英国渔船闯入其沿岸水域捕鱼,国王颁布敕令,规定采用直线基线,此举引起英国的反对和旷日持久的激烈外交斗争。

1945年《杜鲁门宣言》宣布,美国领海的管辖延伸至大陆架,首次打破了传统公海的认定原则。随后,众多国家延伸领海到12海里或200海里不等。到了1967年,只剩下22国沿用3海里的早期规定。有66国宣告了12海里领海,而有8国宣告200海里海洋管辖权。

20世纪中期以后,科学技术的进步、各国对海洋的开发利用不断深化,尤其是20世纪70年代,对海上油气资源、渔场资源的争夺,各国开始扩大自己的海洋权利区域,传统海洋法已经不敷使用。

1982年12月10日《联合国海洋法公约》在联合国第三次海洋法会议上通过,该公约是人类历史上迄今为止最为全面、最为完整、也最有实践性的海洋法典。它的内涵非常丰富,涵盖的范围也非常广泛,包括诸如领海、毗连区、专属经济区、大陆架、国际海底(即区域)、公海、群岛制度、岛屿制度、海洋环境保护、海洋科学研究以及海洋争端解决的原则等一系列有关海洋的法律制度。

从总体上看，1982年《联合国海洋法公约》在一定程度上反映了广大发展中国家的利益，也是当时各种力量相互较量、各种利益相互妥协、各种矛盾互相磨合的产物。这部国际海洋大法在相当大的程度上改变了传统国际法的面貌，使其游戏规则基本反映了多数国家的利益，少数海洋强国控制海洋的状况已经成为历史。这部法律也为长期以来众多海上争端的解决提供了法律依据。同时，不可否认世界公海的范围将进一步缩小，本来属于人类共有的海洋之上和海洋之下的有形资源，又要经历一次大规模的重新分割。所以，21世纪海洋时代的海洋权益大战也就此拉开序幕。

感 悟　　鹰犬千年，今日太平洋的上空依然笼罩着浓厚的霸权主义和地区霸权主义阴霾。

三、中国现代海洋国土观的发展

中华民族五千年沧桑波折的兴衰历史，在相当程度上讲就是中国海洋国土意识的兴衰史，是中华民族认知海洋国土从朴实到睿智，从懵懂到觉醒，从没落到崛起的艰辛成长历史。回顾血泪历史，分析残酷现实，才能着实开拓现代海洋强国建设的宏图伟业。

1. 中华海洋国土观念曾有的辉煌

从秦皇、汉武到唐宗、宋祖，勤劳勇敢的中国人，在强烈的民族危机感和开放意识引导下，开疆拓土，此时中国拥有最大的疆界、最强的势力，最广阔的海洋领域。直至16世纪，中国科技和经济长期居世界先进水平，重要原因之一是我们的祖先很早就走向大海，造船和航海水平遥遥领先于世界。

2. 中华海洋国土观念的没落，旧中国对海洋的疏远

明朝末年尤其清朝中期以后，在"闭关锁国"的自给自足经济和封建保守思想作用下，愚昧的海洋国土意识造成了国力衰败，其根本原因之一就是疏远了海洋。疏远了海洋，就丧失了进取心和危机感。荷兰、葡萄牙用中国人发明的指南针和火药装备的铁甲舰队，强占了台湾、澳门，轰开了大清帝国的国门，激发了更多列强入侵中国。1840年7月16日，英国发动鸦片战争，1856年，英法联军发动第二次鸦片战争，1894年，中日甲午海战惨败，5年后八国联军入侵。轻视海洋国土，错误地认知海洋资源，缺乏海上作战经验，缺失勇于拼搏的海洋精神，从而形成保守、退缩和投降主义，导致劳民伤财，国土破碎和中华民族浩瀚历史中沧桑血泪的耻辱历史。

3. 中国近代海洋国土意识的觉醒

忍辱负重的中华民族，面对狼烟四起、风雨飘摇的中国海疆，深深意识到海洋的重要性。孙中山说："自世界大势变迁，国力之盛衰强弱，常在海而不在陆，其海上权力优胜者，其国力常占优胜。"其对海洋的认识可谓高屋建瓴。但基于薄弱的国防和落后的生产力，中国近代海洋意识只能停留在剧痛之后对觉醒的认知。

4. 现代海洋国土观的形成和成长

解放初期，中国国力衰弱，内忧外患，为解决温饱，维护国家安全和平稳发展而大力发展陆岸上的经济，采取了以海为防、保卫海疆、搁置争议等一系列措施，虽有所偏颇，但实为周全之策。改革开放四十年来，经济的发展、科技的创新，为全面展开海洋国土

建设奠定坚实的经济基础。

早在 2002 年，习近平同志在福建工作时就对提高海洋意识、深化海洋国土观念做了重要论述，指出要使海洋国土观念深植在全体公民尤其是各级决策者的意识之中，实现从狭隘的陆域国土空间思想转变为海陆一体的国土空间思想。

2012 年党的十八大首次提出"海洋强国"具有重要现实和战略意义。并提出提高海洋资源开发能力，发展海洋经济，保护海洋生态环境，坚决维护国家海洋权益，建设海洋强国。同时也标志着现代海洋国土观的形成。

2017 年习近平总书记在党的十九大报告中明确要求"坚持陆海统筹，加快建设海洋强国"奠定了"海陆一体海洋国土意识"。海陆一体的国土意识，将蓝色国土与陆地领土视为平等且不可分割的统一整体，这是我国几千年来国土观念未有之变革，是中华民族寻求新的发展路径的重大战略选择。

"一带一路"倡议是现代海洋国土观在海陆统筹思维应用中的成果；两线封锁的预警和菲律宾所谓仲裁的良好应对，是现代海洋国土观统筹全局的战略思维实际应用的体现。太空不可止，"两洋"不可离，两极不可停，只有着力参加公海行动，大力拓展国际交流与合作，融入全球化进程浪潮中，才能跟进时代的发展步伐，这是中国现代海洋国土观发展的要旨和精髓。

沧桑波折的中国海洋国土观发展历程告诉我们，现代海洋国土观念必须坚忍顽强，睿智进取，只有与时俱进地发展才能有效推进海洋强国建设，助力实现中华民族伟大复兴的中国梦。

总之，海洋国土意识事关国运兴衰。一个国家要成为世界强国离不开海洋，没有海洋意识就认识不到海洋国土的重要，没有海洋国土观就不可能规划海洋国土的保护，没有海洋国土就谈不上制海权，没有制海权的国家就难以立足于世界强国之林。

知识要点二："海陆一体"现代海洋国土观概念及内涵

中国是一个海陆复合型国家，既有海洋性又有大陆性。中国的海洋依托于陆地，服务于陆地，作用于陆地；同样，中国的陆地也依托于海洋，服务于海洋，作用于海洋；中国的海洋与陆地相互依托、相互支撑、相互作用并融合发展，成为中国海洋强国建设的主体。"海陆一体"，简单地理解应该包含"海陆统筹"的战略思维方法和"五位一体"的科学发展观念两个相互交融的内涵。

一、"海陆统筹"的概念及内涵

广义的"海陆统筹"是在充分认识我国陆地大国和海洋大国双重属性的基础上，把海洋与陆地作为一个整体来考虑，根据国内发展需求以及国际形势变化，协调海陆关系，平衡海陆发展战略，将海洋和陆地融进国家经济社会发展和维护民族利益的过程中，充分发挥我国海陆兼备的整体优势和整体效益，属于一种战略思维方法。

狭义的"海陆统筹"是以区域自然条件与社会经济发展状况为依据，以保障区域生态环境系统与社会经济系统正常运行为前提，在市场机制与政府宏观调控的共同作用下加强生产要素在海洋与陆域之间的流通，实现资源有效、合理配置，从而促进区域经济社会持续、快速、健康发展。

广义的"海陆统筹"是国家海洋强国的战略措施，狭义的"海洋统筹"是国家在促进区域社会经济发展、维持生态系统良性循环、实现资源合理利用过程中的主导思想。

海陆统筹是在区域社会发展的过程中，将海陆作为两个独立的系统来分析，综合考虑两者的经济、生态和社会功能，利用二者之间的物流、能流、信息流等联系，以协调可持续的科学发展观为指导，对区域的发展进行规划，并制定相关的政策指引，以实现资源的顺畅流动，形成资源的互补优势，强化陆域与海域的互动性，从而促进区域又好又快的发展。从规划方法和发展理念视角来看，应对海陆统筹的基本内涵做如下理解：

1. 海陆统筹是一个规划发展的指导思想

陆海统筹强调的是将海洋经济与陆域经济统一起来看，发现二者的关联性与互补性，将海洋与陆域的发展统筹考虑与安排。国家基于重陆轻海的历史经验，重新认识海洋本身的资源优势与发展潜力，打破原有的思想意识，充分认识到海洋与陆地之间的联系，将两个相对独立的系统联系起来，形成资源优势互补，从而使海洋与陆域的经济价值得到充分体现。

2. 海陆统筹强调统一规划、整体设计的统筹规划思维

海陆统筹是将海域与陆域看作两个独立的但又相互联系的系统，站在一个制高点上，利用宏观统筹的思维，纵观海域与陆域，根据海陆两个地理单元的内在特性与联系，运用系统论和协同论的思想，统一规划与统筹，使得两个独立系统之间的资源能够顺畅地交换与流通，同时通过整个区域的资源统一评估与规划，对区域内资源进行有效配置，使得陆域资源与海域资源进行有效对接，从而加强海域与陆域之间的关联性，形成一个大的海陆复合系统，把海陆地理、社会、经济、文化、生态系统整合为一个统一整体。

3. 海陆统筹的核心内涵在于全面协调、可持续发展观

从海陆自然禀赋来讲海陆两个系统都具有特定的承载能力局限性，超过相应承载能力极可能造成不可修复的发展失衡。只有在协调可持续发展观的指导下，充分利用海陆在自然资源禀赋、发展空间、资金储备、科学技术等方面存在差异从而形成的生产要素在海陆之间流通的内在动力，一方面由陆地向海洋提供技术、资金、管理等方面的支持，使陆域向海一端发挥后备基地的作用，发展海洋经济，获取海洋资源，为生产提供原料和能源，突破经济发展中的资源瓶颈，实现"以陆带海"；另一方面，利用海陆产业密切相关性，加强海陆之间产业链组接，通过海洋经济的发展，带动陆域关联产业的发展，为陆域产业发展提供更为广阔的空间，从而获得海洋经济的"乘数效应"，实现"以海促陆"，实现海域与陆域互为条件和优势互补，最终实现可持续发展。

> **感悟**　　统筹是一种方法，综合考虑系统安排；统筹是一种思维，求真务实，规划未来。

二、"五位一体"的概念及内涵

"五位一体"是党的十八大报告着眼于全面建成小康社会、实现社会主义现代化和中华民族伟大复兴，对推进中国特色社会主义事业做出的对"经济建设、政治建设、文化建设、社会建设、生态文明建设"的总体布局。

（一）"五位一体"总布局的形成

"五位一体"总布局是党在领导人民建设中国特色社会主义的实践中认识不断深化的结果。邓小平提出物质文明、精神文明的"两个文明"建设，中国共产党在此基础上提出经济、政治、文化建设的"三位一体"。科学发展观与和谐社会的理念提出后，中共将以改善民生为重点的社会建设提上重要日程。党的十七大，将经济建设、政治建设、文化建设、社会建设"四位一体"的中国特色社会主义事业总体布局，写入党的章程。党的十八大提出，建设中国特色社会主义事业总体布局由经济建设、政治建设、文化建设、社会建设"四位一体"拓展为包括生态文明建设的"五位一体"，这是总揽国内外大局、贯彻落实科学发展观的一个新部署。

五位一体是中国特色社会主义事业总体布局，是我们党根据社会主义现代化建设的战略构想做出的总体部署，从"四位一体"到"五位一体"的发展，是我们党对社会主义建设实践经验的科学总结，是对中国特色社会主义理论体系的进一步完善，适应了新世纪新阶段我国改革开放和社会主义现代化建设进入关键时期的客观要求，体现了广大人民群众的根本利益和共同愿望，反映了中国共产党对社会主义建设规律的新认识。

这个总体布局意味着中国进入 21 世纪后，从局部现代化到全面现代化，从不大协调的现代化到全面协调的现代化。

（二）五位一体总布局的内涵

1. 五位一体总布局是建设中国特色社会主义认识的新境界

建设中国特色社会主义的依据是中国将在未来很长一段时间仍处在社会主义初级阶段。加强加快国家经济、政治、文化、社会和生态五大建设为如期实现全面建成小康社会目标提供强有力的保障。五位一体的总布局是在科学发展观指导下的伟大成果，强调均衡、可持续和以人为本的发展；明确中国特色社会主义发展方向，强调了实现社会主义现代化和中华民族伟大复兴总任务的必备条件和条件的有机统一。五位一体总布局标志着我国社会主义现代化建设进入新的历史阶段，体现了我们党对于中国特色社会主义的认识达到了新境界。

2. 五位一体总布局是人民群众根本利益和共同愿望的体现

随着改革开放的逐步推进，人民生活水平不断提高。在物质生活得到基本保障后，人们不但对物质生活的质量提出了新的更高要求，而且在行使民主权利，丰富精神文化生活，维护社会公平正义、健康美好而且可持续发展的生活环境等方面都有了新的期待。十八大提出五位一体建设总布局，纳入生态文明建设，提出要从源头扭转生态环境恶化趋势，为人民创造良好生产生活环境，努力建设美丽中国，实现中华民族永续发展，是我国社会主义现代化发展到一定阶段的必然选择，体现了科学发展观的基本要求。

3. 五位一体总布局是国家可持续发展要素的辩证统一

在"五位一体"总体布局中，经济建设是根本，政治建设是保障，文化建设是灵魂，社会建设是条件，生态文明建设是基础，这五个方面是相互影响，普遍联系的。只有坚持五位一体建设全面推进、协调发展，才能形成经济富裕、政治民主、文化繁荣、社会公平、生态良好的发展格局，把我国建设成为富强民主文明和谐的社会主义现代化国家。只有保持经济持续健康发展、努力扩大人民民主、大力增强文化软实力，才能全面提高人民生活水平、建设成资源节约型和环境友好型社会，最终实现社会主义现代化。五位一体总布局是一个有机整体，是国家可持续发展要素的辩证统一。

4. 五位一体总布局是科学发展观的统筹实践

五位一体总布局体现了以人为本、全面统筹发展的科学发展观内涵。人是社会建设和发展的核心，以人为本的核心立场不能变，应全面协调可持续发展的基本要求和运用统筹兼顾的根本方法，始终把维护和发展好最广大人民根本利益作为工作出发点和落脚点，从社会主义现代化建设全局的高度积极应对新问题新矛盾，处理好当前与长远、局部与全局的利益关系，统筹分析城乡发展、区域发展、经济社会发展、人与自然和谐发展、国内发展和对外开放的各种因素，扬长避短，努力促进生产关系与生产力、上层建筑与经济基础相协调，不断开拓健康发展、生活富裕、生态良好的文明发展道路。

5. 五位一体总布局以国家社会主义现代化建设为基础

在经济建设方面，要加快完善社会主义市场经济体制，加快转变经济发展方式，加快海洋强国建设，不断增强发展后劲。在政治建设方面，要坚持走中国特色社会主义政治发展道路，坚持党的领导、人民当家做主、依法治国有机统一，加快建设社会主义法治国家，建立健全权力运行约束和监督体系，让权力在阳光下运行。在文化建设方面，要加强社会主义核心价值体系建设，全面提高公民道德素质，丰富人民精神文化生活，增强文化整体实力和竞争力，建设社会主义文化强国。在社会建设方面，要以保障和改善民生为重点，多谋民生之利，多解民生之忧，加快健全基本公共服务体系，加强和创新社会管理，推动和谐社会建设。在生态文明建设方面，加大自然生态系统和环境保护力度，加强生态文明制度建设，努力实现绿色发展，努力建设美丽中国。

> **感悟**　五湖四海细思量，九州一体齐安康，富国强民海洋观，中华复兴才有望。

三、海陆一体化的概念及内涵

海陆一体化是根据海洋经济与陆域经济间的生态、技术、产业联系机理，依靠临海工业的纽带作用，合理地配置海洋产业和沿岸的陆域产业，不仅可避免各涉海部门在海域使用上的互相冲突，而且可实现海域功能分区的协调，使海陆经济间的矛盾降低到比较低的程度，进而提高海洋经济和陆岸经济的综合效益。也就是在开发海洋资源的同时，充分利用临海区位置的优越性和海洋的开放性，发展临海产业，形成资金、技术、资源由陆域向海域，由海域向陆域的双向互动。海陆一体化是在海洋开发、管理和规划过程中，跳出就海论海的圈子，将海洋开发与沿岸的陆域开发进行统一规划。

1. 海陆一体化的内容

海陆经济一体化是海陆一体化建设的重要内容，最终目标是使海洋及其邻近陆域（海岸带）形成互为条件和优势互补的经济发展统一体。从区域经济发展角度看，海陆一体化包含两个层面：

一是沿海地区在发展海洋经济的过程中，如何更好地发挥海洋资源优势，通过合理选择主导产业和优化海陆产业布局，实现海陆产业联动发展，实现沿海经济的增长。

二是沿海地区与内陆地区如何通过点、轴、面等空间要素的有效组合，将沿海地区的产业优势，特别是海洋经济优势向内陆地区扩散和转移，实现优势互补和区域共同发展。

这两个方面不是孤立的，而是互相联系，逐层推进的。

2. 海陆一体化与海陆统筹的辨析

两个概念的观察角度不同。海陆统筹是从地域整体的角度来看待海陆关系，海陆两个部分共同组成沿海区域，是相辅相成的关系。海陆一体化是从资源和经济运作角度看待海陆关系，是在海洋开发、管理和规划过程中，将海洋开发与沿岸的陆域开发进行优势互补的统一规划。

海陆一体化是对海陆统筹提法的提升，其打破海陆分离的观念，将海洋作为区域社会经济发展的支持系统，通过海洋产业系统和陆地产业系统之间的物质、信息、能量交换，实现海陆产业大系统的最佳平衡。海陆统筹是规划和开发海洋与沿海经济发展的指导思想，海陆一体化是海陆统筹战略在经济发展中的具体实施过程。

感 悟 海陆本一体，九州是一家，人海需和谐，国有你我他。共享互补，协调发展。

四、"海陆一体"海洋国土观

"海陆一体"的国土意识，将蓝色国土与陆地领土视为平等且不可分割的统一整体，是中华民族寻求新的发展路径的重大战略选择。海洋是人类生存和可持续发展的重要物质保障，要使海洋国土观念深植在全体公民尤其是各级决策者的意识之中，实现从狭隘的陆域国土空间思想转变为海陆一体的国土空间思想。

通过正确辨析相关载体和表现形式，正确理解"海陆一体"海洋国土观念的内涵。

（一）从地理环境上讲，"海陆一体"是中国发展的根本优势

中国是一个海陆复合型国家，既有海洋性又有大陆性。中国拥有 960 万平方千米的领土，同时拥有 1.8 万千米的海岸线，6 500 多个面积超过 500 平方米的岛屿和近 300 万平方千米的管辖海域。虽然，由于受到历史发展条件制约和以农为本的中华文明主流的影响，使得中国的大陆性特色压倒了海洋特色。但是，中国近代禁海政策和闭关锁国政策与屈辱的海洋历史告诉我们中国遭受的大的威胁都来自海上，弱势海洋对中国的现代化构成了障碍。中国改革开放四十年的伟大成就和一带一路等倡议的成功实现充分证明中国只有充分发挥"海陆一体"的地理优势，使中国的海洋性与大陆性达到相对平衡，回归地理本性，才能谋求国家的繁荣和发展。

（二）从历史进程来看，"海陆一体"是海洋国土观念的理性回归

新中国成立后基于外部环境和经济科技等诸多因素制约，海洋国土观念的理论研究滞后于发展实践。与此同时，海陆一体化理论研究的严重滞后制约着国家海洋战略的实施和沿海地区海陆一体化的发展。

从 20 世纪 90 年代海陆一体化原则的提出，到"十二五"规划海陆统筹海洋战略思想的提出，再到党的十八大正式提出"建设海洋强国"，标志着中国开始实施从偏重陆地走向海陆兼顾的"由陆及海－由海及陆－海陆统筹"的发展战略，尤其是 2013 年习近平主席"一带一路"倡议的提出和"海上丝绸之路"建设的开展，充分显示中国进入海

陆一体化加速发展阶段。而十九大"海陆一体"国土观念的提出，标志着中国依据"中国是陆地大国，也是海洋大国"的事实，将海洋国土与陆地领土视为平等且不可分割的统一整体，实现了中国海洋国土观念的理性回归。其对于推动中国"五位一体"的理论与实践工作具有深远意义。

（三）从军事发展角度讲，"海陆一体"是军事优势的集中体现

从军事发展角度讲，强大的海军是军事优势的集中体现。首先，当代海洋军事是融合海陆空三军一体的构建，与陆岸军事相比具有空军打击距离更远，海军打击能力更强，作战灵活，防御和进攻领域更广等优势。其次，陆岸军备资源是远洋海军的后方，远洋海军是近岸海军的前卫，海陆呼应和支持才能有效发挥现代军事优势。当今各国都在采取各种措施加强海军规模、提高海军质量，在军事领域的国际竞争中，"海陆一体"观念在军事建设中的良好应用，才能使得海军力量的竞争优势得到集中体现。

（四）从经济发展角度看，"海陆一体"是经济高效发展的标志

从经济实体上看，"海陆一体"表现为海洋为陆地提供的食品、资源、能源、交通、娱乐等与陆地为海洋开发提供的技术、人力、财力和后方基地等形成海陆各项资源互补共享，从而促进经济的高效发展。从区域性经济发展来看，利用"海陆一体"思维统一规划与管理沿海陆域与近岸海域（即海岸带地区）的经济建设，能有效促进海洋产业和相关陆上产业的合理布局，促进海域及河口附近的环境保护，从而实现区域经济高效可持续发展。从国家贸易途径上看，内贸和外贸兼顾发展是"海陆一体"的体现，内贸是盘活国内经济的基础，外贸是提升国家国际经济实力和能力的支柱，内贸是外贸基础，外贸是内贸的保护，两者一体发展才能实现经济的可持续发展。从经济运作途径上说，"海陆一体"观念指导了"一带一路"倡议的实践，在全球经济一体化的大环境下，以多种形式、多种途径实现经济多元化才能实现经济平稳、安全、高效地发展。从经济发展角度看，国家的经济战略布局除了陆上的东中西部协调发展，还应强化海洋国土的开发与利用，使东部沿海地区继续强化内陆地区与海外联系的纽带作用，将"海陆一体"理念落实到中国经济发展的整体布局上，发挥中国的海陆复合的特性与优势，进一步提高经济发展效率。

（五）从国家安全角度看，"海陆一体"是国家安全观的体现

国家安全作为国家的基本利益，是一个国家处于没有危险的客观状态，也就是国家没有外部的威胁和侵害也没有内部的混乱和疾患的客观状态。首先，国家安全是国家没有外部的威胁与侵害的客观状态。其次，国家安全是国家没有内部的混乱与疾患的客观状态。第三，只有在同时没有内外两方面的危害的条件下，国家才安全，因此，只有这两个方面的统一，才是国家安全的特有属性。国家安全内外兼顾是"海陆一体"观念的体现。

国家安全包括"国民安全、领土安全、主权安全、政治安全、军事安全、经济安全、文化安全、科技安全、生态安全、信息安全"，只有充分贯彻"海陆一体"观念，全盘考虑，统筹兼顾，才能实现国家安全10个方面的整体安全。

从国家安全角度看，海洋安全是国家安全的重要组成部分。国家的海上安全是国家陆上安全的扩展，不仅关乎国家的生存安全，更关乎国家的发展安全。"海陆一体"是国家安全观的体现。

感　悟　　海陆统筹思维，五位一体规划，海陆一体的海洋观念是国家海洋战略的指导思想。

知识要点三： 中国现代海洋国土观的实践

一、充分认知现代海洋国土对现代化建设的重要意义

（一）全面提高现代海洋国土观的必要性

1. 从实体内涵上讲，海洋国土观念决定了民族和国家处理海洋国土的态度和方式，从而影响着民族的生存和发展。海洋国土作为人类生存空间、资源和贸易通道，其有限性决定了其归属性竞争的必然。浅薄或冷漠的海洋国土观念会造成海洋国土和海洋权益的流失，也就是海洋资源和未来经济利益的丧失，随着国家和民族的发展，我们的后代为了生存和发展必将为此付出沉重的经济代价或生命代价，甚至导致国家和民族的灭亡。英、美、俄、日四个靠海起家的世界强国的发家史，和我国封建王朝"闭关锁国"和"迁界禁海"导致的民族屈辱史，以强烈的反差、雄辩的事实证明了国家的海洋国土观念事关国运兴衰和民族存亡。目前，中国台湾、钓鱼岛和南海诸岛的现实情况时刻在警示着我们，中华民族海洋观念的全面提高价值连城。

2. 从虚拟内涵上讲，海洋国土观念决定了民族思维和战略。在经济全球一体化的大环境下，海洋与国家经济的可持续发展密不可分，而可持续发展关切到资源、市场和安全等诸多因素。基于《国际海洋公约》对海洋空间和海洋宝藏的重新分配的实际，以及该公约妥协性的实质，说明加强国家实力才是最根本的硬道理。简单或过激的海洋观念都会导致国家实力的减弱或丧失，最终导致主动权的丧失。应充分认识海洋国土观念"拿着的并不一定是你的，是你的并不一定是你拿着"的虚拟内涵，总结历史教训，吸取民族发展经验，结合目前海洋发展现实，利用睿智进取的思维，制定切实可行的战略规划，凝聚全民族的力量，真正在 21 世纪海洋资源、空间分配和国家实力发展中取得主动权。

3. 从精神内涵上讲，海洋国土观念关系到民族精神和品格。海洋国土意识是民族精神兴衰的标志。中国海洋国土是中华五千年文明的历史遗产，每一寸海洋都铭刻着中华民族的血汗印记。所谓"一寸海洋一寸血"，海洋国土意识的淡薄造成海洋权益的损失，是对中华前辈的亵渎和对后代的渎职。正所谓"千里之堤溃于蚁穴"，海洋国土意识关系到民族进取精神，全面提高海洋国土观念是实现中华民族伟大复兴的精神源泉。

纵观世界海洋史和国际海洋新动态，我们可以发现全民海洋国土意识事关国运兴衰。海洋国土意识越强，海洋战略越先进，海上力量就越强大，国家也就强大，国际地位就高；否则，就难以摆脱受人欺凌和任人宰割的命运。

（二）全面提高现代海洋国土观的迫切性

1. 海洋资源争夺日益加剧

世界地理大发现证明了地球空间的有限性，工业革命证明了能源和资源的重要性，现代海洋勘探证明了海洋资源的丰富性。21 世纪人们正面临着一系列的危机，最主要的

是资源紧缺和环境恶化。

调查表明，人类赖以生存的主要资源，如淡水、燃料、土地以及各种矿物等，有的日益短缺，有的面临枯竭。仅在几十年前人们还认为是取之不尽、用之不竭的淡水资源，今天已面临严重短缺局面，用水紧张和为争夺水源而爆发的冲突层出不穷。陆上燃料，特别是石油、天然气等高热值燃料的陆上储备已接近底线，各种矿物资源也同样面临枯竭危机。同样，环境恶化导致的各种危机也将危及人类的生存。陆上资源枯竭，环境恶化带来的危机必将促使人们去开发新的空间，寻求新的资源。

同时，深海勘探技术已经证明海洋中蕴藏着陆地上所有的矿物资源，而且储量极为丰富，从而引发了新一轮的"蓝色圈海运动"。为了争夺海洋资源，各国已经开始了新一轮的较量。在目前"海洋霸权"思想依然猖獗的世界环境下，作为发展中国家的中国，我们承载着中华民族的未来和命运，承载着维护世界和平发展的重要责任，我们必须加以重视，早做准备，这样才能在即将来到的竞争中占据有利位置。

2. 海洋权益斗争日益突出

海洋作为"蓝色的聚宝盆"蕴藏着丰富的资源，而且也是重要的世界交通要道。在当今世界经济全球化的大环境下，海洋关系着国家的生存和可持续发展。因此，围绕海洋权益和海洋国土的斗争日益突出，海上冲突不断，海上热点问题明显增加。

世界上有八大"海权之争"，南沙问题、钓鱼岛问题、西沙问题、英阿马岛（福兰克）之争、俄日南千岛群岛（日称北方四岛）北方四岛之争、里海之争、韩日独岛（竹岛）之争、苏尔特湾之战。其中我国涉及的就有三个，另外还有与日本的东海大陆架问题等。中国已然成为世界海洋权益争端和冲突的热点国家之一。而且，面对世界"霸权思想"的猖獗和周边国家已经侵占中国诸多海洋国土的现实，中国的"和平崛起"和平统一也必将面对一系列海上冲突。

我们必须让全民族充分认识到当前海洋权益斗争的复杂性，认识到加强全民海洋国土观念培养的必要性和迫切性，牢固树立海洋国土观念，像热爱黄土地一样热爱蓝海洋，像开发黄土地一样开发蓝海洋，像保卫黄土地一样保卫蓝海洋，中华民族才有加快海洋强国建设的持久动力，才有机会以新的姿态自立于世界民族之林，实现中华民族的伟大复兴。

> **感 悟** 观念决定思维，思维决定战略，战略决定命运。海洋国土观是民族的精神和智慧。

二、海洋国土观念实践的认知基础

（一）正确认知海洋国土的概念

海洋国土是一个新名词，用海洋国土来表述国家的新领土——海洋专属经济区和大陆架，并把领海也包括在其中，是与时俱进的需要。海洋国土这一法律概念，基于目前各国海洋领域归属的不确定性，还没有得到国际社会的普遍认同。

由于种种原因，"海洋国土"这一概念还没有得到我国法律的认同。要把海洋国土面积和陆地领土面积一样写入宪法，需要经过相应的法律程序。在我国与邻国海上划界没有完成前，我们还无法获得确切的海洋国土面积。最终得到海洋国土面积的准确数字，需要有一个过程。所以，目前所述中国海洋国土面积等参数都未能得到法律性的确定。

专家呼吁，我国目前流行的国土观念亟待更新，国民应尽快树立与时俱进的现代海洋国土观。这就需要全民族都能认知到海岸带、海岛土地及其地下底土资源、内海、领海和海岛上层空间资源、海洋空间资源、海洋水文气候资源、海域中的海洋生物资源、海底矿产资源、海洋能资源、海水及其化学资源、滨海旅游资源、海底文物及其他遗弃物等都是国家国土资源重要的组成部分。

感　悟　我们的国，我们的海洋国土，民族意识胜过千军万马，"我们"代表着民族意志。

（二）透彻理解中国现代海洋国土的安全威胁

海洋国土作为中华民族赖以生存和发展的战略基地和重要依托，是我国可持续发展的重要资源，是中国腾飞的新起点。但是，中国"三海"告急，从北到南约300万平方千米的海洋国土，其中一半属于争议区，东海、台海和南海均存在争议。而且面对的是强大的对手、严重的威胁和浓重的军事阴影。其中最主要的威胁有：

1. 来自美国的军事威胁

美国作为太平洋东岸国家，二战后长期在亚洲享有绝对优势，为维持其绝对的霸权地位，其政策规划和安全战略运筹均把亚洲作为一个重要的战略方向，积极参与亚太事务。近年来，基于中国的崛起，美国由于担心其在亚洲的核心地位和战略利益，便频繁采取过激威胁措施。

首先，美国企图通过挑起日本和南亚国家与中国海洋权益争端，达到制造军事威胁的目的，旨在破坏中国和平的发展环境，牵制和制约中国的崛起。美国加强了与日本的"安全合作"，放弃在钓鱼岛问题上中立的立场，与日军进行"保岛"战斗演习，挑起中日矛盾；鼓动和支持菲律宾制造"南海仲裁闹剧"；暗地里联手越南劫取中国海洋资源和国土。甚至，以"公海航行自由和领海无害通过权"为借口，频频制造南海挑衅事端。

其次，美国积极筹划对中国的军事战略控制。通过多种方法和形式收集中国近海海洋学资料，以为其军事目的服务。同时，制定钳制中国的战略性军事规划。美国宣布在战时将控制16个战略咽喉，其中5个在亚太地区，美国在太平洋海区一直保持着具有绝对优势的海上力量。美国认为，中国南海海上通道对于美军从西太平洋到印度洋和波斯湾的动机有着至关重要的意义。为了确保船只在南海的自由通行权和运输通道的安全与畅通，美国加强了在南海地区的军事存在；同时，南海通道也是中国通往印度洋和欧洲的国际贸易生命线。因此，美国在环太平洋地区和南海频频制造事端，扩充军备。

同时，美国通过制造"中国威胁论"破坏中国国际形象，以达到破坏中国经济发展环境，威胁中国和平崛起进程的目的。如2018年初挑起中美贸易关税的冲突，其根本目的都是破坏中国经济发展环境，制约中国崛起的进程，最终达到牵制中国的发展，稳住其在世界范围内的霸主地位。

美国军事威胁的根本原因是美国经济的衰退，其最终目的在于稳住世界霸主地位和世界战略性根本利益，其基本战略是制约中国和其他进步国家的和平崛起，其根本性质在于阻碍社会的进步和发展。

2. 日本军国主义威胁

中日争端的焦点虽然是历史问题，但核心在于中日作为两个大国在亚洲的同时崛起，存在着地区主导权之争。日本一直在亚洲享有主导地位，不能容忍中国崛起。

日本本身是一个资源贫乏、严重依赖外部的国家，因为岛屿附近蕴藏着丰富的资源，所以日本海洋权益争议事实上是一个国土、资源等生存发展利益复合区之争。因此日本政府在东海问题上极力相争，采取蛮横无理的立场，在钓鱼岛主权和东海海洋资源问题上频频制造事端。

日本约有百分之九十的海上贸易，尤其是石油进口，都需要通过南海和马六甲海峡，因此南海作为国际贸易的安全通道备受日本关注。日本通过"周边有事法案"，单方面以法律的形式将日本自卫队的活动范围扩大到了南海。

日本军国主义威胁的根本原因是日本对资源的需求和海上贸易通道安全的需要，其最终目的在于侵占资源和控制其贸易通道，其根本性质在于军事控制和地区霸权扩张。

3. 台独等分裂势力威胁

解放战争时期，由于受到中华民族千百年来重陆轻海海洋意识的影响，加上美国借机干涉中国内政，派第七舰队巡航台湾海峡，导致我们忽视了海上方向的控制，留下了台湾问题这个民族统一的大患。

近年来，由于民进党执政，"台独"势力膨胀，刻意在岛内挑起统独之争，并加紧在社会各领域推行"去中国化"运动，特别是制定了"决战境外""武力拒统"的战略，以高额军费开支购买先进武器，不断挑衅海峡两岸关系。甚至对南海岛礁的归属主张提出了"联合东盟，与中国争夺南海诸岛主权"的策略。"藏独"和香港公投等分裂势力的活动，严重影响了国家和平发展的进程，尤其是在台湾问题上，我们已经付出了很高的外交成本。

"台独"等分裂势力威胁的根本原因在于外部侵略分子的蛊惑和利用，其根本性质在于外域文化的入侵和殖民，其最终目的在于区域性民族殖民和领土占领。

> **感悟** 入木三分，透过现象看本质，孙子兵法，立体加逻辑思维，是睿智进取的体现。

（三）透彻辨析国家维护海洋国土安全举措和思想

1. 正确处理民族利益与意识形态的关系

不可否认，共产主义作为人类最伟大的理想必将实现。基于目前物质条件、社会生产力等原因，我们必须正确认知"中国将在未来很长一段时间内处在社会主义初级阶段"，国家、阶级和贫富差距的存在是正常现象，中国的社会主义意识形态不应该背叛。

不能模糊美国的帝国主义本性。必须看到，美国积极重整军备，采取从经济制裁、政治颠覆到武力干涉等各种手段，发起了一场"新殖民主义"的十字军东征。苏联解体以后，形成了美国"一超独霸"的世界格局。近年来，美国的"单边主义"更加膨胀，把中国列为主要的潜在对手，制造"中国威胁论"，助长日本侵占钓鱼岛的嚣张行径，指使菲律宾搞"南海仲裁闹剧"，资助南海周边国家资源和岛屿侵占，亲自主导南海军事威胁，其根本意图在于制约中国的发展。

中国的社会主义意识形态也不应该被庸俗化。"中国将在未来很长一段时间处在社会主义初级阶段"说的是在未来很长一段时间内国家依然存在，国亦有疆，只有顾及中国的国家利益和发展，只有中国发展好了，才能将社会主义乃至共产主义推向全世界。

实践证明，在国家关系和外交上用"资本主义""社会主义"来画线是错误的。正是"同志加兄弟"的社会主义邻国越南，曾经用中国人民勒紧腰带提供的援助，一次次在陆上、在海上，悍然发动了对中国的武装侵略。中华千百烈士的尸骨提醒我们，友谊是友谊，侵略是侵略，社会主义是社会主义，民族主义是民族主义，中国是世界范围内一个独立的主体。

我们要充分理解国家"核心利益和底线思维"的内涵。国家主权利益是世代相授、神圣不可侵犯的，其高于意识形态与国内政治斗争，谁也没有权力将国家主权与领土随便让与他人。任何造成国家国土或主权损失的人，必将成为中华民族的千古罪人；任何企图分裂中国的人，都是中国的敌人。

2. 正确处理主权属我与搁置争议、共同开发的关系

搁置争议不等于搁置主权，已经属我的主权问题不能谈判，也没有谈的必要。那些有过硬的证据证明属于我们主权的岛屿、国界续断线以内的海域，不能搁置。一旦搁置就成为归属未定问题了。

争议不可能永远搁置，"问题迟早要解决"，要做好早解决问题的准备。不能默认侵略者的占有合法化，有可能完全或部分划归中国的国土不能变成公海。虽然说"下一代比我们聪明些"，但我们也不能无限期地拖延，错过机遇，就可能只能把难题留给下一代，甚至成为历史罪人。

"共同开发"是中国与周边国家共同开发，而不是把中国甩在一边。几个周边国家，甚至远道而来的西方国家"共同开发"中国的海洋国土，说到底就是一种对中国的"共同侵略"，是"八国联军盛宴"的重演。

涉及国家和民族的核心利益，采用底线思维解决问题是必须的。加快海洋强国建设，拥有国家实力才是解决主权问题和开发利益的关键。

3. 正确处理和平方式与武力解决的关系

习近平总书记指出，"我们爱好和平，坚持走和平发展道路"，我们坚持"通过和平、发展、合作、共赢方式，扎实推进海洋强国建设"。我国的海洋强国建设，绝不追求和形成新的海上霸权，而是要在平等的基础上，传承和弘扬开放包容的传统，将海洋打造为我们同世界交流合作的大平台，以为世界和平和友谊添砖加瓦。

和平、开放、合作、和谐、共赢是我们的主张、我们的理念、我们的原则、我们的追求。中国和平发展与富国强兵是一致的。建设海洋强国并不意味着称霸，加强海上防卫并不等同黩武。慎用武力，是今后较长时期内解决海域争端的一个基本原则。然而，毕竟和平并不取决于单方面的主观愿望。面对霸权和侵略，启用我们的核心利益做判断，利用底线思维做决策，此时利用武力维护和平是必须的。

实践证明，没有强大军事实力作支撑，国家安全是脆弱的，外交是软弱的。"能战方能言和"，只有拥有强大的海、陆、空军，才能及时有效地维护国家的主权和海洋权益，确保中华民族的和平崛起。

4. 正确处理经济建设与海洋国防建设的关系

我们要以经济建设为主旋律，以经济建设带动海洋国防建设，在当今经济全球一体化的大环境下，国防建设归根结底就是经济和资源的国防投入，没有雄厚的经济实力就无法建设强大的国防。强大的国防又是国家经济建设的坚实护卫，没有强大的国防就没有稳定的经济发展环境，更没有经济建设的空间和平台。经济建设和国防建设相辅相成，

缺一不可，两者和谐共进才能保持健康可持续发展。

在当今国家经济相对薄弱的快速成长时期，为维护经济建设成果韬光养晦，卧薪尝胆，在非主流争端上做必要的妥协是睿智的。寻找二者的结合部，在可能的领域实行平战结合，寓兵于民，例如开发军民通用技术和产品，建设现代化的商船队等是可行的。紧抓政治改革，建设和谐社会，特别是解决政治清廉问题，发挥民族魂的精神引领作用为经济建设提供和谐公平的大环境是必须的。最终，我们要调动一切积极因素，丢掉祈求和平的幻想，顶住"中国威胁"的喧嚣，加快推进国防工业现代化，改革过时的军事学术思想和"大陆军"体制，确立符合时代的军事战略、战术，增大敌对势力侵扰我们的成本。

充分发掘"海陆统筹"理念，融合经济建设和国防建设投入的整体支撑能力，军民资源统筹，军民科技共享，统筹兼顾维护海洋权益，制定国家海洋战略，实现开发海洋和维护海权的有机统一。加强行动能力和保障设施建设，进一步形成党政军警民合力固边成疆新局面，最终达到经济建设和国防建设融合健康发展，做到经济建设和国防建设携手并进。

感悟 秦皇汉武略输文采，唐宗宋祖稍逊风骚。愚夫吃力，莽夫动粗，大国担当需睿智。

（四）睿智认知现代海洋国土观的方法

1989 年 9 月 4 日，邓小平在分析当时的国际形势时指出："对于国际局势，概括起来就是三句话：第一句话，冷静观察；第二句话，稳住阵脚；第三句话，沉着应付"。"我们千万不要当头，这是一个根本国策。"概言之，就是要"韬光养晦"。他强调"埋头实干，做好一件事，我们自己的事"。又说："我们是一个大国，只要我们的领导很稳定又很坚定，那么谁也拿中国没有办法""谁也压不垮我们"。

1. 冷静观察

现代海洋国土观念是关乎民族兴亡的问题。在当今世界海洋激烈竞争的大环境下，犹如逆水行舟，不进则退。

中国海疆告急，"三海"主权和权益都面临严重威胁，其中钓鱼岛、黄岩岛、南沙群岛和西沙群岛被严重侵犯。钓鱼岛不能离开祖国的怀抱，黄岩岛在深情地呼唤着祖国母亲，南沙群岛和西沙群岛也在深情地期待回到母亲的怀抱。他们不愿成为弃子，更不想成为他国用来蹂躏母亲的棋子。失一寸不仅仅是少一寸，而是肱骨之缺，丧权辱国，涉及国家兴亡。这每一分每一厘都将记入中华民族的历史，成为我们时代的耻辱。捍卫国家领土完整和和平统一是每一位中华民族儿女不可逃避的责任。实践现代海洋国土观，行则荣在当今中华伟大复兴，消沉或冷漠则遗臭万年。

全球化进程吹响面向未来的冲锋号角。全球性工业化大生产是人类发展的大趋势，中国在全球化进程中是一个十分突出的角色。人口众多、资源匮乏，开拓中国未来生存之道就在海洋。国家利益分配广泛，拓展外贸经济交流必须勇往直前地坚守和开辟海上通道。保护海洋国土、经营海洋通道、开辟海洋领域一样不能少，一环扣一环，不能等，不能停。"两洋"和两极需要常态化。你不冲，两个岛链必将勒紧咽喉，索命亡国；冲锋是时代的要求，是生存的必须。

2. 稳住阵脚

大国兴衰，历史沧桑，和平年代需要忍辱负重和睿智进取。人类海洋国土的斗争史就是一部经济发展史，超前的技术和生产力成就欧美强大的军事和血腥的侵略史，堕落的海上霸权也造就了当今大国的衰退。回顾中华民族沧桑历史，极左行动和极右举动都是创伤。我们必须忍辱负重坚持不懈地发展经济和科技创新，奠定坚实的经济基础。多边权益和经济发展模式，需要我们睿智进取地分析和处理多边争端。一石激起千层浪，四海萍覆悄无声；愚昧的冲动必将接受现实的惩罚。中华之崛起，需要我们稳如磐石的经济和国防，需要我们坐如钟的战略思维，行如松的战略措施。和平之海，合作之海、和谐之海是中国海洋之道。

3. 沉着应付

国家统一迫在眉睫，但又任重而道远。21 海洋世纪告诉我们，实现国家统一可以一揽子解决我国海洋国土争端，而且中国的和平统一将具有更长远、更广阔和更优越的未来发展空间。中华民族源远流长，如果少一些"台独"，多一些南海开拓者，中国海疆将更加蔚蓝，中华民族就能轻松畅快地驰骋在现代海洋开发和建设的伟大事业之上。然而，分裂主义势力嚣张跋扈，蛊惑人心；其旨在割肉蚕食我中华民族的灵魂，窥视和侵略我中华海洋国土；其企图制造中华同胞同室操戈，然后坐收渔翁之利。国家统一需要我们统一思想和认识，携手并进地在开创中国未来的征途中以更智慧的方式实现，这是一项任重而道远的征程，也是我们必须完成的伟大事业。

> **感悟** 细心调查，冷静分析，战略部署，小心求证，大胆付出，真正加快海洋强国建设。

【思考与练习】

1. 中国的国土面积约为多少？中国的海洋国土面积约为多少？
2. 中国的国土地图形状是"雄鸡"还是"火炬"？
3. 概述海洋国土的基本特征和价值。
4. 辨析海洋国土的相关概念，比对现有海洋争端，了解理论与实践的差异性。
5. 了解蓝色圈海运动的细节，宏观评价目前造成的影响，分析未来发展趋势。
6. 查阅和收集中国目前存在的海洋权益争端问题，搜集相关历史和发展资料。
7. 根据目前国家状态探讨武力解决海洋争端和国家统一问题的利弊。

提示：

认知到解决海洋国土争议不可鲁莽行事，一靠法律依据，二靠军事实力，三靠外交斡旋。但是，其首要前提是全民良好的海洋国土意识和睿智进取的现代海洋国土观。

专 题 五
海洋资源

任务介绍

1. 理解海洋资源定义及内涵，正确理解海洋资源的价值，加深海洋资源的认知。
2. 理解海洋资源的基本分类，把握海洋资源的要素，认识我国海洋资源的丰富性。
3. 了解海洋资源的特性，形成珍惜海洋资源、争取海洋权益的海洋观念。
4. 辨析狭义和广义海洋资源，并能认知人类意识成长和发展的规律及方法。
5. 掌握海洋资源的立体分布规律，应用立体思维模式结合实际思考和解决问题。
6. 合理阐述公海的特性和公海自由内容，正确分析海洋权益要素。
7. 正确引用海洋资源的不同特性及内涵，建立正确的价值观和人生观。

引导案例

天堂和地狱

两只老虎路过一片肥美的草地，其中一只老虎见那里的环境优美，便留恋起来。

另一只老虎劝说道："这里虽然景色不错，但不见一只牛羊，它根本不适合我们的生存啊。"

那只老虎不听，在草地上居住了下来，结果没几天就饿死了。

【启示】

联系是事物存在和发展的前提和基础，失去了与周围事物的联系，也就失去了自身存在和发展的条件；资源的价值体现在服务于生存的可持续发展上，生存与发展、表象与实质、过程与结果都是可持续发展的程序和逻辑的演绎过程。这启示我们：可持续发展观念诠释了天堂与地狱间的逆转。

知识要点一： 海洋资源定义及内涵

一、 海洋资源的定义

自然资源是人类生存和发展的必备条件，而海洋资源是自然资源中不可或缺的一部分。人类对海洋资源认识、开发和利用的能力从弱到强，水平从低到高，规模从小到大，从粗放到理智的成长历史，就是一部文明进步的历史。随着人类对海洋资源认识、开发和利用能力的不断提高，人类对海洋资源的理解也在发生突飞猛进的变化。海洋资源通常有狭义和广义两种说法。

狭义的海洋资源指形成和存在于海水或海洋中的有关资源，是自然资源分类之一。包括海水中生存的生物，溶解于海水中的化学元素，海水波浪、潮汐及海流所产生的能量、储存的热量，滨海、大陆架及深海海底所蕴藏的矿产资源，以及海水所形成的压力差、浓度差等。总之，狭义的海洋资源是和海水本身直接发生关系的物质和能量。

广义的海洋资源认为凡是与海洋有关的物质、能量和空间都属于海洋资源的范畴。还包括海洋提供给人们生产、生活和娱乐的一切空间和设施。如海洋上的风能，海底的地热，海上城市、花园和飞机场，海底的隧道和居住室，海滨浴场以及海水中的各种资源。

总之，凡是海上可以利用的空间，能够创造财富的物质和能源，可供人们生产、生活和娱乐的一切与海洋有关的设施，均视为海洋资源。按照对海洋资源的广义理解，可以把海洋资源分成几大类：海洋空间资源、海洋生物资源、海洋矿产资源、海水化学资源和海洋动能资源。

感悟 狭义与广义，历史与未来，睿智进取引领时代潮流，推动社会的进步与发展。

二、世界海洋资源概况

海洋表面的空间和海水是地球上最丰厚的自然资源。地球表面的总面积约为 5.1 亿平方千米，其中海洋的面积为 3.6 亿平方千米，占地球表面总面积的 71%。世界海洋的水量是高于海平面的陆地体积的 15 倍，约为 1 317 亿立方千米。陆地的平均海拔高度为 840 米，海洋的平均深度为 3 800 米。

海水中蕴藏着丰富的化学资源，已发现的化学元素有 80 多种。其中以氯、钠、镁、钾、硫、硼、溴、碳、锶、氟和钙等 11 种元素，约占海水中溶解物质总量 99.8% 以上，可提取的化学物质达 50 多种。由于海水运动而产生海洋动力资源，主要有潮汐能、波浪能、海流能及海水因温差和盐差而引起的温差能与盐差能等。估计全球海水温差能的可利用功率达 100 亿千瓦，潮汐能、波浪能、河流能及海水盐差能等可再生功率在 10 亿千瓦左右。

世界水产品中，85% 左右产自海洋，以鱼类为主体，占世界海洋水产品总量的 80% 以上，还有丰富的藻类资源。而海底矿藏更是非常丰富，是人类发展的必备资源。

世界广义上的海洋资源依照各国开发和利用的技术条件、开发程度及各地海洋政策和海洋文化的不同，参差不齐，各具特色。

三、我国海洋资源的分布

我国濒临太平洋的西北岸，海岸线总长 3.2 万多千米，大陆海岸线 1.84 万千米，渤海、黄海、东海、南海四个海区从三面环绕祖国大陆，海域辽阔。中国是世界海洋大国之一，有领海和内海面积约 3.8 万平方千米，应归属我国管辖的专属经济区和大陆架面积约 300 万平方千米。

我国的海洋资源的分布具有以下几个特点：

1. 种类多，储量大，是世界上海洋资源最丰富的国家之一

丰富的海洋资源为我国发展海洋水产、海洋石油开发、海洋围垦、海洋养殖、海洋运输、海洋盐业和化工等生产提供了优越的自然条件。

2. 海洋资源分布不平衡，地理位置分布与陆地分布呈现相反趋势明显

我国海洋资源遍布近海的各个海区，但以东海和南海更为丰富。而我国陆地的石油、煤炭资源多分布在北部和西北部，水力资源多分布在南部和西南部，我国工业和人口集中在东部区域，但该区域却缺少能源。

3. 我国海洋资源的绝大部分在大陆架浅海

渤海和黄海全部在大陆架浅海。东海和南海的资源也多在大陆架浅海范围。海洋资源分布在浅海区域，便于进行海上捕捞和养殖作业，有利于海洋能和海底石油的开发利用活动，可以提高海洋资源的利用率和社会经济效益。

> **感悟** 　千年黄土今向海，丰富资源各自在，百年海洋今唤醒，复兴大路多慷慨。

知识要点二：　海洋资源的基本分类

海洋资源根据资源不同的特性有不同的分类方法。按照资源有无生命分类，可分为生物资源和非生物资源。按照资源的来源分类，可分为来自太阳辐射的资源，来自地球本身的资源和地球与其他天体的相互作用而产生的资源。按照能否恢复分类，可分为再生性资源和非再生性资源。按照资源的属性分类，可分为生物资源、能源资源、空间资源和化学资源。另外，广义的海洋资源还可以分为海洋实体资源和海洋精神文化资源。

一、海洋空间资源

（一）沿海

沿海的海洋空间资源开发利用，已从传统的海涂围垦、港口、航道发展到建设海上人工岛、海上机场、旅馆、海面与水下工厂、仓库、海底隧道、海上桥梁等设施以及石油等矿产资源开采。我国沿海的海洋空间资源的开发利用，目前主要还限于海涂、交通运输、濒海旅游等方面。

1. 海涂资源

又称海洋滩涂资源，是指最高和最低潮位之间的滩地和最低潮位线以下尚有一定水深但仍适合围垦或养殖的浅海区。我国的海涂资源，在沿海海域都有分布。沿海滩涂由于河流每年夹带大量泥沙入海，以堆积型为主，且滩涂仍然在不断地向外延伸。我国沿海滩涂地理位置分属暖温带、亚热带和热带，气候温暖、雨量充沛、土壤肥沃。生物资源丰富，适于围垦，多用于发展农、渔、盐和城市港口工业用地。我国沿海人口密集，

耕地不足，继续进行围垦，仍是今后海洋空间利用的一个方面。

利用沿岸土地在沿海营造防护林带。我国每年都有强台风在沿海登陆，对工农业和人民生活危害极大。如果在沿海大力营造防护林带，就可以保护和促进工农业生产的发展。当前，我国滩涂资源开发的潜力还很大，并且由于滩涂不断淤涨，对缓和沿海地区人多地少的矛盾将起到一定作用。

2. 港湾、航道资源

港湾，船舶用以避风、避浪、避水流，能安全停泊，或（并）能装卸货物及让乘客上下的水域。航道是指沿海、江河、湖泊、运河内船舶、排筏可以通航的水域。两者组成港口水域，是供船舶安全进出和停泊的重要区域，是水陆交通的连接点。

我国海岸线曲折漫长，港湾众多，发展海洋运输的自然条件优越，目前已建成一批现代化海港，年吞吐量在世界前十位的港口占了七席。我国港口地域类型多样，有海岸港口，如青岛、大连、湛江等；有海岛港口，如厦门、舟山等；江河港口，如上海、广州等。

我国历史上曾经是海运发达的国家。明代中期以后，由于实行闭关政策，海运逐步衰落，海权旁落。新中国成立后，特别是改革开放四十年来，我国海洋运输事业突飞猛进，成为世界上海运大国之一。我国海运航线分沿海航线和远洋航线。沿海聚散港口北方以青岛、大连为中心，中部以上海、宁波为中心，南方以广州、湛江为中心。随着我国经济的不断转型升级和发展，对沿海港口资源的需求仍旺盛。我国的港口建设将进一步发展，以不断适应国民经济发展的需要。

3. 濒海旅游资源

临海地区具有得天独厚的地理环境和养生条件，是天然的优秀旅游资源。沿海海域辽阔，大陆海岸和岛屿海岸绵延曲折，既有上升海岸又有泥沙性海岸，构成了独特的海岸自然旅游景观。岩石性海岸，岸线曲折，海崖陡峭，多岬角、半岛和岛屿，港湾优美、景色秀丽，许多地方都可成为海上游览胜地，如大连、青岛等地名胜。沙质海岸，岸线平直，视野开阔，沙质细软，风平浪静的岸段是理想的海浴场所，如三亚、北海等海滨浴场，热带的珊瑚礁海岸更是开展水上、水下运动和海洋生物考察旅游的佳地。

尤其是中国沿海，海岸带，集海陆景观于一体，自然人文景观于一炉，既有浅海丰富奇特的自然景观，也有千百年来先人耕作的文明成果和人文景观，还有宜人的海岸性气候，适合人们进行观赏、游览、娱乐、健身等多种活动。如我国的大连海滨、北戴河海滨、普陀山海滨、厦门海滨、汕头海滨、深圳海滨及海南岛崖县的天涯海角海滨等著名滨海风景名胜地。

我国的海洋旅游资源丰富，随着人们日益增长的对美好生活的向往不断提升，中国的海洋旅游业也作为一个新兴产业，获得了极快的发展。从国内出国海岛游需求现状看，我国未来海洋旅游业发展潜力非常巨大，加强海洋环境保护，着力开发海洋旅游资源是大势所趋。

> **感悟** 固守陆地空间，拓展海上资源，先易后难，沿海是根本，多渠道开辟。

（二）公海

公海是指沿海国内水、领海、专属经济区、大陆架和群岛国的群岛水域以外的全部水域。作为全人类共有的空间资源，公海具有独特而不可替代的作用。

1. 公海是联系世界的纽带、交通要道

自古以来，海洋就是各国共通的大道。在各种运输中，海上运输一向居于主导地位。由于海上运输具有船舶运载量大、海路设施投资相对比较小、运货消耗功率最低的特点，所以海上运输是一种最为经济的运输方式。由于海上运输的特点和它对一国经济乃至国际经济所具有的重要性，且公海航运通道是各国的经济命脉，关乎国家的生存和发展，因此，确保作为海洋主体和主要航线的公海的航行自由是至关重要的。

2. 公海是渔业资源的宝库

公海捕鱼现在已成为各海洋国家海洋捕捞业的发展方向。公海的法律地位将日益引起世界各国的关注和重视。辽阔的海洋蕴藏着极其丰富的渔业资源。虽然目前世界渔获量的80%以上是在近海较浅的海域内捕获，但基于鱼类的流动性，广阔的公海是沿海鱼类资源的主要来源。

近年来，由于近海过度捕捞，大陆架渔区资源衰减，许多海洋大国开始转向深海、大洋去捕鱼，并大力发展深水捕鱼技术。随着人类对海洋健康食品的需求不断增加，公海渔业资源的再生性和持续发掘性将具有更大的研究空间。

3. 公海为全人类提供了广泛的研究开发利用空间

从科学研究的立场来看，世界海洋已成为现代科学技术的重要实验场。各个水域的海上人工岛和其他设施建设得到迅速发展。发达国家纷纷建立科考基地，派出海洋科学考察船，用于科学考察实验，以及用于经济、工业、交通、能源、通信、海洋地质、气象预报、太阳能电站等各种目的，甚至被用于军事演习，武器试验等。同时，公海也是人类探索太空的有效安全着陆点，对于人类安全和太空探索有着特殊的意义。

4. 中国与公海

在公海法律地位问题上，我国政府坚决支持《联合国海洋法公约》的相关规定，坚守公海是全人类共同财富的观点。我国政府坚定关于海洋权益问题的原则立场，主张在各国领海和管辖权范围以外的海洋及海底资源原则上为世界各国人民所共有。关于公海使用及开发等问题，应由包括沿海国和内陆国在内的各国共同商量解决，而决不容许任何国家用强权操纵和垄断。在如何利用公海条件和丰富的公海海洋资源，保护我国在公海享有发展合法权益方面，我国正卓有成效地进行工作。随着我国海洋战略的不断推进，利用好公海条件、充分利用公海资源——利用海洋通道发展远洋运输、利用海洋空间发展我国科学事业、利用好公海渔业资源——有着重要的意义。

> **感悟** 公海虽姓公，资源不奉中，权责需保证，世界要融通，取之亦有道，守法才轻松。

（三）国际海底

"国际海底区域"是指国家管辖以外的海床洋底及其底土。其是国际海洋法公约中随着科学发展而来的一个新概念。基于人类资源危机意识和国际海底区域巨量矿藏资源的不断发现，国际海底越来越引起各国的重视。人类极力探索国际海底，促进了深海勘探技术的飞速发展，同时也形成了国际海底区域的诸多争议和争端局势。

大洋海底包括两部分：被海水覆盖的大陆边沿地带和大洋底，其中大陆边沿地带包括大陆架、大陆坡和大陆基。由于一些国家的专属经济区和大陆架占据了一部分大洋底，国际海底的面积要小于大洋底的面积。大洋海底包括平缓的海底、海盆，耸立的海底山脉及深渊的海槽和海沟。

1. 国际海底及其资源的法律地位

基于1982年《联合国海洋法公约》规定国际海底适用"人类的共同继承财产"的法律原则，国际海底及其资源的法律地位包括下列主要内容。

（1）国际海底的任何部分及其资源不得作为任何国家领土或受任何国家的主权权利支配，也不得为任何国家、自然人和法人所有。

（2）国际海底资源属于全人类，由国际海底管理局代表全人类行使对这种资源的权利。国际海底上的经济收益由管理局公平地在各国进行分配。

（3）各国在国际海底的活动应该符合国际法和《联合国宪章》原则，以利于维护和平与安全，促进国际合作和相互了解。

（4）国际海底向全世界所有国家，不论是沿海国家还是内陆国家开放，要特别考虑到发展中国家和尚未取得完全独立的国家人民的利益和需要。

2. 国际海底开发制度

（1）平行开发制度

"平行开发制度"是经过世界各国激烈争论，反复协商后达成的一个妥协方案。指国际海底区域的开发活动应在管理局控制下，由管理局的开发机构企业部进行，同时也由缔约国或国家实体，或在国家担保下具有缔约国国籍的自然人或法人，与管理局以协作方式进行。

其具体做法是：在一海底区域被勘探后，开发者要向管理局提供两块具有同等价值的矿址，管理局选择其中一块作为保留区，留待自己直接开发；另一块是合同区，可由任何缔约国或其企业通过与管理局签订合同进行开发。

"平行开发制度"被海洋法公约吸收，具体体现在《联合国海洋法公约》第三个附件《探矿、勘探和开发的基本条件》的第八条中。

（2）生产原则和政策

确定海底资源开发的生产政策遵循着防止对陆地同类矿物生产国产生冲击，对海底金属矿物的产量进行一定限制的原则。处理这个问题要顾及三个方面的利益：一是陆地生产国的利益，防止由于海底生产而对生产这类矿物的陆地生产国的经济产生不良影响；二是消费国的利益，使消费国从海底获得合理的供应和利益；三是维护人类共同继承财产原则，使国际海底的开发促进世界经济的健全发展，使所有国家，特别是发展中国家从中获得利益。

（3）技术转让与合同的财政条件

为了使管理局获得必要的开发技术，进入合同开发的国家或企业必须向管理局转让有关开发的技术。并规定技术转让的承包者在签订合同时应承诺向管理局交纳税款的义务。目前公约草案规定了两种交费方式和交费比例，供承包者选择。《联合国海洋法公约》附件三中第十三条主要规定了海底开矿的公私企业的申请费和纳税制。海底开矿者须向管理局交纳申请费 50 万美元，自合同生效后每年固定税金 1 000 万美元，缴纳的净收益的 25% 作为生产费。

（4）审查制度

审查制度即在一定时期后应召开一次会议，对这一制度进行审查，以审定它是否符合《联合国海洋法公约》所规定的各项原则和发展中国家的基本利益，并决定是否进行必要的修改。

3. 中国与国际海底

在国际海底区域及其资源的法律地位问题上，我国政府坚决反对任何霸权主义理论，坚决支持发展中国家关于国际海底及其资源是全人类的共同继承财产的观点。

在开发利用国际海底资源、维护我国在国际海底区域的合法权益方面，我国的工作同发达国家相比，起步较晚。但是，通过改革开放三十几年来的奋起直追，中国已成为继印度、法国、日本和苏联之后第五个国际海底多金属结核开发先驱投资者，获得在夏威夷东南约 15 万平方千米国际海底多金属结核矿区的开发权，使我国在开发国际海底资源方面占有重要的地位。

为进一步加强在国际海底开发中的有利地位，我国必须进一步加强深海资源开发法能力，完善海洋资源开发法律制度，加强对公约的理论研究，积极利用国际、区域、双边海洋法律制度，稳定周边环境；为加快国家海洋强国建设提供可持续的资源保障。

感悟 国际海底多矿藏，各方势力来登场，和平协商是上策，共同开发日方长。

二、海洋生物资源

海洋生物资源又称海洋水产资源。指海洋中蕴藏的经济动物和植物的群体数量，是有生命、能自行增殖和不断更新的海洋资源。海洋生物资源是天然水域中具有开发利用价值的经济动植物种类和数量的总称。其中对人类比较重要的是海洋鱼类资源，它是发展水产业的物质基础，也是人类食物的重要来源之一。

（一）海洋生物资源的主要特性

海洋生物资源中最为典型和最具代表性的是海洋渔业资源，海洋渔业资源是人类的传统食物，更是沿海各国人民的主要经济来源。海洋生物资源具有独特的可再生性、波动性和共享性。

海洋生物资源的再生性主要表现在通过生物个体或种群的繁殖、发育、生长和新老替代，使资源不断更新，种群不断获得补充，并通过一定的自我调节能力而达到数量的相对稳定。如环境适合，开发利用得当，保护得法，则可持续利用；而不合理的捕捞则使得资源更新再生受阻，种群数量急剧下降，资源趋于枯竭。因此海洋生物资源的利用必须适度，以保持其繁衍再生和良性循环。

海洋生物资源的波动性表现在自然因素，如光照、气候、洋流等因素对海洋生物的发生量、存活率和其本身的种群年龄结构、种间关系等有很大影响。另外，人类捕捞因素往往更能引起海洋生物种群数量剧烈波动，甚至引起整个水域生物种类组成结构的变化。

海洋生物资源的流动性与共享性表现在由于海洋生物资源尤其是渔业资源广泛分布和大多数水产动物都有洄游的习性，使得很多渔业资源种群的整个生活过程跨越多个国家管辖的水域，这些渔业资源将为几个国家共同拥有。

（二）海洋生物资源的种类

海洋生物资源种类繁多，主要分为5个门类。首先是鱼类，鱼类作为人类食物是海洋生物资源中最重要的一类；其次是甲壳动物类，主要有虾、蟹两大类；其三是软体动物类，是鱼类以外最重要的海洋动物资源，种类繁多，有10余万种，是海洋动物中最大的一个门类；其四是海洋哺乳类，包括鲸目（各类鲸及海豚）、海牛目（儒艮、海牛）、鳍脚目（海豹、海象、海狮）及食肉目（海獭）等，其皮可制革、肉可食用，脂肪可提炼工业用油，是重要的水产经济动物。其五是海洋植物，以各类海藻为主，主要有硅藻、红藻、蓝藻、褐藻、甲藻和绿藻等11门，其中近百种可食用，还可从中提取藻胶等多种化合物。

（三）中国的海洋生物资源

我国地处中、低纬度，水温较高，沿海海域咸淡水交汇，富含从大陆带来的有机物和氮、磷、硅等营养盐类，浮游生物生长密集。大陆架宽而浅，太阳光可直射海底，同时还有寒暖流交汇，有利于海洋生物的生长。高含量的浮游生物为鱼、虾、贝类的繁殖提供了饵料基地。我国海洋鱼类品种繁多，海洋水产资源的开发利用主要是海洋捕捞和海水养殖。

中国优越的沿海渔业环境成就了发达的沿海捕捞技术。我国沿海渔场面积占世界浅海渔场总面积的四分之一，尚有广阔的近海海域待开发利用。但是，中国近海捕捞劳力密集，过度捕捞，破坏了渔业资源的再生能力，使渔业资源出现衰退现象。远洋捕捞装备和技术水平相对较低，配套产业落后，缺乏足够的保障、营销和深层次加工系统。因此，优化重组渔企，构建渔业产业链和价值链，才能有效促进远洋渔业持续健康发展。

海水养殖按养殖区域分为：滩涂养殖面积、浅海养殖面积和港湾养殖面积。近年来，我国海水养殖产业链得到迅猛发展，经济附加值高的海产品开发备受青睐。我国浅海、滩涂的海水养殖具有得天独厚的潜力。

> **感悟** 海洋生物最丰富，近海不足远洋补，养殖捕捞一齐上，开发有度才持续。

三、海洋矿产资源

辽阔浩瀚的海洋中蕴藏着丰富的矿产资源，它是人类生存与发展的矿产宝库。海里的矿藏由岸边到深海，随着水深的递增，呈阶梯分布。在基岩和沙质海岸带和浅水域分布有钛铁矿、磁铁矿、金红石、锆英石、独居石、沙金、砂锡、铂砂、金刚石、石英砂等各种各样的滨海砂矿。在近海陆架底床的基岩中，赋存着各种与陆地一样层状、脉状、浸染状矿床，主要有煤、铁、铜、铝、锌、锡、钛、钍、磷钙石、稀土、黄金、金刚石等。在大陆架和大陆坡海域中蕴藏着丰富的石油与天然气资源。在深海大洋中有多金属软泥，大洋中脊附近分布有热泉喷溢的"烟囱"状热液硫化物矿床。

近年，在大陆架和深海盆中还发现了一种新型能源"可燃冰"，它是一种天然气水合物。据估算，世界天然气水合物资源量约为 2 100 万亿立方米，可供人类使用 1 000 年。2017 年 5 月，中国对深海可燃冰试采成功。在当今陆地资源日益匮乏的大环境下，丰富的海洋矿产将成为人类赖以生存和可持续发展的必备资源。海洋矿产资源及分布如下。

（一）滨海砂矿

1. 滨海砂矿的定义与组成

滨海砂矿是指在海滨地带由河流、波浪、潮汐和海流作用，使重矿物碎屑聚集而形成的次生富集矿床。它既包括现处在滨海地带的砂矿，也包括在地质时期形成于海滨，后因海面上升或海岸下降而处在海面以下的砂矿。它主要由金红石、锆铁矿、磁铁矿、磷钇矿、金矿、铁矿、金刚石、石英砂、煤等矿种组成。其中金红石是发射火箭用的固体燃料钛；耐高温和耐腐蚀的锆铁矿、锆英石可用于核潜艇和核反应堆。中国近海海域也分布有金、锆英石、钛铁矿、独居石、铬尖晶石等经济价值极高的砂矿。

2. 中国滨海砂矿资源分布、勘查开发现状

中国的滨海砂矿储量十分丰富，近 30 年已发现滨海砂矿 20 多种，其中具有工业价值并探明储量的有 13 种。各类砂矿床 191 个，总探明量达 16 亿多吨，矿种多达 60 多种，几乎世界上所有滨海砂矿的矿物在中国沿海都能找到。具有工业开采价值的有钛铁矿、锆石、金红石、独居石、磷钇矿、金刚石、磁铁矿和砂锡等。

中国是世界上滨海砂矿种类较多的国家之一，开发砂矿的历史悠久。但存在勘察范围限于近岸，设备技术落后，生产规模小，选矿工艺粗陋，生产效率低，成本较高等诸多不足。

（二）滨海平原地下卤水

卤水指盐类含量大于 5% 的液态矿产，聚集于地面以下者称地下卤水。中国北方的滨海平原区中的第四纪沉积层中贮藏有丰富的地下卤水资源。我国对地下卤水的开发利用已达上千年历史，远至唐宋时期就采用土盐井、井灶开发地下卤水。随着时代的进步，地下卤水开发向精细化和高科技含量方向发展，加强了资源的保护力度。目前，地下卤水主要用于制盐、提取盐化工原料、发展生物养殖等方面。

（三）海底煤矿

海底煤矿作为一种潜在的矿产资源已越来越被世界各国重视，特别是对于那些陆上煤矿资源缺乏而工业技术又很先进的国家来说更是不可多得的资源。目前，英国、土耳其、加拿大、智利、澳大利亚、新西兰、日本等国均有不同规模的开发，并获得了巨大的经济效益。中国海底煤田亦有分布，随着开发和研究的深入，海底煤矿开发的前景将更加广阔。

（四）海底油气资源

油气是石油和天然气的统称。据估计，世界石油极限储量 1 万亿吨，可采储量 3 000 亿吨，其中海底石油 1 350 亿吨；世界天然气储量 255～280 亿立方米，海洋储量占 140 亿立方米。20 世纪末，海洋石油年产量达 30 亿吨，占世界石油总产量的 50%。中国在临

近各海域油气储藏量约 40 ~ 50 亿吨。

中国东海和南海的海洋争端与油气资源密切相关，现将该海域油气资源的具体分布和勘探情况罗列如下：

1. 东海

东海是当前世界上油气勘探最活跃的地区之一。我国对东海油气资源的开发历史要从 20 世纪 70 年代开始。当时在浙江以东海域的东海大陆架盆地中部发现了被命名为"西湖凹陷"的大型储油地带。自从 1980 年在东海首次钻探龙井一号井成功以来，中国已在"西湖凹陷"钻井 30 口，其中 20 口获高产工业油气流。经过 20 多年的不断勘探和拓展，中国目前已在"西湖凹陷"开发出了平湖、春晓、天外天、断桥、残雪、宝云亭、武云亭和孔雀亭等 8 个油气田。此外，还有玉泉、龙井、孤山等若干大型含油气构造相继建成。

其中，春晓油田位于浙江宁波市东南 350 千米的东海海域上，由 4 个油气田构成，总面积 2.2 万平方千米，春晓油气田群已勘探出原油蕴藏量为 6 380 万桶。在春晓发现数十层油气显示层，获得高产工业油气流，是我国目前最大的海上油气田。2004 年，春晓号气井建成，并于次年 10 月份开始生产，向浙江、江苏一带提供天然气。

钓鱼岛附近可能成为第二个"中东"，根据联合国亚洲及远东经济委员会的结论，东海大陆架可能是世界上蕴藏量最丰富的油田之一。目前已经勘测的数据表明，东海的油气储量达 77 亿吨，至少够我们国家使用 80 年。

如此丰富的资源，自然也引来他国的虎视眈眈，2003 年，中国在东海不属于日方划界范围内的水域钻探油气田，日方为此大肆抗议。2004 年 6 月，日本更指中国的春晓、平湖等油田，侵犯日本权益，派船前往东海调查海底资源，引起了中方强烈抗议。之后我国进行了坚决的"亮剑"，派出军舰编队对油田进行保护。可预见的将来，中日围绕着东海油气资源的争夺必将日益激烈，尽快提高开发技术，加强与先进石油公司合作以及争取国际社会的支持，抢占先机，乃是我们当务之急。

2. 南海

对于南海的油气资源储量，不同国家和组织机构的评估数据虽不相同，但储量巨大是业内共识。根据已探明的资源储量计算，目前国内较为乐观的评估数据是，整个南海的油气地质储量约为 230 亿~300 亿吨。号称全球"第二个波斯湾"。

近年来，南海形式复杂，周边国家和我国的争端有日益加剧的态势，南海争端源自南海油气资源之争。在 20 世纪 60 年代末之前，南海的形势非常平静，相关国家均承认南海主权属于中国。1968 年，联合国相关资源机构发布了报告，提出南海拥有丰富的油气资源，之后南海周边的国家纷纷提出对南海岛屿的主权要求，并采取行动开始占领相关岛屿。目前，越南、菲律宾、马来西亚、新加坡等周边国家都在南海开采石油，他们已经在南沙海域钻井 1 000 多口，做了 126 万千米的地震测线，查明了油气资源量 268 亿吨，发现含油气构造 200 多个和油气田 180 个，年采石油量超过 5 000 万吨，早已形成了事实上的占领开发，形势严峻。

当务之急，除了一定限度内的搁置争议、合作开发外，还要加强在南海的军事布局和外交斡旋，同时提升深海的开发能力和技术水平，以早日让南海的丰富资源为我国的全面现代化提供坚实的保证。

感 悟 海洋生物最丰富，近海不足远洋补，养捞齐上需有度，持续发展才是主。

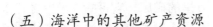

（五）海洋中的其他矿产资源

1. 磷钙土

海底磷钙土产于海底的磷酸盐自生沉积物，含有 15% ~ 20% 的五氧化二磷，是磷的重要来源之一。海底磷矿在医药、食品、火柴、染料、制糖、陶瓷、国防等工业领域应用广泛。另外，磷钙土常伴有高含量的铀、铈和镧等金属。

磷钙土在世界上的主要产地有非洲西岸外摩洛哥、加蓬、刚果、安哥拉、纳米比亚陆架区，北美东岸外布莱克海台、佐治亚和北卡罗来纳的陆架，美洲西岸加利福尼亚和墨西哥湾、秘鲁－智利陆架及陆坡区，西太平洋海山区和新西兰北部查塔姆海台区。

2. 热液硫化物矿床

热液硫化物是一种含有铜、锌、铅、金、银等多种元素的重要矿产资源，主要出现在 2 000 米水深的大洋中脊和断裂活动带上，是海水侵入海底裂缝受地壳深处热源加热，溶解地壳内的多种金属化合物，再从洋底喷出的烟雾状的喷发物冷凝而成的。它富含铜、钴、锌、金、银、锰、铁等多种金属元素，常与大洋扩张中心热液体系伴生。

热液硫化物矿是通过化学作用来造矿，大大地缩短了成矿的时间。而且这种矿基本没有土、石等杂质，都是些含量很高的多种金属的化合物，稍加分解处理，就可以利用。在新西兰东北部海域发现的"热液金矿"像天女散花般地从出口喷发"黑烟"，几十年内就可以形成一定规模的矿藏。因此海底热液硫化物矿床将为人类提供大量珍贵的可开发利用的矿产，而且还有探索生命起源的科学研究价值。

3. 大洋多金属结核

海底多金属结核资源是指深海海底上不断长大的富含 Mn、Fe、Ni、Co、Cu 等金属元素的结核，形状如马铃薯，呈土黑色或钢灰色，直径一般为 1 ~ 20 cm，多沉淀于海洋、湖泊底部，具有很高的经济价值。

4. 富钴结壳

富钴结壳也是一种铁锰矿，与大洋多金属结核矿相似，但它不呈结核状，而是以板状结壳覆盖在洋底海山的基岩上，产出在水深 1 000 ~ 3 000 m 的海山顶部或斜坡处，最大厚度达 20 cm，是富含钴、铂、镍，磷、钛、锌、铅、铈和稀土等的矿产资源。

太平洋的主要分布区是中太平洋海山群、夏威夷海岭、莱恩海岭、天皇海岭、马绍尔海岭、马克萨斯海台及南极海岭等。中国南海也发现有富钴结壳。自 20 世纪以来，富钴结壳已引起世界各国的关注，各发达国纷纷投入巨资开展富钴结壳资源的勘查研究。

5. 海底天然气水合物

天然气水合物俗称可燃冰，是分布于深海沉积物或陆域的永久冻土中，由天然气与水在高压低温条件下形成的类冰状的结晶物质。天然气水合物甲烷含量占 80% ~ 99.9%，燃烧污染比煤、石油、天然气都小得多，而且储量丰富，全球储量足够人类使用 1 000 年，因而被各国视为未来石油天然气的替代能源。

它是天然气在深海高压和冰冷海水的化学作用下形成的固体，主要成分是甲烷分子与水分子。可以看成是高度压缩的固态天然气，其外表像冰霜，从微观上看其分子结构就像一个一个由若干水分子组成的笼子，每个笼子里"关"着一个气体分子。

可燃冰年复一年地积累，形成延伸数千至数万里的矿床。它每立方米中含有200立方米的可燃气体，已探明的储量比煤炭、石油和天然气加起来的储量还要大几百倍。世界上海底天然气水合物已发现的主要分布区是大西洋海域的墨西哥湾、加勒比海、南美东部陆缘、非洲西部陆缘和美国东海岸外的布莱克海台等，西太平洋海域的白令海、鄂霍次克海、千岛海沟、冲绳海槽、日本海、四国海槽、日本南海海槽、苏拉威西海和新西兰北部海域等，东太平洋海域的中美洲海槽、加利福尼亚滨外和秘鲁海槽等，印度洋的阿曼海湾，南极的罗斯海和威德尔海，北极的巴伦支海和波弗特海，以及大陆内的黑海与里海等。

2017年5月，中国首次海域天然气水合物（可燃冰）试采成功。2017年11月3日，国务院正式批准将天然气水合物列为新矿种，成为我国第173个矿种。未来，伴随着我国能源短缺和战略安全考虑，势必要加强天然气水合物的研究和开发力度。

> **感悟** 海底矿藏最丰富，民生科技两不误，蛟龙深潜探海底，抢占先机价不估。

四、海洋化学资源

海洋化学资源指海水中所含的大量化学物质。其利用潜力最大，地球表面海水的总储量为13.18亿立方千米，占地球总水量的97%。海水中含有大量盐类，平均每立方千米海水中含3 500万吨无机盐类物质。

人类对海水化学资源开发利用的历史悠久，主要包括海水制盐及卤水综合利用（回收镁化合物等），海水制镁和制溴，从海水中提取铀、钾、碘，以及海水淡化等。此外，20世纪60年代以来，随科学技术的进步，海洋天然有机物质的研究和利用也得到了迅速发展，一些微量元素被应用于人类保健和疾病治疗。

> **感悟** 百味盐为主，千珍米是真，物以稀为贵，微量稀有精。

五、海洋能源

浩瀚的大海，不仅蕴藏着丰富的矿产资源，更有真正意义上取之不尽，用之不竭的海洋能源。海洋能源一般指海水中含有的潮汐、波浪、海流等动力能以及海水温差的势能和盐度差的化学能等自然能量。我国目前对潮汐能、波浪能、温差能已进行了利用和研究。

（一）潮汐能

潮汐能就是潮汐涨落运动时产生的能量，是人类利用最早的海洋动力资源。中国沿海海岸曲折，港湾又多，潮差较大、潮能蕴藏量相当可观。我国是世界上最早利用潮汐的国家之一，潮汐发电量仅次于法国、加拿大，位居世界第三。

（二）波浪能

波浪能主要是由风的作用引起的海水沿水平方向周期性运动而产生的能量。波浪能是巨大的，一个巨浪就可以把13吨重的岩石抛出20米高，一个波高5米，波长100米的海浪，在一米长的波峰片上就具有3 120千瓦的能量，据计算，全球海洋的波浪能达

700 亿千瓦，可供开发利用的为 20 亿～30 亿千瓦。每年发电量可达 9 万亿度。

我国沿海海水平均波高 1 米左右，估计波能蕴藏量可达 1.5 亿千瓦，可利用的装机容量为 3 000 亿～5 000 亿千瓦。目前我国波能利用与国外同步，主要是研究小型波能发电装置，作为航标灯、浮标等的电源使用。2015 年 11 月，由中科院广州能源研究所研制的"鹰式一号"漂浮式波浪能发电装置，在位于珠江口的珠海市万山群岛海域正式投放，并成功发电，这标志着我国海洋能发电技术取得了新突破。

（三）温差能

温差能是指海洋表层海水和深层海水之间的温差储存的热能，利用这种热能可以实现热力循环并发电。中国南海位于北回归线以南，是典型的热带海洋，太阳辐射强烈。南海的表层水温常年维持在 25 ℃以上，而 500～800 米以下的深层水温则在 5 ℃以下，两者间的水温差在 20 ℃～24 ℃之间，温差能资源非常丰富。

感 悟　　陆地能源量有限，海洋诸能价空前，开发渠道多样化，持续发展能保全。

知识要点三：　海洋资源的特性

从物理属性和地理特性上讲，海洋是由作为主体的海水水体、生活于其中的海洋生物、邻近海面上空的大气和围绕海洋周缘的海岸及海底等组成的多维度结构体，从海洋与人类的关系，即海洋经济角度看，海洋是人类赖以生存和发展的资源宝库或资源系统。所以，海洋与海洋资源是联系在一起的，一般来讲海洋就是指"海洋资源"。而海洋资源可以泛指海洋空间所存在的一切资源，在海洋自然力作用下形成并分布在海洋区域内的、可供人类开发利用的自然资源。因此，海洋资源具有两个特性，即自然特性与经济特性。

一、海洋资源的自然特性

从自然特性角度来看，海洋资源具有整体复合性和区域性。海洋资源是由多种的资源要素复合而成的自然综合体，具有多层次、多组合、多功能等特点。由于海洋地理环境和气候条件不同，整个海洋的资源要素在不同海域的组合差异构成海洋资源的区域性特征。海洋资源的整体性和区域性特点要求我们在进行开发利用的管理活动中注意系统规划和一体式开发。

海洋资源的自然特性是海洋资源自然属性的反映，是海洋资源所固有的，与人类对海洋开发利用与否没有必然的联系。海洋资源的自然特性有以下几个方面：

1. 海洋水体流动性

海洋中的海水，不是静止不动的，而是无时无刻不在做水平的或者是竖直方向的移动。因此在海洋资源中，除了海底矿产、岛礁等少数资源不移动外，其余的均随着海水的移动而在海洋中自由地移动。海洋这种水体的流动性，则造成海洋资源的公有性，任何一个地区或一个国家均不易独占海洋资源。这一特性就要求我们采取先进的科学技术，在维持海洋资源再生的良性平衡的基础上，尽可能地获取海洋资源。

2. 海洋空间立体性

海洋从其表面开始，在平面上从陆地开始可以延伸至几千海里，纵向可以达到数千米的海底和海面上空，这些特点决定了的海洋空间立体性。而海洋的这种空间立体性又以在不同深度和空间可以分布有相同或不同的海洋资源来表现。例如：水面为航道，水中为筏式养殖，海床为底播养殖，海底为矿物开采，等等。海洋资源分布的空间立体性要求我们在海洋开发时要统筹安排，一体化发展海洋开发，形成立体布局型海洋产业发展模式，而不要单打一，造成海洋资源与空间的浪费。

3. 海域质量差异性

虽然海洋水体是流动的，在很大程度上将不同海域的水体进行了交融，但是也由于海域自身的条件（如地质、地貌、距岸远近程度等）以及相应的气候条件、水文条件的差异，造成了海洋资源的自然差异性。随着生产力水平的提高和人类对海洋利用范围的扩大，这种差异会逐步扩大。海洋资源的自然差异性是海洋级差生产力的基础，要求我们因地制宜地合理利用海洋资源，以取得海洋利用的最佳综合效益。

4. 使用功能永久性

任何生产资料都会在使用中逐渐磨损，直至废弃，而海洋资源作为一种生产要素，其中生物多样性资源、生态资源和部分空间资源都是可再生资源，只要合理使用，就可以做到可持续利用。海洋资源的易再生性决定了海洋实用功能的永久性。海洋独特的可持续利用特点，启迪了人们"可持续发展"思维和资源环境保护意识，同时也警示着人们必须合理利用和保护海洋及其所蕴含的海洋资源，人类在地球上的可持续发展和生存才有可能。

二、海洋资源的经济特性

从经济学角度讲，海洋资源是自然禀赋的，而非人类劳动产物，是人类已经认识到的自然体和自然力，而且能够对人类生产和生活产生效用。也就是说海洋资源具有有限性、互补性、互代性、多宜性与使用方式的兼容性，开发利用的共享性等特性。海洋资源不同于一般的陆地资源，它以独特的自然特性和经济价值为基础，在人类不断开发和利用海洋中产生了特有的经济特性。海洋资源的经济特性主要有以下四点：

1. 供给的稀缺性

在人类大规模进军海洋之前，海洋资源被看作"取之不尽，用之不竭"的资源，海洋还不成为经济学意义上的资源，更无所谓海洋资源供给的稀缺性。然而，当人类大规模开发利用海洋之后，对海洋资源的需求不断扩大，因而产生了海洋资源供给的稀缺性。在当今，由于人类的科学技术尚未达到将占地球表面积80%的海洋全部利用或大部分利用起来的程度。因此这种稀缺性并不表现在海洋资源供给总量与海洋资源需求总量的矛盾上，而是表现在某些海区资源（如海岸带）和某种用途资源（如养殖水域）的特别稀缺上。进而，海洋供给稀缺性激发了人类的危机意识，基于人类现有的科技和社会意识形态从而引发了海洋所有权垄断和海洋经营权垄断等诸多矛盾，导致一系列海洋经济问题的产生，从而使得海洋供给的稀缺性日益凸显。

在地球上，海洋资源的数量总是有限的，并受到科技手段限制。海洋资源的利用潜力却是无限的，不少海洋生物资源具有再生性和可更新性，合理利用和加强保护可以达到永久持续利用。依靠科学技术进步，可以使以前未知的或不可利用的自然要素转入资源行列，扩大资源基础，使有限的资源获得无限的生产潜力。资源的有限性和无限性，正是海洋资源稀缺性的表现。

2. 投入与收益不平衡性

海洋资源开发工程与陆岸工程相比通常具有基础原始，施工困难，工时较长，需要巨大的资金投入。但是就投资收益上看，海洋资源开发工程又具有使用公众化特点，也就是收益较低，资金回笼时间长的特点。尤其是在当今全球经济迅猛发展的大环境下，海洋工程投入与收益显现出严重不平衡现象，甚至失衡。例如跨海大桥、大型外贸码头和南海岛礁建设，投入巨大，又具有国家基础设施的显著特征。所以，中国海洋强国建设应充分发挥"海陆统筹"战略的作用，以陆岸经济为基础，协调发展海洋经济，才能达到海洋资源开发的有序性发展。

3. 报酬递减的可能性

在海洋资源开发中，如果项目科技水平和含量保持不变，当投入超过一定限度时，就会产生报酬递减的后果。比如海水养殖当中，在一定的技术条件下，产出与种苗和饵料等资金投入并不成正比；相反，高投入、低产出的现象却并不少见。而且，随着海洋生态环境、产业发展和经济环境的改变，使得项目缺乏竞争力，报酬的递减性成为必然。这就要求在海洋资源开发中系统规划项目的发展，充分运用技术经济学的原理，寻找出在一定技术、经济条件下投资的平衡点和适合度，确定适当的投资结构，并不断改进技术、创新技术，以提高海洋资源利用的经济效果。

4. 多种适用性和利用方向变更的困难性

海洋资源具有满足多种需要的特点，相同的海洋海域可以具有多种用途，比如沿岸可以建码头，也可以养殖等。但当其一经投入某项用途之后，欲改变其利用方向，一般说是比较困难的。因为海洋项目相对于陆地项目来说，一般投资均较巨大，如果变更其利用方向，往往会造成巨大的经济损失。再者，有的项目一旦变更利用方向，在海里并不能将其遗留的废弃物全部清除，而会对海区造成不可消除的影响，甚至导致整个海区的荒废。

基于海洋资源多种适用性的利用方式具有兼容性，也就是说利用海洋资源的立体分布特性结合海洋资源不同的利用方式和不同的价值产出，进行规划性使用达到一海多用，多种产出的良好效果。比如海洋旅游区综合利用，海底珊瑚礁、海岛风光的观赏的原位利用，鲜鱼餐饮的直接消费，再结合游艇培训等文化项目。海洋资源利用的多重经济特性，要求在确定海洋利用方向时，一定要进行充分的调查勘探，做出长期周密的整体布局规划，达到高效综合应用的效果。

5. 资源开发的共享性和专属性

共享资源是指一定范围内任何主体都可享用的资源，如自然界的空气和阳光、世界公海等。海洋资源属于典型的公共资源，海洋作为连接各陆地板块的水系，海洋水体覆盖下的生物资源可以游动，深海和公海资源尤其如此。因此，海洋资源具有较强的非竞争性、非排他性和共享性。比如海洋水体可以泊船、航行、捕鱼、养殖、排污等；可供多个开发主体共同开发利用。

然而，人类基于对海洋资源的分配，人为对近岸海洋进行分割，以及海洋领域的专项资源开发，从而产生了海洋资源开发的专属性，出现了掠夺性开发、破坏性排污等行为现象。海洋资源的专属性需要我们以"和平、和谐、合作"的态度，持续健康发展的思维，生态文明建设的思想积极有深度地参与全球海洋事业发展和海洋治理，有战略性地经略海洋资源。保证我国海洋建设和海洋经济开发处在一个良性循环的关系中。

6. 产权的难界定性

海洋资源属于典型的公共资源，其产权难以界定，比如海洋水体覆盖下的生物可以游动，深海和公海资源更是难以界定。但是，现有社会生产力和社会形态的现状决定了国家的存在，全世界各个国家对海洋资源的需求和分割产生了海洋资源的产权理念。而海洋资源的自然流动性和原生态的共享性决定了海洋资源产权的难界定性。海洋资源产权的难界定性引发了海洋资源的垄断性和当今纷繁复杂的海洋权益争端，中国作为海洋权益争端的热点国家，更需要我们以睿智进取的良好态度去处理海洋资源开发问题。

7. 开发的互补性和区域协调性

海洋资源在功能或作用上具有差异性，可以互补，具有相似性，可以互代。比如同海湾有沙滩资源，养殖和旅游可以互补，各种鱼类资源可以互代。利用资源互替代性，可以使相对富集或具有可更新性的资源去替代贫乏的或可耗竭资源，缓和资源稀缺程度。

海洋面积非常广阔，约占整个地球表面面积的71%。海洋与陆地的区别在于，陆地是分割的，位置是相对固定的，而海洋则是一体的，相互流动的。从自然属性上讲，海水、海洋生物和海底液态资源等流动性海洋资源的开发，必将导致该类资源的流动和自然互补，从而在不同区域之间呈现较强的互补特性。

海洋的一体性构成和流动性特点决定了海洋经济与陆地经济的在地域影响上的明显差别。在陆地上，某一地域的经济开发一般不会给不相连的陆地地域带来直接的影响，而海洋经济的发展则不同。由于其一体的构成和流动的形态，某一海洋区域的开发利用，不仅影响本区域内的自然生态环境和经济效益，而且必然影响到邻近海域甚至更大范围内的生态环境和经济效益。当然，这种影响可能是正面的，也可能是负面的。

从资源开发的经济发展角度看，某一区域的海洋资源开发将形成该区域此类经济的发展，必然与邻近区域产生经济竞争，甚至产生同类产业的重组或合并。海洋资源开发不仅影响本区域内的经济效益和自然生态环境，而且将影响到邻近海域甚至更大范围内的生态环境和经济效益，再加上海洋资源开发地域的广阔性和影响的深刻性，因此，海洋的开发、发展必须实施严格有效的管理、科学周密的规划、区域协调统一的发展，保证海洋建设和海洋经济开发处在一个良性互补，协调发展的关系中。

8. 利用后果的社会性

海洋资源作为公共资源，具有极强的社会共有性。从区域上讲，沿岸资源属于沿岸国家国民共有的社会资源，国家管辖区域属于主导国家和相关国家的共有资源，而公海更是全世界共同拥有的资源。从时间上看，现有资源是人类发展的遗产，正在开发和即将开发的资源牵涉到当代人的长远利益，未能开发资源涉及下一代人和未来人类的可持续发展问题。所以，海洋资源开发利用具有广泛的社会性。而且，海洋资源开发利用的效率和后果具有很强的社会性。

良好的海洋资源开发，有利于当代和未来社会的可持续发展，具有健康有序、承前启后的社会效用。反之，则会造成人类资源的严重浪费，甚至难以恢复的环境恶化问题，这些不良效应很可能在时间上会持续几十年甚至几百年，在地域上可能影响邻国或邻海，甚至更为广泛。海洋资源利用后果的巨大社会性，要求任何国家都对所辖海域进行宏观的管理、监督和调控。在海洋利用后果的认识中，尤其是要考虑海洋资源利用后果的社会性，保证海洋建设和海洋经济开发处在一个健康有序，可持续发展的状态。

感悟 海洋资源演绎着公共资源的属性，市场经济的特征，感悟事业，启迪未来。

【思考与练习】

1. 简述海洋资源的有限性与再生性，思考人生资源的有限性和可持续性。

2. 有人说"海洋资源是取之不尽，用之不竭"的，下列叙述能够说明这种说法是错误的有（　　）。

①海洋的空间有限；②海洋的资源有限；③人类大量开采海洋资源造成枯竭；

④人类的大量开采海洋资源造成海洋生态环境受到破坏。

A.①③④　　　　B.①②③④　　　　C.②③④　　　　D.③④

提示：

命题正确吗？以上说法正确的是？以上说法能证明命题错误的是？

专题六
现代海洋经济

任务介绍

1. 理解现代海洋经济的概念及内涵，认知现代海洋经济的战略价值。
2. 了解中国现代海洋经济发展现状况，解读我国加快海洋强国战略的各项举措。
3. 理解中国海洋经济的可持续发展，形成可持续发展理念。
4. 辨析现代经济贸易术语，综合认知现代经济的发展现象和发展趋势。
5. 利用现代海洋经济的概念和内涵解释现代海洋强国建设中的海洋经济现象。
6. 利用海洋经济的可持续发展理念完善人生经济规划。
7. 利用现代经济贸易术语解释现代经济发展模式中出现的新型经济现象。
8. 引用海洋经济资源的特性，建立正确的经济价值观和人生观。

引导案例

"加快建设海洋强国"的环境

2018年3月26日，中国上线了全球人民币石油期货，用人民币作为指定结算货币，这一行为被视为是对美元霸权发起的一次挑战。2018年3月，《厉害了，我的国》全国上映，4月12日上午，中央军委在南海海域隆重举行海上阅兵。

从美国时间2018年3月22日特朗普宣布将对中国500亿美元输美产品加征高额关税开始，中美贸易的争端呈现规模不断扩大的态势。2018年4月7号在杜马发生的所谓"化武袭击"事件是有计划的挑衅行为，目的是误导国际社会，并促成美对叙发动导弹打击。

2018年4月，美国商务部在当地时间16日宣布将禁止美国公司向中兴通讯销售零部件、商品、软件和技术，禁令为期7年。2018年4月26日，商务部表示，我们已经按照底线思维的方式，做好了应对任何可能的准备。

【启示】

和平、和谐的国内政治环境是现代经济发展的基石，安全的经济环境是国家的核心利益。冷战时期的战争形式和目的，最终表现为经济制裁。冷战时期的战略向更广领域、更深层次、更复杂方式发展！

中美贸易谈判能否最终达成一个双方都可以接受的协议，有效地化解迫在眉睫的贸易战，还不得而知。但是，我们还应该看到中国贸易存在的软肋。一方面，中国玉米、大豆、小麦等农产品基本依赖于进口，这也意味着中国的农产品自给率持续下降，存在战略性的威胁。中国石油进口量每年都在增长，需要通过能源多元化避免石油进口对国家可持续发展的牵制。另一方面，中国在高端芯片的自主研发方面相对落后，亟待加快核心技术的自主研发。避免核心技术受制于人，影响国家的核心利益和可持续发展。

> **感悟** 海洋经济具有超强的外向性和竞争性，关乎国家经济、军事和长远发展利益。

知识要点一：海洋经济的概念及内涵

一、海洋经济的概念

海洋经济是相对于陆地经济而言的，海洋经济与海洋相联系的本质属性是海洋经济区别于陆域经济的分界点，也是界定海洋经济的依据。按照经济活动与海洋的关联程度，海洋经济可以从狭义和广义两个层次来进行界定。

从狭义上讲，海洋经济一般是指人们在海洋中以及以海洋资源为开发和利用对象的经济活动。海洋经济是国民经济可持续发展的重要组成部分，其主体和基础是海洋资源的开发利用。

从广义上讲，现代海洋经济包括为开发海洋资源和依赖海洋空间而进行的生产活动，以及直接或间接为开发海洋资源及空间的相关服务性产业活动，这样一些产业活动而形成的经济集合均被视为现代海洋经济范畴。海洋经济主要包括海洋渔业、海洋交通运输业、海洋船舶工业、海盐业、海洋油气业、滨海旅游业、海洋服务业等。

狭义的海洋经济主要指通过直接开发利用海洋资源、海洋水体和海洋空间而形成的经济；而广义的海洋经济是大海洋经济的范畴，包括所有开发利用海洋资源和空间形成的各类海洋产业，以及依赖海洋而形成的临港工业等海岸带经济。

随着我国"海陆统筹，一体发展"观念的明确，海洋经济与陆域经济不能分割的特性得到充分验证，只有海陆兼顾，统筹发展，才可以实现国家资源的优势互补，从而达到可持续发展的目的。

二、海洋经济的相关概念

海洋经济作为现代国民经济的重要支柱，已经成为一门健全的学科，为便于下文陈述，现行罗列海洋经济的相关概念如下：

从海洋经济学角度讲，海洋经济是活动场所、资源依托、销售或服务对象等对海洋有特定依存关系的各种经济的总称。具有涉海性、综合性特点。

海洋经济发展战略是指一个国家（地区）为了指导和促进本国（地区）海洋经济在一个较长时期内的发展所制定的关于总体目标、主要资源配置方向和结构的总体决策和行动纲领。海洋经济发展战略包括海洋经济发展目标、海洋产业选择、海洋产业布局和主要措施等内容。

海洋产业有多种分类方式，可以按部门详细划分，亦可按部门形成时间和技术先进程度划分为海洋传统产业、海洋新兴产业和海洋未来产业，但通常按照发展顺序及其与自然界的关系划分为三类。

这三类分别为：海洋第一产业，指产品直接取自于自然的部门，包括海洋渔业；海洋第二产业，指对取自海洋的生物资源进行加工和开发利用海洋非生物资源的部门，包括海洋油气业、海滨砂矿业、海洋盐业、海洋化工业海洋生物医药业、海洋电力和海水利用业、海洋船舶工业、海洋工程建筑业等；海洋第三产业，指对海洋生产活动和消费活动提供服务的部门，包括海洋交通运输业、滨海旅游业、海洋科学研究、教育、社会服务业等。

三、海洋经济可持续发展的内涵

海洋经济可持续发展是可持续发展理念在海洋领域的体现，可持续发展的海洋经济不应单独以攫取海洋资源为目标，而应实现资源节约、环境友好、社会认可、区域协调、海陆一体发展等多元目标的和谐统一。具体在海洋资源利用中，海洋经济可持续发展应突出表现为：有效保护生态环境、得当运用高新技术、综合循环利用资源、产业布局合理、生产经营节约，是一种在一定制度约束下，对海洋资源开发有度的发展模式。从海洋经济可持续发展的内涵看，正确处理保护与开发的关系是海洋经济可持续发展的核心，并最终决定了海洋经济可持续发展目标能否实现。

感 悟 开放带来进步，封闭导致落后，海洋经济已成为拉动我国国民经济发展的有力引擎。

知识要点二： 中国海洋经济的发展

一、我国海洋经济发展现状

国家海洋局发布《2017 年中国海洋经济统计公报》。据初步核算，2017 年全国海洋生产总值 77 611 亿元，比上年增长 6.9%，海洋生产总值占国内生产总值的 9.4%。其中，海洋第一产业增加值 3 600 亿元，第二产业增加值 30 092 亿元，第三产业增加值 43 919 亿元，海洋第一、第二、第三产业增加值占海洋生产总值的比重分别为 4.6%、38.8% 和 56.6%。我国海洋经济发展总体情况可以概括为海洋经济稳中向好，结构调整继续深化。

2017 年，我国海洋产业继续保持稳步增长。其中，主要海洋产业增加值 31 735 亿元，比上年增长 8.5%；海洋科研教育管理服务业增加值 16 499 亿元，比上年增长 11.1%。

具体来看，海洋生物医药业全年实现增加值 385 亿元，比上年增长 11.1%；滨海旅游业全年实现增加值 14 636 亿元，比上年增长 16.5%；海洋电力业继续保持良好的发展势头，海上风电项目加快推进，新增装机容量近 1 200 兆瓦。

区域来看，2017 年，环渤海地区海洋生产总值 24 638 亿元，占全国海洋生产总值的比重为 31.7%，比上年回落了 0.8 个百分点；长江三角洲地区海洋生产总值 22 952 亿元，占全国海洋生产总值的比重为 29.6%，比上年回落了 0.1 个百分点；珠江三角洲地区海洋生产总值 18 156 亿元，占全国海洋生产总值的比重为 23.4%，比上年提高了 0.5 个百分点。

总体看来，我国海洋经济发展较快，总量持续上升，但仍存在着区域发展不平衡、产业结构不合理的问题。当前海洋经济发展过程中，传统产业仍处于转方式、调结构、去产能的关键时期，部分产业依然存在科技成果转化慢、融资难、盈利难等问题。但总体来看，随着国内宏观经济基本面向好，"21 世纪海上丝绸之路"建设持续推进，以及各级政府对海洋经济发展重视程度不断加强，2018年全国海洋经济将朝着高质量发展方向不断迈进。

> **感悟** 继续扩大改革开放，维护多边贸易体制，推动全球贸易投资自由化和便利化。

二、我国目前的海洋经济发展形势

全面开发利用海洋，对于缓解国家资源紧张的矛盾，实施可持续发展战略具有重要作用。壮大海洋经济，对于拓展蓝色发展空间、全面建设小康社会、实现中华民族伟大复兴的战略目标具有重要的战略意义。

1. 海洋经济在国家发展战略中的地位稳步提升

近年来，中国海洋经济保持良好发展势头，已成为国民经济尤其是沿海地区经济稳步发展的重要增长点，海洋经济在国家发展战略中的地位稳步提升。

海洋经济保持中高速增长，对国民经济贡献保持平稳。"十二五"以来，在世界经济持续低迷和国内经济增速放缓的大环境下，中国海洋经济保持平稳增长势头。全国海洋生产总值6年平均增速7.5%，由高速增长转为中高速增长，高于同期国民经济增长速度。海洋生产总值占GDP比重始终保持在9.3%以上。

2. 海洋经济集聚发展格局形成

海洋传统产业改造和提升的成效显著，海洋新兴产业发展迅速，年均增速20%以上，成为海洋经济的重要增长点，海洋服务业稳步增长。海洋经济区域创新示范建设推动海洋产业集聚的成效显著。目前，已形成以青岛、厦门、广州为中心的海洋生物医药制品产业集聚区，天津海水淡化产业集聚区和江苏海洋工程装备产业集聚区。

3. 海洋经济结构优化调整成效显著

海洋经济三次产业结构由2010年的5.1∶47.8∶47.1，调整为2016年的5.1∶40.4∶54.5。海洋传统产业转型升级加速。海洋油气勘探开发实现从水深300米到3 000米的深远海跨越。海洋养殖在海洋渔业中的比重进一步提高，捕养比由2010年的44.8∶55.2转变为2016年的41.4∶58.6。海洋船舶工业自主研发能力不断提升。海洋新兴产业已成为海洋经济发展的新热点。2010年~2016年，海洋新兴产业增加值年均增速达19.8%，海洋生物医药产业增加值年均增速达25%，海洋电力增加值年均增速达23.9%。海洋服务业发展迅速，2010年~2016年，滨海旅游业年均增长达13.92%，涉海金融服务业快速起步，金融调节海洋经济的能力不断增强。

4. 海洋产业创新能力显著提高

"科技兴海"战略深入实施成效显著，目前国内已先后设立8个国家海洋高技术产业基地试点、15个全国海洋经济创新发展示范城市、12个国家科技兴海产业示范基地和3个工程技术中心。一批涉海企业相继组建了海洋监测、深海装备、海水淡化等产业技术创新联盟，海洋高技术企业快速成长，初步形成了政、产、研、金相结合的发展模式。海洋产业技术创新取得跨越式发展，蛟龙号载人深潜器成功突破7 000米，中国首座自主设计建造最大作业水深达3 000米的第6代半潜式钻井平台试验成功，海水淡化设备国产化率由 40% 上升到目前的 85%，一批海洋生物制品实现了规模化生产。

5. 人口趋海、涉海稳定增长

首先，人口向沿海移动的趋势加速。60% 的世界人口居住在距海岸 100 千米的地区，有预测认为，到 2020 年，世界 3/4 的人口将居住在沿海地区。我国东部沿海地区是我国的城市密集区。这一地带占 14.2% 的国土面积，却分布有 44.74% 的城市数和 51.44% 的城市人口，是中国城市分布最密集的地带。东部沿海地带的特大城市和大城市人口分别占全国的 59.81% 和 47.44%。研究预测表明到 2020 年或 21 世纪中叶，60% 人口将居住在沿海地区。随着小城镇建设的兴起，我国城市人口占总人口的比例将保持年均 0.63 个百分点的增幅，2002 年全国城市人口比例将达到 34%，而东部沿海地区城市化现状水平已经高于世界平均水平的 47%。预计未来 20 年，我国城市化水平将达到或接近世界平均水平，东部沿海地区的城市化水平还将有较大幅度的提高。

其次，海洋劳动就业增加。与 2011 年相比，2016 年涉海就业净增 1 516.4 万人，增幅达 71.95%。涉海就业人员数占全国年末劳动就业人口的比重逐年提高，从 2005 年的 3.73% 增至 2016 年的 4.67%。沿海省市中，天津市、海南省、上海市、福建省涉海就业人员占地区就业人员比重都达到 20% 以上。

6. 海洋经济领域的国际合作有力促进了海上丝绸之路建设

目前，中国在海上丝绸之路沿线 29 个国家有涉海投资项目，投资涉及的主要海洋产业为渔业及水产品加工、航运及船舶制造、海洋工程及油气勘探开发及服务业等多个领域。截至 2015 年，中国已批准在"一带一路"沿线设立 19 个国家级境外经贸合作区，入区的中国企业达 2 790 多个，入园企业投资额达 120 多亿美元，累计产生 480 多亿美元的产值。

7. 海洋经济宏观政策体系逐步构建完善

海洋经济发展处于成长阶段。尽管海洋经济增速有所放缓，但依然保持相对较强劲的发展势头。十八大以来，党和国家制定、出台了一系列新政策、新措施，海洋经济宏观政策体系不断完善发展。

8. 颁布实施海洋经济发展规划

2012 年 9 月，国务院印发《全国海洋经济发展"十二五"规划》，成为"十二五"时期中国海洋经济发展的行动纲领。2012 年 11 月，党的十八大做出了提高海洋资源开发能力、发展海洋经济的战略部署。2013 年 7 月，习总书记在中央政治局第 8 次集体学习时，提出"提高海洋资源开发能力，着力推动海洋经济向质量效益型转变"，要让海洋经济成为新的增长点，要加强海洋产业规划和指导，培育壮大海洋战略性新兴产业。2015 年 10 月，党的十八届五中全会通过《中共中央关于制定国民经济和社会发展第十三个五年规划的建议》，提出"拓展蓝色经济空间，坚持海陆统筹，壮大海洋经济"。

9. 沿海地区积极开展海洋经济试点

海洋产业成为沿海地区经济新的增长点。20 世纪 90 年代兴起的海洋开发热潮，极大地推动了沿海地区的经济发展。海洋开发已然成为沿海地区新的经济增长点和跨世纪的地区发展战略，海洋经济在沿海地区的经济地位越来越重要。

沿海地区海洋经济试点初见成效。自 2011 年，国务院相继批复了山东、浙江、广东、福建和天津的试验区规划和试点方案，批复设立浙江舟山群岛新区和青岛西海岸经济新区。各试点地区积极探索建立领导体制和工作机制，建立现代海洋产业体系。广东成立了由省长任组长的实施广东省海洋经济综合试验区规划领导小组。山东先后编制 26 个专项规划和"四区三园"等 9 个重点区域规划。福建通过预算和各类涉海专项，每年投入试验区不少于 10 亿元。天津积极与招商银行等金融机构开展战略合作。海洋经济试点有力地带动了区域经济发展，促进了陆海统筹，提升了海洋经济发展的层次。

尤其是 2018 年党中央决定支持海南全岛建设自由贸易试验区，支持海南逐步探索、稳步推进中国特色自由贸易港建设，分步骤、分阶段建立自由贸易港政策和制度体系。这是在充分分析海洋经济发展趋势、深刻总结沿海经济特区宝贵经验，着眼新时代我国加快形成全面开放新格局，党中央对海南发展做出的重大战略部署。这是我国在经济全球化的特定背景下主动扩大开放的一个重要的、超出预期的举措，不仅对我国形成全面开放新格局有重要意义，而且对引领经济全球化会形成多方面的重要影响。

10. 实施科技兴海战略

经过改革开放 30 多年艰苦卓绝的努力，我国力克海洋高技术产业高投入、高风险的困境，发挥海洋技术产业高产出、高科技含量的优势，实现了海洋高技术的迅猛发展，同时带动了海洋产业群的扩展壮大。

十八大以来，党和国家采取了一系列科技兴海的政策措施。一是制定科技兴海发展规划。2008 年，国家海洋局、科技部联合发布了《全国科技兴海规划纲要（2008 年～2015 年）》。2016 年 12 月，国家海洋局和科技部联合印发《全国科技兴海规划（2016 年～2020 年）》，提出了"到 2020 年，海洋科技成果转化率超过 55%，海洋科技进步对海洋经济增长贡献率超过 60%"。二是促进科技兴海示范区建设。2012 年 6 月，财政部、国家海洋局联合颁布《关于推进海洋经济创新发展区域示范的通知》，提出要以发展海洋生物等战略性新兴产业为抓手，支持部分地方开展海洋经济创新发展区域示范。2012 年 12 月，财政部、国家海洋局批复山东、浙江、福建、广东 4 省的海洋经济创新发展区域示范实施方案，支持海洋战略性新兴产业发展。2012 年，国家海洋局加快了推进全国科技兴海产业示范基地的认定，认定大连现代海洋生物产业示范基地、江苏大丰海洋生物产业园和福建诏安金都海洋生物产业园为国家科技兴海产业示范基地，有效推进海洋高技术产业的发展。

11. 促进海洋产业结构转型升级

十八大以来，我国海洋产业结构经过前期有意识的计划调整，海洋产业内部结构呈递进式优化趋势。党和国家从政策上着力推动海洋传统产业升级，积极推动海洋新兴产业发展。《全国海洋经济发展"十三五"规划》提出"改造提升海洋传统产业，培育壮大海洋新兴产业"。"推动海运企业转型升级，进一步优化沿海港口布局"，"加快海洋船舶工业产能调整，优化船舶产品结构"。2013 年 3 月，国务院颁布《关于促进海洋渔业持续健康发展的若干意见》，提出"海洋捕捞由近海向深远海拓展，海水养殖从传统养殖向健康养殖过渡，渔业加工从粗加工向精深加工发展"。《中国旅游业"十三五"发展规划纲要》提出要大力发展海洋旅游，大力推动邮轮游艇、海洋海岛旅游开发。《船舶工业深化结构调整加快转型升级行动计划（2016 年～2020 年）》提出"到 2020 年，建成规模实力雄厚、创新能力强、质量效益好、结构优化的船舶工业体系，力争步入世界造船强国和海洋工程装备制造先进国家行列"。

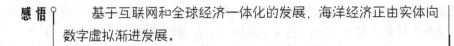

感悟 ┆ 　　基于互联网和全球经济一体化的发展，海洋经济正由实体向数字虚拟渐进发展。

三、我国海洋经济发展的展望

十九大针对海洋发展提出"坚持陆海统筹，加快建设海洋强国"。新时代的海洋领域发展战略必将引领和推动海洋经济成为国民经济的重要支柱。

1."海丝之路"拓展海洋经济发展新空间

自中国 2013 年提出与沿线国家共建 21 世纪海上丝绸之路倡议以来，中国与"海丝"参与国家以海洋为纽带，以港口为基础设施，以海洋产业和经济发展等为重点，取得一系列建设进展。

目前，中国已经先后与亚洲、非洲、南美洲和太平洋岛国的许多国家建立了海洋渔业合作关系，与 20 多个国家签署了渔业合作协定。以中远集团为代表的远洋航运业已实现全球化运营。中国的海外油气业已实现全球布局，海外业务涉足亚洲、非洲、美洲、欧洲、澳洲等地区，未来油气服务业和油气装备业是中国油气业在"一带一路"沿线的重点发展方向。

自 2013 年以来，中国与沿线国家通过高层互访、签署经贸和海洋合作协议、构建多边和双边海洋合作机制，得到了主要沿海国家的积极响应，并在海上互联互通建设、打造陆海连通的三大经济走廊、建设临海产业园区等方面取得一系列进展。

中国与沿线国家在海上丝绸之路建设上取得的良好合作基础，必将为海洋经济未来发展创造新空间和新机遇。

2.加快海洋强国建设客观要求海洋经济协调务实发展

海洋经济是海洋强国建设的重要组成部分。十九大报告要求"坚持陆海统筹，加快建设海洋强国"，就是要以科学规划促进海洋经济长远发展。坚持陆海统筹，制定好国家海洋经济可持续发展规划，指导沿海地区规划的制定，促进陆海联动，统筹开展基础设施、产业发展、生态保护等方面的项目。要完善相关法律法规和制度，完善执法体制与监督机制，不断提高海洋综合管理水平，进一步规范海洋经济发展的市场秩序，保障海洋经济活动参与者的合法权利。要以海洋生态文明建设平衡海洋经济协调发展。加快生态文明建设，使可持续发展能力成为衡量海洋经济发展质量与效益的重要标准。

根据预测，到 2020 年，我国海洋生产总值可达到 9 万亿元；到 2025 年，达到 13 万亿元。到 2030 年之前，海洋经济仍将处于成长期，将由不成熟逐步走向成熟，增长方式将进一步向集约型转变，海洋资源利用效率将大幅提升。

3.各类海洋经济示范区将成为海洋经济和区域经济的增长极

目前，深圳、上海等城市将建设全球海洋中心城市。上海国际航运中心建设已有坚实基础，上海临港地区未来将"打造海洋发展战略桥头堡"，培育发展处于海洋产业链高端、引领海洋经济发展方向的先进海洋经济产业集群。深圳以电子信息、海洋生物、海洋高端装备等为代表的海洋新兴产业快速发展，且在港口贸易、集装箱规模方面有较好发展基础，未来依靠粤港澳大湾区，有助于构建出大湾区全球高端海洋经济发展格局。

上海浦东新区、天津滨海新区、浙江舟山群岛新区、青岛西海岸新区、大连金普新区和广州南沙新区，6 个国家级新区以海洋经济为主题，带动了地区经济发展。2016 年，舟山群岛新区实现地区生产总值 1 228 亿元，位列浙江省第二。青岛西海岸新区地区生产总值近 2 900 亿元，超过山东省内 9 个地级市，位居国家级新区前 3 强。未来，6 个沿海国家级新区将成为带动区域经济发展的重要引擎，区域海洋经济发展的重要增长极。2018 年党中央宣布将海南打造成自由贸易港，如果建成这将是全球最大的贸易港，必将成为推动中国海洋经济飞速发展的最大动力和最强引擎。

4. 海洋经济发展仍面临诸多风险

未来海洋经济发展总体向好，但同时仍面临诸多风险，如政策风险、海洋环境风险等。《国民经济和社会发展第十三个五年规划纲要》中规定实施陆源污染达标排海和排污总量控制制度，建立海洋资源环境承载力预警机制。这意味着海洋化工、海洋生物医药研发、海洋工程建筑等部分海洋产业可能面临海洋环保政策风险。

陆源入海污染压力仍然较大，近岸局部海域污染较重，未来海洋环境风险依然突出。沿海面积在 100 平方千米以上的 44 个大中型海湾中，每年有近一半全年四季均出现劣四类海水水质。典型海洋生态系统多处于亚健康状态。入海排污口邻近海域水质较差。近岸海域环境污染较重对海洋工程建筑业、海水养殖业、近海渔业发展具有较大影响。海洋灾害对我国沿海经济社会发展和海洋生态环境造成诸多不利影响。造成直接经济损失最严重的是风暴潮灾害，平均每年占总直接经济损失的 90% 以上。

> **感悟**｜ 依海富国、以海强国、人海和谐、合作共赢的发展道路才是发展海洋经济的正道。

知识要点三： 中国海洋经济的可持续发展

一、 中国海洋经济可持续发展的问题

（一）粗放式发展对海洋经济可持续发展的危害

自 20 世纪 80 年代以来，中国海洋经济虽然实现了规模上的迅速扩张，但是中国海洋产业总体处于以资源换发展、以环境换发展、以粗放开发换发展的粗放型发展阶段。这种经济的粗放式发展给海洋经济的可持续发展带来了一系列问题。

1. 海洋经济粗放发展造成海洋生态环境不可持续

由于深海开发的各项技术不成熟，近年来中国海洋产业活动和开发利用活动主要发生在近海海域。近海粗放和过度开发使全国海岸带及近岸海域生态系统已经出现了不同程度的脆弱区，限制海洋经济可持续发展。近岸局部海域富营养化、海岸带生态环境破坏依然是中国海洋环境状况的突出问题，海岸带和近海海域开发已经明显超出了海洋生态系统的承载能力。

2. 海洋经济粗放发展造成海洋自然资源再生能力不可持续

由于缺乏可持续发展理念的指导，加上科技水平不高，以资源换发展使海洋自然资本存量下降，使中国海洋生物多样性和珍稀濒危物种日趋减少。由于过度捕捞，中国近

海传统优质鱼类资源近于枯竭，进而导致海洋生态系统严重退化。

环境污染、人为破坏、资源的不合理开发等生态压力超出生态系统的承载能力，但生态系统主要服务功能尚能发挥。不健康指生态系统的自然属性明显改变，生态系统主要服务功能退化或丧失，生态系统在短期内无法恢复。

3. 海洋经济粗放发展使海洋产业结构不可持续

由于缺乏全局性的宏观调控和统筹协调，目前沿海区域间海洋产业同构、临港产业布局类似。沿海各地除海洋渔业、滨海旅游业和海洋交通运输业等海洋支柱产业外，造船、钢铁、原材料加工、重化工、电力工业等其他产业雷同。产业布局同构，不仅无助于区域产业协同效应的发挥，更可能会因为过度竞争，导致资源的浪费，并造成更大的环境破坏。

（二）制约中国海洋经济可持续发展的内在因素

1. 海洋管理体制需不断完善

新中国成立以来，为满足国家经济发展的需要，中国的海洋管理是陆地各种资源开发与管理部门职能向海洋的延伸，而行政管理部门基本上是根据自然资源种类和行业部门来设置的，这种条块分割的管理体制将统一的海洋生态系统人为地分解为不同领域，由海洋、交通、农业、石油、旅游等不同部门来监管，使得不同海洋自然资源或生态要素及其功能被分而治之，不能根据海洋生态系统的整体性进行综合管理，跨行政区域、行政部门的海洋生态环境保护问题往往难以解决。

同时，随着国家海洋强国事业的不断发展，速度持续加快，陈旧的海洋资源管理体制下各部门开发与管理职能重叠的现象凸显。在实践中极易导致各管理部门以局部利益为中心，当生产开发与管理发生矛盾时，往往以牺牲资源管理和环境来服从生产开发，严重影响着海洋环境保护和可持续利用工作的有效开展。

2018年十三届全国人大会议及中共十九大进行了国家机构改革，对海洋管理体制进行了系统的调整和完善，以适应"加快海洋强国"的新要求。

2. 促进海洋环境保护和海洋资源可持续利用的法律法规体系不完善

近年来，中国高度重视海洋立法工作，制定了《中国海洋环境保护法》《中国矿产资源法》《中国邻海及毗连区法》《中国海洋实用管理法》《倾倒区管理暂行规定》，但现行的法律法规都是针对单项海洋资源的开发利用、保护和管理而制定的，缺少统一的国家海洋资源保护与开发政策；另外，许多法律制度在内容结构上均注重了普遍、共性、一般的环境保护问题，但缺乏针对不同区域的具体环境问题解决方案，不能适应基于生态系统的海洋综合管理需要。更为重要的是，亟待强化对现有法律法规的执行和实施力度，真正做到"有法可依，有法必依，执法必严，违法必究"。

3. 海洋经济发展的统筹规划和执行能力偏弱

目前沿海地区发展缺乏主动性，区域间缺少主动的统筹协调。虽然国家根据海域区位、自然资源、环境条件和开发利用的要求，对海域规划性地划分为不同类型的功能区。然而，沿海各省市区对各辖区的海域又附加了行政区域含义，各地对海洋的开发利用都立足本地经济发展需要，追求本地区发展目标。而且，出现国家投资则兴，个体发展则落后的保守本位思维。由于海洋资源及沿海区位优势对各区域而言大致相同，在全局性协调和统筹机制缺位或约束力有限的情况下，区域各自为政必将造成沿海海洋产业结构和布局的重复和不合理，并极易造成沿海经济社会发展对海洋的索取超出海洋可持续发展的最大承载力。这种自我规划发展能力和执行能力的弱势对可持续发展构成较大挑战。

4. 支撑海洋资源可持续开发的科技能力偏弱

高科技意味着更高的海洋资源开发能力，同时也意味着在缺乏有效法律和管理规制的情况下，更快、更大和更深层次的海洋生态环境破坏。海洋资源的可持续开发离不开可持续发展理念下海洋科技的支撑和支持。以海洋渔业为例，先进的航海和捕捞科技使得捕捞效率迅猛提高，尤其是在近海捕捞能力大大超过海洋渔业资源再生能力，最终造成海洋渔业经济的持续衰退。海洋科技本身仅是海洋资源开发的一种技术手段，只有在海洋资源和环境保护体制和机制到位的情况下，海洋科技水平提升与海洋资源可持续利用才有可能"相得益彰"。

目前中国海洋科技水平总体不高，据中国国家海洋局的权威数据显示，中国海洋产业发展的科技贡献率仅为30%左右，而发达海洋国家该项指标达到70%以上，海洋科技进步对中国海洋经济贡献率较低。海洋开发技术薄弱，使中国海洋经济发展处于"以资源换发展"的初级开发阶段。同时由于技术实力有限，依托海洋高科技的海洋生物制药、海洋油气业、海水利用业等高附加值的新兴产业发育不足，也制约了海洋产业结构的进一步优化升级和海洋经济可持续发展。

（三）我国海洋经济可持续发展的国际挑战

从国际环境看，世界经济经历了后国际金融危机时期，现已经进入新一轮调整期。基于21世纪资源危机意识的持续升温，海洋权益争端不断，我国海洋经济的发展正面临着诸多不确定的因素。

首先，以一些国家为首的贸易保护主义抬头及需求结构变化会影响外向型海洋产业的发展。2018年多国对叙利亚的空中打击，牵涉到中俄贸易伙伴关系和中国新近货币政策；中美贸易摩擦的持续升级和多样化演绎，展现了中国对外经济贸易的实力和存在的缺陷，这些都是贸易争端的多样性体现。

其次，在国际资源危机意识持续升温的当今，国际社会对海洋的关注度正在日益提高，海洋争端正在日益加剧。世界大环境无形地加大了我们海洋维权的难度，延滞我国海洋资源开发的进程。

另外，海洋权益争端的多边因素和表现形式的多样性对区域经济安全形势的不间断干扰影响了国家海洋经济的可持续发展。越南对南海的侵略性开发，日本政府购买钓鱼岛及其附属岛屿事件和菲律宾南海仲裁事件等都以多边牵制威胁着中国海洋经济可持续发展的安全环境。

从未来几年看，我国将面临海洋经济加快发展，海洋经济发展战略转型，海洋经济发展方式转变等关键时期。而国际上各有关国家对海洋开发具有极高的热情，因此，面对如此复杂多变的国内外政治经济环境，我们必须站在国家安全与发展的战略高度，统筹兼顾国家的可持续发展和全面建成小康社会，以更加自信开放的视野，切实可行转变发展方式，大幅提高我国海洋经济的综合实力，进一步促进我国社会经济的发展。

因此，基于现有的实际条件，我们必须进一步加强海洋经济与陆域经济的统筹发展，谋求生态环境保护与海洋经济增长协调发展，进一步提高海洋综合开发能力，才能有效突破诸多不确定因素，实现海洋经济的可持续发展。

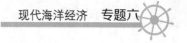

> **感悟**　杀鸡取卵饱三日，经略海洋利千秋。同呼吸共命运，统筹才能健康可持续发展。

二、我国海洋经济可持续发展的措施

由于中国多种陆地资源日趋紧缺，"高投入、高消耗、高污染"的生产消费模式已经不适应现在社会发展的要求，现时将发展目光转向海洋是中国整体经济可持续发展的必然之路。《十二五国民经济发展规划》将发展海洋经济提到了一个战略性高度，但在中国海洋尤其是近岸生态系统遭到破坏的情况下，如果再继续放任这种无序开发、粗放开放的状态，累积性的环境问题将日益凸显。所以促进 21 世纪海洋经济可持续发展，必须在保护中开发，进行全局与区域统筹规划，产业与资源合理配置，大力提升管理能力和加快科技创新步伐才能跟进海洋经济发展。只有清洁生产和文明消费，即节资减排，提高海洋经济效益，才能更好地推进我国海洋经济可持续发展。

1. 以国家、地方政府政策为主导，有效开发、保护海洋资源环境

结合国家加快海洋强国建设的重要决策，强化海洋开发的政府规划、管理和监督。抓紧修订对地方政府的考核指标体系，建立起以绿色 GDP 为核心的考核指标体系，促进地方政府自觉贯彻海洋资源有效开发的宗旨，最终确保海洋生态保护落到实处。

加强海洋经济发展的全国统筹规划和协调。要在全国主体功能区规划的指导下，根据海洋资源环境承载能力，已有开发密度和发展潜力，编修海洋功能区规划，明确各类海洋主体功能区的定位、发展方向、开发时序、管制原则和政策措施等，有序指导沿海地区海洋开发活动。同时根据海洋生态规律，对各区域产业布局和产业发展规模进行合理引导，必要时实施控制，防止海洋产业密度过大超过海洋资源、环境及空间的承受力。

抓紧构建有利于促进海洋生态保护的体制和机制。尽快研究制定全面、统一的海洋资源保护与开发的基本法律法规，强化促进海洋生态保护的法律保障；同时建立推动海洋资源保护与合理开发的部门协调机制，构建齐抓共管的体制，形成政策合力，保障涉海政策和法律的有效执行。

建立健全有利于促进海洋生态保护的财政政策和金融政策。着力探索建立海洋生态保护补偿制度，在全国海岸功能区合理规划的基础上，对列入海岸和近海保护的各类地区，国家加大财政转移支付力度。同时践行"绿色信贷机制"，在金融支持中，将海洋开发项目对海洋生态的影响纳入评审范围，协力促进"保护中开发"的理念落到实处。

以国家系统的统筹规划为指引，以地方政府契合实际的可持续发展政策为主导，在有效保护海洋资源环境的大前提下，有效开发利用海洋资源，合理促进海洋经济的持续长远发展。

2. 建立现代化海洋产业体系

一是发展海洋新兴产业，进行供给侧改革，使开发的产品能够适应全球消费市场的变化，满足消费者的需求。二是与有关国家加强合作，建立合作共赢、协作发展的平台，深入技术研究，推动海洋未来产业的发展。三是积极以发展主导产业为主，兼顾各产业间的很好衔接。四是继续大力发展滨海旅游、休闲度假、近海生态观光等海洋第三产业，优化海洋产业体系结构。

3. 实施"科技兴海"战略，推动海洋产业升级

完善海洋科技创新体系。着力以增强可持续发展能力为目标，进一步从资源、体制机制、政策等各方面强化对海洋科技创新的支持，推广和应用有利海洋资源保护的循环经济技术和海洋资源深加工技术，大力发展海洋资源的综合利用产业，形成资源高效循环利用的产业链，提高资源利用率。

以市场为导向，以消费者需求为中心大力发展海洋科技，把有价值的科技成果及时转化，并在有关领域应用推广。在科技成果转化上，各级政府应做好协调工作，建立健全情报、信息、风投和知识产权保护等工作。既要高度重视重点重大又有创新的科技工作，必要情况下还必须联合攻关，同时，也要加大资金投入，保障海洋科技创新整体水平的提高，推动海洋科技创新的国际化。

4. 建立评估体系，保障海洋经济可持续发展

只有建立一套严格可执行的海洋活动评估体系，才能对海洋建设和开发进行有效监控，随时掌握我国海洋环境污染情况，并正确评估人类活动对资源衰退损失的影响情况，对我国海洋经济发展状况实时发布，以便能正确制定未来我国海洋经济可持续发展的战略目标。

5. 大力发展循环经济，保障我国海洋经济的良性发展

发展循环经济，首先要严格实施捕捞许可证制度和休渔制度。其次要统筹规划，合理布局，必须要按国家、地方政府的布局，科学开发、利用海洋矿产、油气、旅游、海上运输等海洋资源，最大限度地提高这些资源利用率。再次，在制定海洋经济发展规划时，应以循环经济理念为指导，建立包括海洋经济发展、产业发展、经济效益、海洋科技教育及生态环境建设等一系列目标在内的统一战略。

6. 以全球战略观的视角，助推我国海洋经济可持续发展

目前处于全球经济"一体化"的背景下，海洋经济必然是开放的。因此，对于未来的海洋开发，我们应该主动融入国际大环境中，坚持"走出去"和"引进来"的发展战略，参与合作与竞争，不断学习经验，提高我们应对各种风险的能力，在经济全球化视野下，推进我国海洋经济发展，既要立足国内，提高海洋开发的综合水平，又要放眼全球，通过海洋国际事务，参与国际合作。

总之，海洋经济的可持续发展，需要社会方方面面的关注和努力，要统筹各方的资源和力量。同时，地区经济的发展也要注重对海洋经济的带动效应的利用，从而获得整个地区、整个国家经济的繁荣发展和快速增长。

感悟　党的十九大报告指出要"坚持陆海统筹，加快建设海洋强国"。

知识要点四：中国海洋经济的发展战略

一、中国可持续发展的"一带一路"倡议

"一带一路"作为"丝绸之路经济带"和"21世纪海上丝绸之路"的简称，充分依靠中国与有关国家既有的、行之有效的区域合作平台，借鉴古代丝绸之路的历史内涵，高举和平发展的旗帜，积极发展与沿线国家的经济合作伙伴关系，共同打造政治互信、经济融合、文化包容的利益共同体、命运共同体和责任共同体。"共商、共建、共享"成就了各国经济可持续发展的伟大实现。

"一带一路"的主旨在于建设和平之路、繁荣之路、开放之路、创新之路、文明之路。"一带一路"的核心内容是促进基础设施和互联互通，对接各国政策和发展战略，深化务实合作，促进协调联动发展，实现共同繁荣。涵盖了国际关系和人类文明可持续发展的基本要素。

"一带一路"要解决的问题在于当前全球增长动能不足、全球经济治理滞后、全球发展失衡这三大突出矛盾。解决方式为打造开放型合作平台，维护和发展开放型世界经济，共同创造有利于开放发展的环境，推动构建公正、合理、透明的国际经贸投资体系，促进生产要素有序流动、资源高效配置、市场深度融合。真正引导好经济全球化走向。

"一带一路"倡议来自中国，但成效惠及世界。当今世界，和平合作，开放融通，变革创新的潮流滚滚向前。顺应历史潮流，增进人类福祉，构建人类命运共同体，才能彰显人类文明的旺盛的生命力和光明的可持续发展前景。海陆共荣，海陆融通，海洋经济的内涵在于有限性与可持续发展理念的融合方式。

二、"走依海富国、以海强国、人海和谐、合作共赢的发展道路"的战略思想

习近平总书记指出，"建设海洋强国是中国特色社会主义事业的重要组成部分"，推进海洋强国建设要"坚持走依海富国、以海强国、人海和谐、合作共赢的发展道路"，要求"提高海洋资源开发能力，着力推动海洋经济向质量效益型转变"，"保护海洋生态环境，着力推动海洋开发方式向循环利用型转变"，"发展海洋科学技术，着力推动海洋科技向创新引领型转变"，"维护国家海洋权益，着力推动海洋维权向统筹兼顾型转变"。在"一带一路"重大机遇下，我们要打破传统的海洋发展理念，以"四个转变"为导向，处理好各类矛盾关系，不断实现创新突破。

第一，推动海洋经济向质量效益型转变。海洋经济发达是海洋强国的物质基础。当前我国海洋经济发展不平衡、不协调、不可持续问题依然存在。提高海洋经济增长质量，一方面，要确立多层次、大空间、海陆资源综合开发的现代海洋经济思想，贯彻习近平总书记"海洋经济是陆海一体化经济"的理念，不能就海洋论海洋，要从单一的海洋产业思想转变为开放的多元的大海洋产业；另一方面，对接国内外市场，进一步深化海洋领域供给侧结构性改革，不断培育海洋经济发展新动能，发展海洋新业态、新产品、新技术、新服务，为"21世纪海上丝绸之路"建设注入强大动力，为世界发展带来新的机遇。

第二，推动海洋开发方式向循环利用型转变。秉承以人为本、绿色发展、生态优先的理念，落实习近平总书记提出的"把海洋生态文明建设纳入海洋开发总布局之中"的要求，共抓大保护、不搞大开发，坚持开发和保护并重，像保护眼睛一样保护海洋生态

环境，像对待生命一样对待海洋生态环境，全面遏制海洋生态环境恶化趋势，加强海洋资源集约节约利用，建立海洋生态补偿和生态损害赔偿制度，实现习近平总书记提出的"让人民群众吃上绿色、安全、放心的海产品，享受到碧海蓝天、洁净沙滩"的目标。

第三，推动海洋科技向创新引领型转变。早在 2000 年，习近平同志就指出，海洋竞争实质上是高科技的竞争，海洋开发的深度决定于科技研究水平的高度。海洋科技发达，是海洋强国的重要标志。与发达国家相比，当前我国海洋科技发展差距仍然较大，无法满足我国海洋领域发展和安全的需要。我们要按照习近平总书记提出的要求，"搞好海洋科技创新总体规划，坚持有所为有所不为，重点在深水、绿色、安全的海洋高技术领域取得突破"，以增强海洋科技创新能力为核心，以实现海洋科技资源共享为重点，以统筹安排项目、基地、人才为原则，强化海洋科技发展总体布局，研发并掌握海洋领域关键核心技术，完善海洋科技创新体系，不断促进海洋科技成果转化。

第四，推动海洋维权向统筹兼顾型转变。当前我国的海洋维权和海洋安全形势依然复杂，斗争依然激烈。因此，要统筹国内国际两个大局，处理好维稳和维权的关系。在当前形势下，按照习近平总书记的要求，"做好应对各种复杂局面的准备"，建设强大的现代化海军，在维护自身海洋安全和利益的同时，成为维护世界和平与发展的重要力量，在钓鱼岛、南海、航行自由、历史性权利等诸多敏感、重大问题上，坚持和平方针，多措并举、务实推进共同开发，实现海洋维权稳中求进。

三、"坚持陆海统筹，加快建设海洋强国"的战略措施

2017 年年底，党的十九大提出"加快建设海洋强国"和建设现代化经济体系。所谓海洋强国，基本条件之一就是海洋经济高度发达，在经济总量中的比重和对经济增长的贡献率较高，海洋开发、保护能力强。加快建设海洋强国具有一定的基础，因为蓝色正逐渐渗入中国经济的底色。中国经济形态和开放格局呈现出前所未有的"依海"特征，中国经济已是高度依赖海洋的开发型经济。

1. 坚持海陆统筹，落实海洋经济全面开放

党的十九大报告指出要"坚持陆海统筹，加快建设海洋强国"。当前，应着眼于中国特色社会主义事业发展全局，统筹国内国际两个大局，统筹陆海两个经济运行系统。

大力发展国内经济，进一步开放国际贸易通道，坚持引进来和走出去并重，遵循共商共建共享原则，加强创新能力开放合作，形成优势互补的经济命运共同体。进一步加强陆地经济，努力开发海洋经济，促进海陆经济协调互补，形成陆海内外联动、东西双向互济的开放格局。通过和平、发展、合作、共赢的方式，推动海洋经济全面开放，全面建设现代化开放经济体系，扎实推进海洋强国建设。

展望未来，国际海洋事务进入快速发展期，海洋治理进入深度调整期。随着互联网络大数据等新技术的不断发展，区际的资源流动、技术获取、成果共享等方式都在发生巨大的变化。近期崛起的区块链技术更是进一步改变了价值交换方式，从而改变全球经济体系。对于海洋经济来说，这是一次前所未有的挑战，也是一次难得的发展机遇。我国海洋经济发展应充分把握历史机遇，摸准海洋经济发展时代脉搏，聚焦海洋全面开放关键问题，形成海洋经济开放发展新格局。

加强海洋经济全面开放制度体系的顶层设计和战略部署，加强配套政策的细化与落实。协调各有关部门、沿海各地以及全社会，携手推动海洋经济的全面开放。以"一带一路"建设和海洋强国建设为契机，深入贯彻新的发展理念，围绕全球海洋治理、蓝色

经济发展、蓝色伙伴关系、海洋生态保护等方面开展工作，切实加强海洋开放合作，切实服务海洋经济发展，培育新的发展动能，发展更高层次的开放型海洋经济，推动海洋经济的全球化，朝着更加开放、包容、普惠、平衡、共赢的方向发展，最终形成国家全面开放的新格局。

> **感悟** 人海和谐促发展、科技兴海增潜能；坚持海陆统筹，壮大海洋经济。

2. 积极推动海洋经济持续健康发展

习近平同志指出，发达的海洋经济是建设海洋强国的重要支撑。党的十八大以来，我国海洋经济呈现稳中有进、稳中有好、稳中有优的发展态势，产业结构不断优化，涌现出一大批海洋特色鲜明、产业链协同高效、核心竞争力强的海洋产业集群，较好完成了《全国海洋经济发展"十二五"规划》提出的目标任务。印发《全国海洋经济发展"十三五"规划》，全面落实建设海洋强国战略任务。出台《关于促进海洋经济发展示范区建设发展的指导意见》，进一步优化区域产业布局，积极探索海洋经济创新发展新模式。在新时代推动海洋经济持续健康发展，需要加大金融支持力度，引导海洋传统产业转型升级，促进海洋新兴产业快速发展，加快海洋经济提质增效步伐。健全完善海洋经济运行监测与评估体系，形成具有海洋特色的指标、指数和报告，增强公共服务能力，为政府宏观调控提供有力信息支撑。

> **感悟** 以开放促改革、促发展，是我国经济持续增长的宝贵经验和重要法宝。

3. 大力推进海洋生态文明建设

生态文明建设和生态环境保护，功在当代、利在千秋。海洋生态文明建设是建设海洋强国的重要内容。党的十八大以来，我国海洋生态文明建设取得显著成效，初步形成"四大体系"。即以海域和无居民海岛开发利用为主体的资源管理体系，以污染防治、生态保护、环境修复为主体的环境管理体系，以监测、预报、调查等为主体的业务体系，以专门法律和督察制度为基础的法治体系。

大力推进海洋生态文明建设，需要深入实施以维护生态可持续发展理念管理海洋、着力推动海洋绿色发展，把海洋生态文明建设纳入海洋开发的总体布局之中，建立并健全海洋生态补偿和生态损害赔偿制度，促进海洋生态环境的优化和合理利用。以系统思维指导海洋生态环境保护工作，进一步强化海洋生态红线管控，优化海洋空间开发与保护格局，坚持陆海统筹的空间规划方式，强化海洋污染联防联控，深入开展海洋生态整治修复。严格监管海洋工程建设项目环境评估的审批，严控污染物入海总量，强化海洋资源环境执法力度，建立长效监管机制，落实海洋生态环境和海洋资源保护职责。

4. 落实海洋经济可持续科学绿色发展

未来一段时间是中国发展海洋事业、加快海洋经济发展方式转变的重要时期。国家海洋局在促进中国海洋经济绿色发展上，将着力做好完善政策体系、提升创新能力、加强生态环境保护、开展国际合作交流四方面工作。

一是完善促进海洋经济绿色发展的政策体系。探索通过财政补贴、税收减免等措施，加大对海水利用、海洋新能源开发、海洋药物和生物制品研究等领域产业的支持力度。管理和引导民间资金参与海洋产业发展，尽快形成多元化的投融资机制。开展海洋经济创新发展区域示范工作，大力培育海洋战略性新兴产业，打造蓝色经济区。

二是提升海洋产业创新能力。深入实施科技兴海战略，加快海洋科技创新体系和示范应用体系建设，增强科技创新与支撑能力，提高海洋科技成果转化率。积极推进建立以企业为主体、市场为导向、产学研相结合的海洋产业技术创新战略联盟。进一步优化海洋科技力量布局和科技资源配置，重点加强海水利用、海洋可再生能源、海洋生物等技术的研究开发，支撑海洋经济科学发展、绿色发展。

三是加强海洋生态环境保护。加强海洋生态监控和生态灾害管理，定期开展海洋环境突发事件隐患排查和风险评估，逐步实施重点海域污染物排海总量控制制度。加强海洋突发事件应急能力建设，有效提升海上溢油、赤潮、绿潮、海洋核辐射等海洋环境突发事件应急处置能力。开展典型海洋生态区的综合整治和修复，加快海洋保护区网络建设和海洋生态文明示范区建设，建设海洋生态文明。

四是广泛开展国际交流合作。切实履行国际义务，做好"APEC海洋可持续发展中心"运行工作。继续组织实施海洋领域应对气候变化、南中国海海啸预警系统建设等国际项目，进一步推动《南海及周边海洋国际合作框架计划(2011～2015)》，吸纳发展中海洋国家参加中国政府海洋奖学金计划，积极为发展中国家提高基础能力提供资金支持，培养海洋人才。与有关国家、国际组织在海洋资源开发、生态环境保护、科技研发、防灾减灾等领域开展交流与合作。

当前，国际海洋事务进入快速发展期，海洋治理进入深度调整期，加强与"一带一路"建设参与海洋强国建设的战略对接，以发展蓝色经济为主线，推动全方位务实合作，携手共创以海强国、依海繁荣之路，实现人海和谐、共同发展。构建多层次的蓝色伙伴关系，在海洋环境保护、海洋科技创新与应用、海洋公共产品共享、海洋安全维护等领域开展深层次国际合作，不断扩大我国"蓝色朋友圈"。积极参与联合国海洋法非正式磋商，围绕国际社会关注的蓝色经济、极地、深海等，在全球性和区域性规则制定中发出中国声音、提供中国方案、贡献中国智慧。

感悟 依海富国、以海强国、人海和谐、合作共赢的发展道路才是发展海洋经济的正道。

【思考与练习】

1. 简述中国海洋经济发展的基本趋势，探讨中国未来海洋经济的发展战略方向。
2. 思考海南自由贸易港的发展措施和发展前景。
3. 思考中国海洋经济发展战略对未来就业方向和趋势的影响。

专题七
现代海洋资源观

任务介绍

1. 理解现代海洋资源观定义及内涵，形成重视海洋资源的观念。
2. 理解现代海洋资源的可持续开发利用，形成保护海洋资源的意识。
3. 理解现代海洋资源观的可持续发展观念，形成可持续发展人生观。
4. 正确辨析海洋资源的有限性和可持续利用性，建立合理开发利用的观念。
5. 正确引用海洋资源可持续发展的核心内涵，建立正确的价值观和人生观。

引导案例

日本水俣病事件

1953年，日本熊本县水俣镇一家氮肥公司排放的废水中含有汞，这些废水排入海湾后经过某些生物的转化，形成甲基汞。这些汞在海水、底泥和鱼类中富集，又经过食物链使人中毒。当时，最先发病的是爱吃鱼的猫。中毒后的猫发疯痉挛，纷纷跳海自杀。没有几年，水俣地区连猫的踪影都不见了。1956年，出现了与猫的症状相似的病人。因为开始病因不清，所以用当地地名命名。1991年，日本环境厅公布的中毒病人仍有2248人，其中1004人死亡。

日本作为经济发达国家，但这种经济的高速发展却是以污染环境为代价的。从科学的定义上讲，案例中日本的公司的发展模式只能称得上是经济增长，眼前的经济收益难以填补未来的损失，这种急功近利、杀鸡取卵的经济增长绝非经济发展，更谈不上可持续发展。

【启示】

我国的可持续发展在很大程度上将要依赖于海洋资源的开发和利用。海洋是人类可持续发展的重要基地，合理开发利用海洋资源是解决当前资源短缺、环境恶化等问题的有效途径。但在开发和利用海洋资源的同时，绝不能忘记协调海洋各种资源之间、资源再生与开发利用之间的关系，使海洋资源既得到充分利用，又能保证可持续发展。海洋资源可持续发展不仅是我国经济可持续发展的重要组成部分，更将是我国经济发展的有力支持。

感悟   建立可持续发展意识，利用有限的现有资源，开发资源可持续利用才是长久之计。

知识要点一： 现代海洋资源观的概念及内涵

一、 现代海洋资源观的概念

海洋资源观是指一个国家或民族把海洋资源与国家或民族利益紧紧联系起来的意识，在某种意义上讲海洋资源观就是国家的海洋价值观。而现代海洋资源观不但包含了海洋资源的价值观，还括了海洋资源可持续发展的观念。也就是说，国家或民族把海洋资源与国家或民族利益紧紧联系起来的时候，也要充分考虑国家的远期利益和可持续发展问题。现代海洋资源观加入了可持续发展意识，赋予了现代海洋资源观新的拓展性内涵。

二、 现代海洋资源观的内涵

长久以来，我们对于海洋资源的观念是围绕海洋对我们的价值来展开的，海洋资源观实质上是海洋资源价值观。海洋资源价值观是得到认同的，其充分体现了我们认识到海洋资源的巨大经济价值、环境价值以及生态价值。

而海洋资源价值的内涵存在外延。海洋资源的价值可分为内在价值和外在价值。海洋资源的内在价值即它自身的生存和发展；海洋资源的外在价值是从人和其他生命的角度出发，强调它对人和其他生命的效用。海洋资源对人类的效用即海洋资源能够满足人类的某种功能或需要，所以对人类来说它是有价值的。故此，海洋资源既具有现实的经济价值，又具有生态和环境价值。

同时，海洋资源的价值又可分为近期价值和可持续发展价值。随着经济全球化发展的大趋势进一步演化，我们更应该树立起海洋资源可持续发展的观念，在肯定海洋资源价值的基础上合理开发海洋资源，主动保护海洋资源。只有树立正确的现代海洋资源观，才能在意识与行动上主动保护海洋资源，促进海洋资源可持续发展。简单地讲，现代海洋资源观包含了海洋资源价值观和海洋资源可持续发展观。而可持续发展观成为现代海洋资源观新的内涵。

可持续发展观作为科学发展观的基本要求之一，是全面建设小康社会的目标之一。可持续发展是以保护自然环境为基础，以激励经济发展为条件，以改善和提高人类生活质量为目标的发展理论和战略。它是一种新的发展观、道德观和文明观。

可持续发展观具有丰富的内涵，体现了平等的发展权利，发展是集社会、科技、文化、环境等多项因素于一体的完整现象，是人类共同的目标和普遍的权利；揭示了人类的经济和社会的发展不能超越资源和环境的承载能力的规律；表达了人与人关系的公平性理念，当代人在发展与消费时应努力做到使后人有同样的发展机会，同一代人中一部分人的发展不应损害另一部分人的利益；指出了人与自然的协调共生特性，人类必须建立新的道德观念和价值标准，学会尊重自然，师法自然、保护自然，与之和谐相处。

可持续发展的理念的基本内容主要表现在三个方面：经济可持续发展、生态可持续发展、社会可持续发展，三者相辅相成，相互依存。

> **感　悟**　可持续发展理念贯穿着人类进步、国家战略和个人发展规划的每一个环节。

知识要点二：　现代海洋资源的可持续开发利用

海洋资源利用又称海洋资源开发利用。在当今全球粮食、资源、能源供应紧张与人口迅速增长的矛盾日益突出的情况下，开发海洋资源是历史发展的必然。但是，由于海洋综合管理机制尚不健全，海洋开发科学技术相对落后，加上缺乏系统性规划和综合性利用的成功经验，从而导致对海洋资源的严重浪费和不同程度的破坏。

一、海洋资源开发利用中存在的问题

目前，由于人们对海洋资源认知尚浅，探采能力落后，装备与技术水平差，缺乏充分全面发掘和利用海洋资源价值的能力和政策等，造成海洋资源开发利用不合理，不充分，总体开发利用水平较低，造成海洋资源的严重浪费与海洋环境的破坏。目前，存在的主要问题表现如下：

1. 开发对象原始化，海洋可再生资源开发过度

基于目前人们对海洋资源的认知和可开发能力等条件限制下，在海洋资源危机意识的作用下，海洋原始资源成为重要开发对象，尤其是一些海洋可再生资源。而这些海洋可再生资源的过度开发将严重影响海洋可再生能力，甚至威胁到海洋生态系统的生存能力。

首先，海洋生物作为人类赖以生存的可再生食物资源受到过度捕捞，这严重影响了海洋资源的可再生能力。尤其是近海渔业资源捕捞过度使海洋生物资源、海洋生态系统遭到不同程度破坏；渔业种群再生能力下降，海洋渔业资源可持续利用受到制约。

其次，海水作为人类生存大环境净化的可再生资源，因长期受到严重污染，导致整个地球水系质量的改变。尤其是近海海水污染严重，使得海洋自我净化的再生能力几近丧失，直接影响陆岸生存环境和海陆经济的可持续发展。

2. 开发形式单一，利用效率参差不齐

21世纪作为海洋的世纪，海洋建设和资源开发的竞争进入白热化，大规模的围填海工程消耗了大量的天然海岸线和浅水礁区；沿海和沿岸临港工业、交通运输业等项目一哄而上，由于缺乏应有的统筹规划，造成临港工业、港口码头等突击式粗放建设或重复建设，海洋资源的多功能性和可持续利用性没有得到充分发掘，利用效率参差不齐，甚至得不偿失。从而造成海洋资源潜在价值的巨大浪费和破坏，难以发挥沿海和沿岸地区岸线资源的整体功能。海洋资源的单一形式开发是当代激烈的海洋资源竞争形成的产物，亟待理智分析和合理改进。

3. 开发形式粗放，环境污染严重

海洋环境关系到海洋生物和人类的生存和长远发展，海洋资源粗放式开发很容易造成对海洋环境的严重污染。近年来，船舶溢油风险明显增加，海上油气平台及输油管线油气的跑冒滴漏等造成的石油污染事故频繁发生，入海污染物总量逐年增加，致使某些海域环境污染加剧，严重影响可持续开发利用的环境和资源，对当地渔业及海洋生态资

源带来巨大的灾难。海洋环境的恢复投入大、周期长，在保护海洋环境的基础上有序开发海洋资源才是可持续高效发展的正常道路。

4. 浅海开发过度，深海开发能力和动力缺乏

由于深海开发具有投资额度和风险巨大，利润低，成本回收周期长等特点，造成民间资本没能力，国家开发没动力。因此，海洋开发集中在浅海地区，造成浅海区域的过度开发。

对于海洋人均占有量并不富足的中国来讲，合理开发和可持续利用海洋资源是海洋可持续发展的必然要求，也是实现建设海洋强国的必经之路。因此，海洋资源开发和利用过程中必须吸收人类在陆地开发中的经验和教训，尽最大可能防患于未然，做到合理规划，经略海洋。

二、海洋资源可持续开发利用

（一）海洋资源可持续利用的基本内涵

可持续发展观的核心内容是社会经济的发展不但要考虑当代人的需要，而且要顾及子孙后代发展的需要，即要保证人类社会具有长远的、持续的发展能力，在发展进程中实现人口、资源、环境的协调统一。海洋资源在整个自然资源系统及社会发展中具有重要的作用，这一重要作用决定了我们在海洋资源开发和利用过程中必须考虑和实现人类可持续性发展。

海洋资源的可持续开发和利用是指在海洋经济快速发展的同时，应该做到科学合理地开发和利用海洋资源，不断提高海洋资源的开发和利用的水平及能力，力求形成一个科学合理的海洋资源开发体系。通过加强海洋环境保护、改善海洋生态环境来维护海洋资源系统的良性循环，实现海洋资源、海洋经济、海洋环境的协调发展，并力争交给下一代一个良好的海洋资源环境。

（二）实现海洋资源可持续发展的举措

保护和可持续利用海洋和海洋资源以促进社会经济可持续发展是海洋资源可持续利用的最重要的目标。海洋资源和海洋环境是沿海地区经济社会发展的重要基础，对海洋经济以及整个沿海地区的发展起着越来越重要的支撑作用。我们需要通过正确有效的措施对海洋开发活动进行协调、控制和监督，以保证合理利用海区的各种资源，促进海洋生态协调有序发展，提高海洋资源的经济效益、社会效益以及生态效益。

1. 树立正确的海洋资源发展观念

长久以来，我们对于海洋资源的观念是围绕海洋对我们的价值来展开的，其充分体现了我们充分认识到海洋资源对于我们的巨大经济价值、环境价值以及生态价值。然而，在已知海洋资源拮据的今天，仅仅有海洋资源价值观显然是不够的。我们更应该树立起海洋资源可持续发展观，在肯定海洋资源价值的基础上主动保护海洋资源。只有树立正确的海洋资源观，才能在意识与行动上主动保护海洋资源，促进海洋资源可持续发展。

2. 顺应社会发展进程，实施"科技兴海"战略

海洋资源利用率低的问题以及海洋环境污染问题的根源是海洋科技的落后。科学技术的发展有利于提高海洋资源有效利用意识，减少污染物的排放和资源的过度消耗以及

浪费。依靠科学技术进步以及教育,将海洋资源优势转化为经济优势的同时保护海洋资源,保护海洋环境,实现海洋资源可持续发展。

3. 建立健全的法制,实现协调发展

建立健全有利于海洋资源可持续利用的法律法规,逐步实现各种海洋开发活动的协调管理。制定合理完善的海洋资源发展规划、统一协调的海洋资源发展政策,从大方针上走海洋资源可持续发展之路,形成海洋资源开发战略,以利于在大方向上引导海洋资源开发的战略目标和基本原则等。建立健全海洋资源管理的法律法规,加强海洋资源管理的立法工作,逐步建立海洋资源管理的法律体系,强制性达到保护海洋资源可持续发展目的。

4. 加强综合管理,合理有效开发

加强海洋资源开发利用管理,完善海洋综合管理,防止海洋资源浪费。建立海洋综合管理体系,制定引导性的统一的海洋开发政策,逐步完善海洋开发和管理的协调工作,建立沿海各级政府的目标责任制,实现对海洋资源的法制化、资产化管理。在保证海洋资源可持续利用的基础上,强化开发深度和广度,提高开发的科技含量,争取海洋经济增加值的最大化,提高资源利用效率。合理有效的海洋综合管理体系可以有效协调海洋资源的开发利用,建立结构、布局合理的海洋产业,从而减少和防止生产活动对海洋自然资源和环境的破坏,促进海洋资源可持续发展。

5. 适度有效开发资源,实现可持续利用

海洋资源开发既要适度满足当下对海洋资源的需求,又要注意保证可持续利用。开发与保护协调一致。开发与保护是相辅相成的,只有节制开发欲望,采取"欲取之,必先予之"的策略,才能保证资源系统的良性循环和持续开发利用。对海洋可再生资源,要改善利用效率,既要充分有效的对其进行利用,又要保持生态系统有较强的恢复能力和维持其可持续再生产能力。对海洋不可再生资源要有计划的适度开发,不影响后代人的利益。

6. 优化配置海洋资源,实现海陆一体统筹开发

推行海陆一体化开发,海洋资源与陆地资源的开发利用是相互促进的,要根据海陆一体化的战略,统筹沿海陆地区域和海洋区域的国土开发规划,坚持区域经济协调发展的方针,逐步形成不同类型的海岸带国土开发区。保护海洋资源最优化发挥其功能,在规划和发展过程中为旅游和娱乐留下发展空间。开发中应从长计议,科学规划微观领域的功能,对其各功能进行优劣分析和机会成本分析,确定其最优化功能,同时兼顾其他功能的开发。对暂时或短时间内不能开发的功能,应确保其开发空间,杜绝无意识破坏行为。统筹制定沿海陆地区域和海洋区域的国土开发计划,逐步形成沿海经济带和海洋经济区,推动沿海地区进一步开发开放。优化配置海洋资源,使其功能得到充分发挥。

7. 倡导海洋资源权益平等,实现资源共享

海洋作为全人类所共同拥有的资源,充分倡导海洋资源权益的平等思想,对于海洋这一共同财产的开发不能无偿使用,可以通过资产化管理的方式,对海洋资源的捕获和开发成果收取适当的资源税或其他利益,通过利益的转移支付或二次分配实现全社会对海洋资源权利的平等享有。

总之，海洋资源的可持续利用，目的在于建设良性循环的海洋生态系统，形成科学合理的海洋开发体系，促进海洋经济持续发展。

（三）海洋资源可持续利用措施的基本原则

1. 持续性

可持续发展的基本含义就是保证人类社会具有长远的持续发展能力。由此出发，海洋资源可持续开发利用所坚持的基本原则应该是：一是必须满足当代人的需求，尽可能使海洋资源得到最充分合理的利用，以为人类社会的发展提供合理的物质和精神支持；二是在满足当代人需求的同时不能牺牲、损害后代人的利益，尤其是要保证海洋资源具有可持续发展的能力。

由于在一定时期内，资源总是有限的，当代人只能利用一定限额的资源，以此来保证海洋资源有一个最小的安全存量，使再生资源能得到及时恢复，或使不可再生资源最大可能地服务与人类的可持续性发展。

如果当代人的发展以牺牲后代可持续发展的利益为代价，这种竭泽而渔、顾此失彼的做法，必将使人类为此付出惨重的代价。所以，可持续性原则是海洋资源利用的最基本原则。

2. 协调性

海洋资源开发利用涉及许多行业，协调发展是客观要求，如石油、交通、水产、旅游、盐业等各行业都要协调发展，各得其所；陆地海上也应协调与合作，共同保护海洋生态环境；只有海洋开发与海洋资源和环境的承载能力协调一致，才能保持海洋的可持续利用。同时，还要注意到邻近区域所有开发的内容及其彼此之间可能发生的影响，力求每一类开发活动所产生的负面影响减少到最低限度，争取综合利益的最大化。例如海岸带开发，因为在海岸地区，拥有丰富的矿产、生物、土地、动力、港口、旅游和环境资源，可供发展海水养殖、围垦、交通航运、采矿和发电等工农业生产，还可发展旅游事业等。所以，在海岸带实施开发时，决不可仅从本单位利益出发安排利用项目，必须综合论证，以决定取舍。对海洋资源的可持续利用，就要充分考虑到各种资源、各部门之间的相互关系，在保证整体利益的前提下，实现各种资源的协调发展，各部门的有机配合。为此，需要有高度的统筹协调，统一的规划，需要国家的综合管理。海洋资源开发程度越高，这种协调功能越要加强，最终应形成综合管理体制。

3. 公平性

公平性是一个涉及哲学、经济、伦理等多领域的范畴，具有多方面含义。从可持续意义上讲，公平性包括代内公平和代际公平。代内公平是指现在一代人之间对资源的合理配置，包括个人之间、集体之间、区域间、国家间的公平；代际公平则是指两代人之间的资源分配，代际公平要求当代人的发展不应以牺牲后代人的利益为代价。海洋资源的可持续开发利用就是要尽最大可能，保证既在同代人之间又能够在当代人和后代人之间实现海洋资源的合理配置。

应该说，保证代际公平是海洋资源可持续利用中的最大困难。因为当代人在决定利用海洋资源时，并不一定知道后代人对海洋资源的实际消费需求，当代人实际上是站在现有的认知和自我认知条件下把自己对后代人的消费需求预测强加给后代人，按当代人的看法对后代人的需求状况进行推断。虽然当代人对后代人的需求状况预测可能有部分正确判断，但相邻两代人的需求肯定有差异，要对以后几代人的需求状况做出准确判断和系统的估价，几乎是不可能的。因此，对海洋资源的可持续开发和利用实际上是一个不断进行调整而逐步趋向合理的过程。而当代人在海洋资源处理上的公平性意识和可持续发展思想是人类可持续发展的根本动力，是人类文明的具体体现。

> **感悟**　　发展是人类社会的永恒主体。为了明天，为了下一代，为了可持续发展。

知识要点三：　可持续发展的现代海洋资源观

一、可持续发展观的定义与内涵

（一）可持续发展的广泛性定义

可持续发展是既满足当代人的需求，又不对后代人满足其需求的能力构成危害的发展。它们是一个密不可分的系统，既要达到发展经济的目的，又要保护好人类赖以生存的大气、淡水、海洋、土地和森林等自然资源和环境，使子孙后代能够永续发展和安居乐业。环境保护与可持续发展既有联系，又不能等同。环境保护是可持续发展的重要方面。可持续发展的核心是发展，但要求在严格控制人口、提高人口素质和保护环境、资源永续利用的前提下进行经济和社会的发展。发展是可持续发展的前提；人是可持续发展的中心体；可持续长久的发展才是真正的发展。使子孙后代能够安居乐业并永续发展。也就是江泽民同志指出的："决不吃祖宗饭，不断子孙路"。

（二）可持续发展观的核心内容

可持续发展观作为人类全面发展和持续发展的高度概括，不仅要考虑自然层面的问题，甚至要在更大程度上考虑人文层面的问题。因此，许多文献研究可持续发展，都把视野拓展到了自然和人文两个领域，不仅要研究可持续的自然资源、自然环境与自然生态问题，还要研究可持续的人文资源、人文环境与人文生态问题。从单纯地关注自然—社会—经济系统局部的自然属性，到同时或更加关注社会经济属性，以把握人与自然的复杂关系，寻找全球持续发展的途径，这是现代生态学研究的一个重要特征，也是环境社会学与社会生态学兴起的根源。

（三）综合性定义

"既满足当代人的需求，又不对后代人满足其自身需求的能力构成危害的发展"。与此定义相近的还有中国前国家主席江泽民的定义："所谓可持续发展，就是既要考虑当前发展的需要，又要考虑未来发展的需要，不要以牺牲后代人的利益为代价来满足当代人的利益"。

总之，可持续发展就是建立在社会、经济、人口、资源、环境相互协调和共同发展的基础上的一种发展，其宗旨是既能相对满足当代人的需求，又不能对后代人的发展构成危害。

可持续发展注重社会、经济、文化、资源、环境、生活等各方面协调发展，要求这些方面的各项指标组成的向量的变化呈现单调递增态势，也就是呈现有加速度递增的可持续性发展，至少其总的变化趋势不是单调递减态势，即呈现加速度递减的较弱可持续性发展。

二、可持续发展观伦理的探讨

（一）传统发展观的危机

近代工业文明的幸福观，把聚敛财富、挥霍财富看作幸福，把舒适的生活看作幸福。因此，近代工业文明形成的发展道路追求的无非是两个目的：一是摄取尽量多的物质财富，并拼命地把它消耗掉；二是，在技术发展上，追求尽量用外部自然力代替人力，代替人的天然器官的活动，例如：用汽车代替脚，用机器代替人手的劳动，用药物代替身体的抗病机能等。

这种发展模式的第一追求，是聚敛和消费尽可能多的物质财富，其后果就是造成资源匮乏和环境污染。由于其消费追求的不是有利于人的健康生存，而是感官刺激，因而同人的生命原理相冲突。传统发展观严重违背了人类的原本愿望，严重危害了人类的健康生存和可持续发展。

通过对发展的终极价值的追问，我们可以看到，我们人类面临的各种危机，实质是传统的发展模式的意义（价值）危机。

（二）可持续发展观的重要伦理命题

人类的健康生存和可持续发展，是人类发展伦理的终极尺度。它包括以下重要的命题：

第一，"全人类利益高于一切"。当代科学技术和市场经济的发展，缩小了人们之间的距离。地球就像一个村庄（地球村）。全人类都坐在一条船上在风浪中航行，每个人的不轨行为都可能影响到人类的生存。因此，发展伦理学要求个人利益、民族利益、国家利益这些局部利益要服从人类利益。应当以人类的生存利益为尺度，对自己的不正当的欲望进行节制。

第二，"生存利益高于一切"。自然生态环境系统是人类生命的支持系统，能否保持自然生态环境系统的稳定平衡，关系到人类能否可持续生存。因此，保持生态系统的稳定平衡，是我们人类一切行为的最高绝对限度。人类对自然界的改造活动，应当限制在能够保持生态环境的稳定平衡的限度以内。对可再生的生物资源的开发，应当限制在生物资源的自我繁殖和生长的速率的限度以内；生产活动对环境的污染，也应保持在生态系统的自我修复能力的限度内。

第三，"在满足当代人需要的同时，不能侵犯后代人的生存和发展权力"，这是人类生存与发展的可持续性原则。我们的地球不仅是现代人的，而且是后代人的。我们不仅不应当侵犯其他人的权力，而且更不应当侵犯后代人的权力。

这三个命题，是伦理学三个基本价值原则和伦理原则，它对发展中的全部伦理关系都起着决定性作用。

（三）可持续发展观的应用辨析

（1）公平与效率问题是当代社会发展面对的一个尖锐问题。它的解决，应当有伦理上的根据。邓小平同志提出的让一部分人先富起来的方针，就涉及发展伦理问题。首先，我们必须打破平均主义的分配原则，只有如此，才能提高生产效率。因此，允许分配上的差别并不等于不公平。公平概念不等于"利益均等"。但是，这种差别不能无限扩大。差别保持在一定限度是公平的。但是，如果差别超过一定限度，使大部分人都不能从发展中获得好处，公平就转化为不公平。因此，邓小平同志又提出，我们的目的是走共同富裕之路，这才是我们最终的价值取向。

（2）关于发展付出的代价问题，这其中也需要伦理根据。首先，为了全局利益、为了全人类利益和后代人的利益，局部的、暂时的代价的付出，是符合可持续发展伦理原则的。但是，为了局部的、眼前的利益而牺牲人类整体的生存利益、牺牲后代人的生存利益，则是违反伦理原则的。

（3）发达国家和发展中国家的关系问题中也体现着可持续性发展的伦理原则。1991年6月的《北京宣言》指出："发达国家对全球环境的恶化负有主要责任。工业革命以来，发达国家以不能持久的生产和消费方式过度消耗世界的自然资源，对全球的环境造成损害，发展中国家受害更为严重。"因此，它们有责任和义务帮助发展中国家摆脱贫困和保护环境。此外，发达国家与发展中国家之间的交往也应当遵循平等、公平和正义的伦理原则解决一切争端。这应当也是发展伦理学的问题。建立合理的国际政治、经济新秩序的依据，应当是发展伦理学的公平、平等和正义原则。

（4）"浪费不可再生的稀有资源是不道德的行为，不管这些资源属于谁所有"。这应当成为发展伦理学的一个重要伦理原则。由于这些不可再生的稀有资源的合理使用直接关系到全人类的和我们后代的生存，因而我们必须超越传统的所有权观念，不能认为这些资源在我们国土上我就可以随便挥霍，也不能认为这些财产归我所有，我就可以随便浪费。"我们中每个人使用的能量越多，身后的所有生命的可得能量就越少。这样，道德上的最高要求便是尽量地减少能量耗费"。

（5）当代科学技术的高度发展，也需要对其评价和规范。这也是发展伦理学的重要内容。当技术发展到能够毁灭地球因而能够毁灭人类自身时，我们就应当坚持这样一个伦理原则，即"我们能够（有能力）做的，并不一定是应当做的"。因此，对于我们人类的每一个科学发现及其在技术上的应用，都应当首先进行评价和规范，使其在不伤害人类生存和发展的条件下得到利用。技术伦理，也是发展伦理学的重要组成部分。

三、中国可持续发展观的实践

（一）可持续发展观的概念辨析

可持续发展战略已成为当今一个应用范围非常广的概念，不仅经济、社会、环境等方面运用，而且教育、生活、艺术等方面也经常运用。

1. 狭隘的可持续发展定义

首先，联合国世界环境与发展委员会的定义基本确切，但将其定位于处理"当代人"与"后代人"之间的利益关系，却有些偏狭，因在"当代人""后代人"之内也存在着可否持续发展的问题，并非仅在"当代人"和"后代人"之间存在该问题，而这一定义显然不能涵盖"当代人""后代人"之内的利益处理问题。其次，在人们的潜意识里，只要是持续而不停顿的发展皆可叫持续发展。

2. 可持续发展普适性定义

可持续发展的概念实际上解决的是当前利益与未来利益、眼前利益与长远利益的关系问题，因此，我们以为，可持续发展这一概念可重新表述为："既顾及当前利益、近期利益，又顾及未来利益与长远利益，当前、近期的发展不仅不损害未来、长远的发展，而且为其提供有利条件的发展"。

这一定义具有普遍适用性，可解释所有领域的可持续发展，可使人明白只要实施了竭泽而渔、杀鸡取卵之类只顾当前利益、眼前利益而不顾及未来利益与长远利益的短期行为，皆可看作与可持续发展对立的"非可持续发展"，不见得非得对后代人造成损害的才是"非可持续发展"，而仅仅损害当代人未来利益与长远利益的便不是"非可持续发展"，消除联合国世界环境与发展委员会的定义易给人造成的这种误解。

（二）我国可持续发展观的内涵

基于我国人口众多，人均资源相对不足，就业压力大，生态环境突出的大环境，发展才是硬道理，可持续发展是唯一的选择。可持续发展是以保护自然资源环境为基础，以激励经济发展为条件，以改善和提高人类生活质量为目标的发展理论和战略。它是一种新的发展观、道德观和文明观。其内涵为：

1. 可持续发展理论的"外部响应"，表现在对于"人与自然"之间关系的认识。人的生存和发展离不开各类物质与能量的保证，离不开环境容量和生态服务的供给，离不开自然演化进程所带来的挑战和压力，如果没有人与自然之间的协同进化，人类社会就无法延续。

只有当人类对自然的索取与人类向自然的回馈相平衡，发展才具有可持续性。人类的经济和社会的发展不能超越资源和环境的承载能力；人类必须建立新的道德观念和价值标准，学会尊重自然、师法自然、保护自然，与之和谐相处，实现人与自然的协调共生，才能有效实现人类的可持续发展。

2. 可持续发展理论的"内部响应"，表现在对于"人与人"之间关系的认识。可持续发展作为人类文明进程的一个新阶段，其核心内容包括了对于社会的有序程度、组织水平、理性认知与社会和谐的推进能力，以及对于社会中各类关系的处理能力。诸如当代人与后代人的关系、本地区和其他地区乃至全球之间的关系，必须在和衷共济、和平发展的氛围中，才能求得整体的可持续进步。

首先是人与人关系的公平性，同一代人中一部分人的发展不应当损害另一部分人的利益，避免阶层固化；只有保持和平、和谐和合作的公平开放环境，才能有利于国民经济持续、稳定、健康发展，有效提高全社会的生活水平和生活质量。其次是当人类在当代的努力与对后代的贡献相平衡；当代人在发展与消费时应努力做到使后代人有同样的发展机会，保持社会发展的可持续性资源和动力。

3. 可持续发展理论的因素效应，表现在对于发展主题与发展环境之间关系的认识。发展是集社会、科技、文化、环境等多项因素于一体的完整现象，是人类共同的和普遍的权利，发达国家和发展中国家都享有平等的不容剥夺的发展权利。各个发展的主题相互协调，成就可持续的发展环境的，同时健康的发展环境又有利于发展主题的可持续发展，在全人类可持续发展框架中，只有当人类思考本区域的发展能同时考虑到其他区域乃至全球的利益时，此三者的共同交集才使得可持续发展理论具备坚实的基础。

科学发展观要求把社会的全面协调发展和可持续发展结合起来，以经济社会全面协调可持续发展为基本要求，指出要促进人与自然的和谐，实现经济发展和人口、资源、环境相协调，坚持走生产发展、生活富裕、生态良好的文明发展道路，保证一代接一代地永续发展。从忽略环境保护受到自然界惩罚，到最终选择可持续发展，是人类文明进化的一次历史性重大转折。

（三）我国可持续发展观的总体思路

一是把转变经济发展方式和对经济结构进行战略性调整作为推进经济可持续发展的重大决策。不仅要调整需求结构，要把国民经济增长更多地建立在扩大内需的基础上；不仅要调整产业结构，我们要更好、更快的发展现代的制造业以及第三产业，更重要的是要调整要素投入结构，使整个国民经济增长不能永远老是依赖物质要素的投入，而是要把它转向依靠科技进步、劳动者的素质提高和管理的创新上来。

二是要把建立资源节约型和环境友好型社会作为推进可持续发展的重要着力点，我们还是要深入贯彻节约资源和环境保护这个基本国策，在全社会的各个系统都要推进有利于资源节约和环境保护的生产方式、生活方式和消费模式，促进经济社会发展与人口、资源和环境相协调。

三是要把保障和改善民生作为可持续发展的核心要求，可持续发展这个概念有一个非常重要的内涵叫代内平等，它实际上讲的是人的平等、人的基本权利，可持续发展的所有问题，核心是人的全面发展，所以我们要在围绕以民生为重点来加强社会建设，来推进公平、正义和平等。

四是要把科技创新作为推进可持续发展的不竭动力，实际上很多不可持续问题的根本解决要靠科技的突破、科技的创新。

五是要把深化体制改革和扩大对外开放和合作作为推进可持续发展的基本保障，要建立有利于资源节约和环境保护这样的体制和机制，特别是要深化资源要素价格改革，建立生态补偿机制，强化节能减排的责任制，保障人人享有良好环境的权利。

感　悟　不吃祖宗饭，自己的活自己干；不断子孙路，吃饭留谷才幸福。

【思考与练习】

1. 思考低欲望社会与危机意识、进取人生观、可持续发展观念之间的联系。
2. 思考资源的有限性、危机意识、可持续发展观念之间的联系。
3. 搜集有关"啃老族"现象的有关资料，用可持续发展理念探讨。

谁来为"啃老族"断奶？

武汉大学社会学系教授周运清分析说：首先，现在的年轻人一定要转变就业观念，要树立凭自己的能力在社会上站稳脚跟的观念。其次，要认真地培养自己的能力，光是读书拿个文凭，没有能力是不行的。最后，就是要有创新思维，形成自己的特色资源。

专题八
海洋权益

任务介绍

1. 理解海洋权益的概念及内涵，睿智进取地看待现代海洋权益争端。
2. 了解现代中国海域海洋权益争端，增强民族危机感和责任感。
3. 掌握中国维护海洋权益的重要性和必要性。
4. 利用现代海洋权益的相关概念正确解释海洋权益争端。
5. 正确理解国家海洋权益举措，分析国家海洋权益的发展形式。

引导案例

2018年2月12日美国第七舰队司令放言：将抗衡中国过度的主权主张！去年8月就任的美国第七舰队司令在日本强调，美国海军要在南海地区保持"航行自由"行动，"将抗衡过度的主权主张"。中国军事专家对此称，解放军在维护国家主权和海洋权益能力近些年大幅提升。

2018年2月21日，中国海警2307、2502、31240舰船编队在中国钓鱼岛领海内巡航。这是继当月13日后中国海警舰船编队第二次常态化巡航我国钓鱼岛！关于中国海警船常态化巡航钓鱼岛，中国外交部立场鲜明：钓鱼岛及其附属岛屿自古以来就是中国领土。中国政府公务船在有关海域的巡航执法正当合法。中国维护领土主权和海洋权益的决心和意志坚定不移，今后将继续开展有关巡航执法活动。

【思考】

近十年来中国周边地区海上争端集中爆发，中菲黄岩岛对峙、中日钓鱼岛争端、日韩独岛（日称竹岛）争端、日俄千岛群岛（日称北方四岛）争端以及越南针对中越岛礁之争出台了海洋法、菲律宾南海"仲裁"闹剧等事件相继发生，并在短时间内迅速升级，呈现出较强的对抗性。尤其是中日钓鱼岛争端的激烈程度达到了历史新高点，成为影响亚太国际关系与地区稳定的最主要因素。如何正确处理海上争端，制定更加清晰的海洋战略，坚决维护我国合法的海洋权益，成为中国崛起必须直面的问题。

【启示】

山雨欲来风满楼，做好规划不用愁，维权发展直面对，一解长远近日忧。

知识要点一： 海洋权益的概念及内涵

一、海洋权益的概念

海洋权益是一个法律概念，海洋权益是指国家在其管辖海域内所享有的领土主权、司法管辖权、海洋资源开发权、海洋空间利用权、海洋污染管辖权以及海洋科学研究权等权利和利益的总称。也就是指国家在《联合国海洋法公约》（以下简称《公约》）框架下海洋空间上所享有的一切合法权利和利益的总称。

首先，海洋权益属于国家的主权范畴，它是国家领土向海洋延伸形成的权利，简称海权。或者说，国家在海洋上获得的属于领土主权性质的权利，以及由此延伸或衍生的部分权利。

其次，海洋权益根据海洋国土领域的不同，有着不同层次的权益含义。一是国家在领海区域享有完全排他性的主权权利，这和陆地领土主权性质是完全相同的。二是在毗连区享有的权利，也属于排他性的，主要有安全、海关、财政、卫生等管辖权。这个权利是由领海主权延伸或衍生过来的权利。三是在专属经济区和大陆架，享有勘探开发自然资源的主权权利，这是属于专属权利，也可以理解为仅次于主权的"准主权"。另外，还拥有对海洋污染、海洋科学研究、海上人工设施建设的管理权。这可以说是上述"准主权"的再延伸，因为沿海国家是首先在专属经济区和大陆架拥有专属权利之后，才会拥有这些管辖权。还有，海洋权益是国家在海洋上所获得的利益，或者可以通俗地说是"好处"。当然，利益或"好处"是受国家法律保护的。显然，海洋权益这一概念，不仅有着深刻的法理意义，而且还有极强的实践性。

再就是，海权与海洋利益。海权是海洋权力的缩写，它是一个权力政治术语。权力是自上而下的，是平衡的力量、平衡的能力，指国家在反对情况下仍能实现自己意志的能力，因此用海洋权力进行海洋利益的诉求是海权的本质属性。海洋权利则是一个法律术语，它是国家主权在海洋的延伸。海洋权益是一个国际法术语，它突出了利益，并强调在合法权利的基础上实现海洋利益的维护。

简而言之，海权是国家在经济、军事等方面控制和利用海洋的力量。海洋权益是海洋权利和海洋利益总称。海权是维护国家海洋权益的力量基础，海洋权益是海权所要实现的目标。

> **感悟** 海洋权益是国家主权的一个重要组成部分．

二、海洋权益的内涵

海洋历来是国际政治斗争的重要舞台，而海洋政治斗争的中心就是海洋权益问题。随着人类对海洋认识的发展，海洋权益的内容也将会发生重大变化。国家在国际舞台上的政治威望、战略利益在很大程度上依赖于国家海洋开发和对海洋的控制能力。

一般地说，海洋权益的内涵主要有：一是海洋政治权益，如海洋主权、海洋管辖权、海洋管制权等，这是海洋政治权益的核心。海洋权益是国家主权的一个重要组成部分。海洋维系着中华民族崛起的诸多重大安全和发展利益。二是海洋经济权益，主要包括开发领海、专属经济区、大陆架的资源，发展国家的海洋经济产业等，这是海洋国家经济可持续发展的重心。三是海上安全利益，主要是使海洋成为国家安全的国防屏障，通过外交、军事等手段，防止发生海上军事冲突，是海洋国家战略性防御的阵地。四是海洋科学利益，主要是使海洋成为科学实验的基地，以获得对海洋自然规律的认识等。此外，还有海洋文化利益，如海上观光旅游、举办跨海域的文化活动等。

> **感　悟**　　"强于世界者必先盛于海洋，衰于世界者必先败于海洋"
> 已成为社会共识。

三、海洋权益相关概念

近年来，美国升级"航行自由行动"挑战中韩印菲等 18 国，屡屡利用"无害通过"和"公海自由"等概念搪塞，不但霸道而且危险。以下给出相关概念及其内涵。

1. 无害通过权

"无害通过权"是指所有国家，不论沿海国或内陆国，其船舶在不损害沿海国和平、良好秩序或安全的前提下，均享有自由通过他国领海的权利。这是一项根据长期国际实践所形成的习惯法规则。

2. 无害通过

"无害通过"指外国船舶（主要指商船）在不损害沿海国的安宁、和平及正常秩序的条件下，可以在不事先通知或征得沿海国同意的情况下，连续不间断地通过其领海的航行权利。

"无害"，指不损害沿海国的秩序和安全。"通过"，是指穿过领海但不进入内水，或为了驶入或者驶出内水而通过领海的航行。这种航行必须是"继续不停和迅速前进"，且不包括停船和下锚、不包括停靠泊船处和港口设施，"但"通过航行所"附带"发生的停泊和下锚，或者"在因遇到不可抗力或遇难所必要的或者为援助遇险或者遭难的人员、船舶或飞机的目的"的停泊或抛锚则是允许的。"潜水艇"通过时必须在海面航行并展示其国旗。外国船舶通过时必须遵守沿海国的法律和沿海国为无害通过而制定的规章制度以及关于防止海上碰撞的国际规则。

3. 非无害通过

《联合国海洋法公约》对非无害通过做了具体规定。依其第 19 条第二款，外国船舶在领海内进行下列任何一种活动，其通过就是"非无害通过"：

（1）对沿海国的主权、领土完整或政治独立进行任何武力威胁或使用武力的行为，或以任何其他违反《联合国宪章》所体现的国际法原则的方式进行武力威胁或使用武力的行为；

（2）以任何种类武器进行的任何操练或演习；

（3）任何目的的搜集情报使沿海国的防务或安全受损害的行为；

（4）任何目的的影响沿海国防务或安全的宣传行为；

（5）在船上起落或载运任何飞机；

（6）在船上发射、降落或接载任何军事装置；

（7）违反沿海国海关、财政、移民、卫生的法律或规章，上下任何商品、货币或人员；

（8）违反本公约规定的任何故意和严重的污染行为；

（9）任何捕鱼活动；

（10）进行研究或测量活动；

（11）任何目的的干扰沿海国任何通信系统或任何其他设施、设备的行为；

（12）与通过没有直接关系的任何其他活动。

4. 公海自由

1958 年的《公海公约》规定，公海自由主要包括航行自由、捕鱼自由、铺设海底电缆和管道的自由、飞越自由。《联合国海洋法公约》除规定上述自由外，还增加了建造国际法所准许的人工岛屿和其他设施的自由、科学研究的自由，并规定所有国家在行使这些自由时，应合理地照顾到其他国家享受公海自由的利益。另外，各国均有权在公海自由进行以和平为目的的科学研究。

公海自由，意味着公海不属于任何国家的管辖范围，但并不是说在公海上发生的事任何国家都不能管。公海上的管辖权可以分为两类，一类是船旗国管辖，一类是普遍性管辖。

一般来说，在国际法上，国家的管辖权是指国家对其领域内的一切人、物、所发生的事件以及对在其领域外的本国人行使管辖的权利。这就是属地管辖权和属人管辖权。随着国际间交往的增加，一些外国人在本国以外侵犯本国的利益，本国可以行使保护性管辖权；对于犯罪人不是本国人，犯罪的地方也不在本国的领土上，但是却危害全人类的利益，本国可以行使普遍性管辖权。

为了维护公海航行安全和公海的正常法律秩序，各国对于在公海上发生的违反人类利益的国际罪行以及某些违反国际法的行为有权进行管辖。国家在进行这种管辖的时候，一般由军舰或者国家公务船舶来完成。属于公海上普遍管辖的对象主要是海盗行为、贩卖奴隶行为、毒品走私行为以及公海上的非法广播行为等。

5. 登临权

登临权是指沿海国的军舰或军用飞机等在公海上靠近或登上有合理根据的，被认为犯有国际罪行或其他违反国际法行为嫌疑的商船进行检查的权利。

登临权的行使具有严格的条件。首先，登临检查的对象只能是不享有豁免权的外国船舶，一般指商船，而不能是军舰和国家公务船，因为别的国家的军舰和国家公务船舶有管辖豁免权。其次，登临权的行使只能是在公海上进行，在主权和管辖海域登临属于沿海国的管理或外交行为。另外，登临权的行使必须有合理的理由和根据，如果仅认为船舶有海盗行为或其他国际犯罪的嫌疑，而这种嫌疑经证明是没有根据的，被登临的船舶并未从事涉嫌的任何犯罪行为，这种登临行为则可能被要求对被登临船舶遭受的任何损失或损害应予以赔偿。另外，行使登临权的只能是军舰、军用飞机和得到正式授权且有清楚可识别标志的政府船舶或飞机。

登临权是主权国家行使管辖权的一种体现。在战争中，出于战争的需要，登临权也会被作为一种交战权利来行使。登临权必须在特定的情况下行使，在公海上，如果发现商船有从事海盗行为，从事奴隶贩卖或者从事没有经过许可的广播的嫌疑便可以行使登临权。这些登临行为符合普遍管辖的原则。

另外，在海上航行的船舶都要悬挂某个国家的国旗，表明自己的身份，每个国家都有权查处"非法"悬挂"本国国旗"的行为。因此，如果船舶没有国籍，或者怀疑船舶虽悬挂外国国旗或没有悬挂国旗，但事实上，船舶和行使登临权的军舰的国籍一样，这

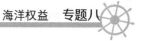

种情况下，国家的军舰也可以行使登临权。如果所怀疑的情况属实，在必要的时候，军舰可以予以捕获，强行扣押。

6. 紧追权

紧追权是沿海国拥有对于违反其法规并从该国管辖范围内的海域向公海行驶的外国船舶进行追逐的权利。紧追权的前提条件是被紧追的船舶违反了该国的法律或规章。

紧追权的行使具有严格的条件，一是紧追行为只能由军舰、军用飞机和得到正式授权且有清楚可识别标志的政府船舶或飞机从事，同时紧追权的主体，主体不能是对象，也就是说只能对不享有豁免权的外国船舶行使。二是紧追可以开始于行使紧追权国的国家内水、群岛水域、领海、毗连区、专属经济区或大陆架（包括大陆周围设施的安全地带），也就是说紧追权不能从公海开始。三是紧追应在被紧追船舶的视听范围内发出视觉或听觉的停止信号后，才可开始。四是追逐不能中断，紧追可以追入公海后继续进行，直至追上并依法采取措施，但必须是连续不断的。五是紧追权在被紧追船舶进入其本国或第三国领海时立即终止，因为行使紧追权的是军舰、军用飞机和得到正式授权且有清楚可识别标志的政府船舶或飞机等，一般不享有在他国领海的无害通过权。

> **感悟**　制空权是制海权的基础，制海权是陆地安全的基础，陆地安全是国家安全的基础。

四、世界海洋权益争端形成和发展

（一）海洋之争，霸权思想

历史上，封建社会的罗马君主提出了"海洋应归罗马所有"和"一统天下"的主张。1492 年哥伦布率领西班牙船队横渡大西洋，占领中美洲沿岸地带。1494 年西班牙、葡萄牙欲二分海洋，规定以子午线为界，线以西，包括墨西哥湾和太平洋归西班牙；线以东，包括摩洛哥以南的大西洋和印度洋归葡萄牙。10 世纪，英国国王自称为"不列颠海之王"。1609 年，英国国王宣布"拥有不列颠海主权"。

最早的海洋争端，基于霸权思想的有效控制目的。局限于"海洋的无限"的思维。其理论基础是"海上控制论"，其根本目的是领土政治权力的扩张和海防，其初期表现形式是规定在其主张权利的海域航行的外国船舶要向其旗帜敬礼，或缴纳通行费，或控制、禁止外国船舶的航行、捕鱼等。

其过程是《海洋闭锁论》与《海洋自由论》的辨析和发展。其结果是，把海洋划分为属于沿海国主权范围内的领海和不属于任何国家支配的公海两部分。于是就有了"领海"和"公海"之分。1795 年，法国《万国公法宣言》草案申明公海不得为任何一国所有。然后才有"公海自由原则"成为国际法原则。同时，"领海"就成为近代海洋权益争夺的热点。

（二）领海之争，海权思想

1625 年，格劳修斯提出了"有效统治原则"，在此基础上，荷兰法学家宾刻舒克提出了大炮射程规则，实践上，领海范围有的国家 3 海里，有的国家 4 海里或 6 海里，有的国家 9 海里，还有的国家 11 海里。1736 年，英国颁布"游弋法"，规定在离海岸 5 海里的区域内，有权对有运载违禁品嫌疑的外国船舶进行检查，有权对运载违禁品的船舶没收货物和罚款。后来，又把这个区域扩大到 6 海里、12 海里和 24 海里。1922 年，美国颁布法令，规定在 12 海里的区域内执行禁酒令。外国船舶不论是否驶往美国，只要进入 12 海里的范围内，美国都可登临检查。这引起了许多国家，特别是英国的反对。1935 年，挪威为了制止英国渔船闯入其沿岸水域捕鱼，国王颁布敕令，规定采用直线基线，此举引起英国的反对和旷日持久的激烈外交斗争。

领海之争，是现代海洋权益争端的雏形。其形成了海峡等狭窄地带两国划界问题，从解决方式上拓展了制定公约或协议等非战争途径，从实践性上展现出执行程度的自主性、梯度性。从某种意义上说领海之争已经告诉我们，实力才是根本。

（三）毗邻区之争，海洋利益

早在 1936—1938 年间，日本渔船就蜂拥到阿拉斯加浅水区大肆捕捞鲑鱼，严重打击了美国沿海渔业，激起了美国公民的抗议和政界人士的忧虑，从那时起就有议员不断提出法案，要求扩大美国近海的管辖权，以限制外国渔船在美国近海的捕鱼活动。

1945 年 9 月 28 日，美国总统杜鲁门发表了《关于美国对大陆架海床和底土自然资源的政策宣言》和在毗邻美国海岸的公海区域建立渔业养护区的公告。在捕鱼方面，美国感到仅有 3 海里领海是无法防范外国渔船到美国近海捕鱼的。类似举动促使一些沿海国提出对其领海外的一定区域的渔业资源实行管理和控制的要求，从而形成了专属渔区，以及后来的专属经济区。

世界地理大发现、工业革命大成功，大大提高了海洋捕捞和开发能力，同时也打破了海洋渔业资源取之不尽、用之不竭的传统观念。拉开了人类海洋利益之争的序幕，从而引导着海洋权益之争从近海走向远海，从浅海走向深海。

（四）大陆架与专属经济区之争，现代海洋权益

在大陆架方面，由于早在 19 世纪末（1894 年）和 20 世纪初（1918 年），人们就发现加利福尼亚沿岸浅水区和墨西哥湾存在石油，1938 年，罗斯福总统提出了对处于公海海底的部分区域的管辖权要求。

在第二次世界大战中，美国石油消耗巨大，陆地石油资源日益不足，所以，第二次世界大战刚刚结束一个多月，美国总统杜鲁门就发表了上述两个公告，规定美国有权在邻接其海岸的公海区域划定渔业养护区，美国有排他性的管理和控制权；规定"处于公海下但毗连海岸的大陆架的海床和底土的自然资源属于美国，受美国的管辖和控制"。

杜鲁门公告以"大陆架"为导火线引爆了又一轮"圈海运动"。无奈，大陆架狭窄国家便拓展领海，所以智利和秘鲁在 1947 年率先宣布 200 海里的领海。1971 年 4 月，智利的委·瓦·卡里略教授提出了"承袭海"概念。与此同时，肯尼亚提出了"专属经济区"概念，得到了包括内陆国在内的几乎所有非洲国家的广泛赞同。却引起一些发达国家的极力反对。因为 200 海里国家管辖权彻底打破了"领海以外即公海"的传统国际法观念，使占世界海洋面积 35.8% 的海域处于沿海国的管辖之下，这些海洋提供了 94% 的世界渔获量和 87% 的海洋油气储量，世界上一些重要海湾和海峡几乎都包围在国家管辖范围内。

大陆架与专属经济区争夺标志着现代海洋权益争端的开始。它标志着海洋争端从野蛮到文明，从武力到法律的进程；同时也标志着人类对海洋整体认知的全面和完善。

1967 年 8 月 17 日，马耳他驻联合国大使阿·帕多博士提出了国家管辖范围以外的海

床和洋底是"人类共同继承遗产"的概念，并被联合国大会接受。于是，在第 22 届联合国大会上决定成立一个海底委员会，开启了《联合国海洋公约》和平利用海洋的新里程。

（五）《联合国海洋法公约》的形成

在 1958 年和 1960 年联合国召开了两次海洋法会议之后，国际形势发生了深刻变化，建立一个新的国际海洋法律秩序，是大势所趋、人心所向。

于是，1973 年开始召开第三次海洋法会议，历时 9 年，于 1982 年 4 月 30 日完成了《联合国海洋法公约》的制定工作，并以 130 票赞成、4 票反对、17 票弃权获得通过。同年 12 月 10 日起开放签字，到 1984 年 12 月 9 日开放签字截止时，共有包括中国在内的 155 个国家和 4 个实体在《联合国海洋法公约》上签了字。

由于美、英、德等主要发达国家认为《联合国海洋法公约》第十一部分关于国际海底区域的某些规定不能满足其要求，它们或者不签署该公约，或者签署了但无意批准该公约。于是，联合国秘书长于 1990 年 7 月至 1994 年 6 月主持了对公约第十一部分的非正式协商，形成了《关于执行第十一部分的协定》，于 1994 年 7 月 28 日在第 48 届联合国大会续会上以联合国大会决议的形式获得通过。1994 年 11 月 16 日《联合国海洋法公约》连同《关于执行第十一部分的协定》同时生效。1996 年 5 月 15 日，中国全国人大常委会决定批准《联合国海洋法公约》。《联合国海洋法公约》已于 1996 年 7 月 7 日起对中国生效。此时，标志着当代统一的国际海洋法律制度的最终确立。

五、《联合国海洋法公约》的主要内容和特点

《联合国海洋法公约》这个公约由 17 部分共 320 条和 9 个附件组成，涉及领海和毗连区、用于国际航行的海峡、群岛国、专属经济区、大陆架、公海、岛屿、闭海或半闭海、内陆国出入海洋的权利和过境自由、国际海底区域、海洋环境的保护和保全、海洋科学研究、海洋技术的发展和转让、争端的解决等各个方面的法律制度。《联合国海洋法公约》吸收了传统海洋法的一些原则和规则，同时确立了许多海洋法的新概念，几乎涵盖了海洋的一切资源和用途，是迄今为止最全面、最广泛的一部海洋法。其主要特点是：

（1）确立了 200 海里专属经济区制度，从而扩大了国家管辖海域的范围，有利于沿海国维护海洋权益；但又无法具体依据人文历史传承明确划定各邻国权限。

（2）确立了国际海底区域及其资源是人类共同继承财产的原则，有利于打破海洋霸权主义对国际海底区域及其资源的垄断。但又以妥协方式满足超级大国的特定海底要求。

（3）《联合国海洋法公约》进一步满足了内陆国在海洋方面的权利要求。因此，我们现在所说的国家海洋权益，是指所有国家的海洋权益，既包括沿海国也包括内陆国，这体现了人类社会的可持续发展已经越来越多地依赖海洋的必然趋势和客观要求。同时，也留下了决策两难，而授予列强国家的摆布和控制的权柄及空间。

《联合国海洋法公约》只能是一个妥协折中的产物，因此很难对复杂的海权纠纷做出明确彻底的解决，当事国家的实力对比和利弊权衡，才是选择纠纷解决方式的决定性因素。由于世界各国的社会制度、发展水平、历史背景、地理位置以及对海洋法律主张的立场、观点不同，在某些方面存有缺陷和不合理的成分，会给那些地理条件优越的发达国家带来更多的利益和好处。但它毕竟突破了旧海洋法框架，建立了一套新的海洋法律秩序。因而不少国家把《联合国海洋法公约》视为"当代国际外交的一次突出成就"，"其深远意义仅次于《联合国宪章》"。

感悟 大国外交，正视问题、审时度势、不断创新、永不放弃，才
有可能使基业长青。

六、国际社会国家海洋权益斗争的途径和形式

轰轰烈烈的新一轮蓝色圈海运动，《联合国海洋公约》的妥协，形成了现代纷繁复杂的海洋权益争端。其主要表现为以下四种途径和形式。

一是在创立和编纂海洋法的过程中，对不同海域的法律地位、范围界定与界限划定原则的确定，对不同国家在不同海域中权利与义务的分配和其他相关事项的规定等方面存在争议。

二是海岸相向或相邻国家间在国家管辖海域界限的划定中，在解释或适用国际公约、协定或其他有关国际法原则、规则上存在分歧。

三是在特定海域、海湾、海峡、岛屿、群岛的主权归属上存在争端。

四是违反国际法基本原则侵占或侵犯、掠夺其他国家管辖的海域、海岛、自然资源，或进行其他非法活动而引起纠纷。

现代海洋权益斗争的形式主要为占有、控制、开发，安全威胁和侵权，等等。

感悟 谁控制了海洋，谁就控制了世界。解决海洋纠纷的根本力量还是一个国家的实力。

知识要点二： 中国海域海洋权益争端

一、中国海洋权益争端的历史背景

（1）历史原因。二战形成的波茨坦－雅尔塔体系是现今世界政治关系的基础，也是东亚大多数国家领土及领海边界的划定依据。我国与周边国家疆界的划定也是以这个体系中的一系列公告作为法律依据的。根据波茨坦公告中国应当收回自 1895 年后所有被日本侵占的领土。因此东海的台湾地区以及钓鱼岛群岛，南海的西沙、南沙都是属于中国的领土。但是由于二战结束后以美国为首的资本主义阵营出于封锁、围堵共产主义中国的需要，长期霸占钓鱼岛，后转让给日本，埋下今日的东海争端的伏笔。而后又鼓动东南亚国家敌视中国，促使其侵占中国在南海的岛礁。而日本则希望通过继续占领二战时所掠取的中国领土——钓鱼岛来突破雅尔塔体系，摆脱战败国阴影。

（2）周边国家对资源的觊觎。中国的近海大陆架蕴藏着丰富的石油、天然气资源，在能源短缺的今天必然会被周边国家觊觎。而南海有丰富的渔业资源、鸟粪石以及石油天然气资源，同时也是海上运输通道和战略要道，有着重要的战略意义。因此，在经济利益的驱使下周边国家借国际海洋法规的名义，欲瓜分我国大陆架以及经济区，甚至岛屿。这些都不足为奇了。

（3）我国长期以来对海洋权益的漠视也是现阶段与周边国家海洋权益争端白热化的原因。由于我国是传统的大陆国家，以前对海洋并不重视。由于种种原因，在我国宣布领海后并没有有效地行使主权。因此，南海的诸多岛屿被东南亚国家偷偷占领。而在改革开放后，为了拥有一个和平的国际环境，我国宣布对领海争端"搁置争议，共同开发"

没有及时收回被侵占的岛屿，也是产生被动局面的原因之一。

> **感悟** 改革开放，解决温饱，发展是硬道理。自强不息，改变命运，隐忍是必须的。

二、中国海洋权益争端现状

（一）黄海

目前，黄海大陆架的界线尚未划定。黄海面积约 38 万平方千米，为浅海大陆架。黄海海洋权益争议主要表现在中朝专属经济区划界分歧和中韩大陆架经济区划界分歧。

中朝在专属经济区（朝鲜称为经济水域）的划分上存在较大分歧。中国与朝鲜在黄海大陆架是相邻共架国。朝鲜在 1977 年 6 月颁布的"关于建立朝鲜民主主义人民共和国经济水域的政令"中声称其经济水域在不能划至 200 海里的海域划至海洋的半分线，即中间线，这是我国不能接受的，在北黄海，中国一侧岸线长度为 688 千米，朝鲜一侧仅为 414 千米，其比例为 1：0.6，且黄海沉积物大部分来源于中国大陆，按中间线法划分显然有失现实依据。

中韩在黄海存在大陆架经济区划分争议。中国与韩国为相向共架国，其间有靠近朝鲜半岛一边、两侧底土不同的中国古黄河河道相区分。所以中国主张按自然延伸原则划界，即按古黄河河道与韩国划分黄海大陆架。但韩国主张按中间线原则划界。这样，中韩双方便产生了 6 万平方千米的争议区。韩国早在 1970 年颁布《海底矿产资源开发法》时，即按中间线宣布了黄海石油勘探区；1972 年又宣布在黄海设立"海上特区"。1977 年公布《领海法》，规定"韩国与相邻或相向国家之间的领海边界，除非与有关国家另有协议，则为两国之间的中间线"。实际上，韩国从自身利益出发，在黄海上位于中国的一边主张中间线原则，而在东海上位于日本一边又主张采用自然延伸原则。1991 年 5 月至 8 月间，韩国在没有与中国达成协议的情况下，连续在中方黄海水域进行石油钻探活动，遭到中国的强烈抗议。2004 年 7 月，韩国还联合日本，在中国东海中方一侧的大陆架进行石油钻探，也遭到中国的抗议。

> **感悟** 黄海之羞在于美国需要借口进入黄海，使得黄海局势复杂化，从中牟利于牵制权。

（二）东海

东海，总面积约 77 万平方千米，它是中、日、韩三国陆地领土环绕的一个半封闭的海域。东海大陆架蕴藏着丰富的石油资源。东海海洋权益争端主要表现在韩国侵占"苏岩礁"和日本侵占"钓鱼岛"的主权之争，涉及东海经济区和大陆架划界问题。

韩国和日本都提出以等距离原则为根据提出对东海大陆架进行划分，而我国坚持自然延伸原则和公平原则，双方（三方）有极大分歧。按日本的无理要求，日本与中国有 16 万平方千米、韩国与中国有 18 万平方千米的争议地区。这其中以我国与日本的争端最为激烈，日本故意忽视冲绳海沟单方面宣称与我国是共大陆架国家，妄图争夺我大陆架。又因中国在东海的正常开采活动制造事端，进而提出在日中等距线两侧共同开发的方案，企图使等距线划分事实化。日本无理指责我国海洋科学考察船在该海域从事海洋科学考察活动为侵犯其管辖海域。此外，我国在东海作业的渔船、海洋科学考察船经常遭到日本海上自卫队和海上保安厅舰机的无理骚扰、跟踪和监视。

苏岩礁问题

苏岩，又名苏岩礁。即江苏外海之岩石、海礁的意思，其附近还有虎皮礁和鸭礁，是位于东海北部的水下暗礁，它只能称作礁石，位于中国大陆架上的海底丘陵，一般处于水深 4.6 ~ 5.4 米以下的地方。面积约 2 平方千米。由于其处于中韩两国各自主张的专属经济区重叠区内，历史上本无争端的苏岩礁问题就浮出了水面。

1995 年，联合国海洋法生效后，韩国根据自身利益，历来顽固主张不同原则，济州岛以南要求自然延伸，向西又要求中间线原则，企图以苏岩礁为基点瓜分中国东海海域。而事实上，根据《联合国海洋法公约》，暗礁不具备作为领土的法律地位，不能成为海域划界依据。而且以地理位置来看，苏岩礁位于中国领海和 200 海里的专属经济区内。距中国童岛的领海基线 132 海里。它与韩国没有任何关系，离朝鲜半岛更是十万八千里，海底也不相连，韩国人只是不满意于仅拥有济州岛沿岸水域的现状，借助了在日本海和日本争竹岛（韩国称独岛）的成功经验，开始南拓领土，魔爪伸向了中国东海。

韩国采取了一边与我国继续专属经济区划界谈判，一边以科学考察名义侵占苏岩礁。但暂不提出领土要求，避免过度刺激中国，以掩耳盗铃的方式为未来以苏岩礁为基点瓜分东海的险恶目的服务。

韩国早在 1970 年颁布《海底矿产资源开发法》时，即按中间线宣布了黄海石油勘探区；1972 年又宣布在黄海设立"海上特区"。并对黄海进行了全面勘探。韩国在 2001 年给我国苏岩取了一个韩国名"离於岛"，发音为 I-EO-DO，韩政府编列国会通过，投资 212 亿韩元（约 2 亿人民币）在苏岩最高峰的南侧 65 米处，打桩兴建了一座高 76 米（水下 40 米，水上 36 米）重 3 600 吨，相当于 15 层楼高的巨大钢筋建筑物，还把它取名为"韩国离於岛综合海洋科学基地"，其实就是一个向中国扩张领土和领海的大型前哨基地，这基地占地面积约 1320 平米，建有直升机停机坪，卫星雷达、灯塔和码头。上面有 8 名常住的所谓研究人员，15 天轮换一次，另外韩国海洋研究院的职员，每隔 2 ~ 3 个月会登岛一次，在上面待一周左右，进行装备、设备的维修保养与检查。

根据 1982 年制定的国际公约规定，大陆架是大陆边缘在海底的自然延伸，大陆国家最远可拥有离海岸线 350 海里 (约 648 千米) 范围内的大陆架。据此，在中国主张的 300 万平方千米的海洋国土中，理所当然地包括黄海大陆架和东海大陆架。而韩国未经中国同意在黄海大陆架上勘探石油，已损害到中国的海洋主权和海洋权益。中国海监部门在东海、黄海我专属经济区和南海北部海湾海上边界和部分争议海域依法进行不定期的巡航监视，必要时派军舰巡航，严正表明我国政府的立场，避免养虎为患。

钓鱼岛及其附属岛屿问题

钓鱼岛，亦称钓鱼台、钓鱼屿、钓鱼山，是中国东海钓鱼岛列岛的主岛，早在 15 世纪初，我国就使用"钓鱼岛"这个名称。现存最早的关于钓鱼岛的资料是在 1403 年航海记录中发现的。无论是中国目前尚存的资料还是琉球当地的记录，或是日本 1783 年和 1785 年的两张地图，都详细说明了当时琉球王国的界线，指出钓鱼岛属于中国。钓鱼岛是中国自古以来的固有领土。位于北纬 25° 44.6'，东经 123° 28.4'，距浙江温州市约 358 千米、福建福州市约 385 千米、台湾基隆市约 190 千米，周围海域面积约为 17.4 万平方千米。

日本方面主观片面认为，从第二次世界大战结束至 20 世纪 70 年代初，中国方面既没有要求对钓鱼岛列岛的主权和管辖权，又没有对钓鱼岛列岛进行实际控制，直到发现石油以后的 20 世纪 70 年代初，中国才对钓鱼岛及其附属岛屿主权提出要求。因此，钓鱼岛诸岛。美国依据强大实力强调钓鱼岛"处于日本的实际控制之下"，将钓鱼岛作为《日美安保条约》的适用对象，并宣称"如果美国在太平洋地区的盟友受到威胁，美国将用武力作回应"。英国外交部在被问及相关事情时表示"不对这一重要的主权问题持有立场"并呼吁此事应"通过和平方式和根据国际法"来解决。表 8-1 列出了日本侵略钓鱼岛的相关事件及过程。

表 8-1　日本侵略钓鱼岛相关事件及过程

时间	事件
1895 年	日本趁甲午战争清政府败局已定，在《马关条约》签订前三个月窃取这些岛屿，划归冲绳县管辖
1943 年	12 月中、美、英发表《开罗宣言》中规定，日本将所窃取于中国的包括东北、台湾、澎湖列岛等在内的土地归还中国
1945 年	《波茨坦公告》规定："开罗宣言之条件必将实施"。同年 8 月，日本接受《波茨坦公告》宣布无条件投降，这就意味着日本将台湾包括其附属的钓鱼诸岛归还中国
1951 年	9 月 8 日，日本却同美国签订了片面的《旧金山和约》，将钓鱼诸岛连同日本冲绳（原我国琉球岛屿）交由美国托管。对此，周恩来总理兼外长代表中国政府郑重声明，指出旧金山和约是没有中华人民共和国参加的对日单独和约，不仅不是全面的和约，而且完全不是真正的和约。中国政府认为其是非法的，无效的，因而是绝对不能承认的
1971 年	美国把琉球群岛的"管辖权"交给日本，冲绳议会首次提出有关钓鱼岛的"领土防卫"问题。中国发声明表示抗议。台湾青年及海外华人发动了"保钓"运动。当年 3 月，五百位旅美学人上书蒋介石。4 月 10 日，华盛顿爆发保钓人游行
1972 年	美国撤离琉球时，将钓鱼岛"行政管辖权"混合琉球"交给"日本，而据中国古代史书记载中国一直对钓鱼岛拥有领土权。因此，钓鱼岛争议也由此而生，形成了目前钓鱼岛及其领海归属中华人民共和国，但日本实际非法管辖该岛的局面
1978 年	中日签署和平友好条约。邓小平副总理表示，钓鱼岛问题可留日后慢慢解决。中国政府明确宣布，搁置（钓鱼岛）主权争议，留待子孙后代解决
1979 年	日本在钓鱼岛上修建了直升机场，海峡两岸向日本提出了交涉和抗议
1990 年	日本青年社在钓鱼岛建灯塔，引发保钓风潮
1992 年	中国通过《领海及毗连区法》，写明钓鱼岛等岛屿是中国领土后，日本提出了"抗议"，中国外交部重申：钓鱼岛属于中国

表 8-1（续）

时间	事件
1996 年	7 月 14 日，日本青年社在钓鱼岛新设置了灯塔。引发海峡两岸强烈抗议，中国外交部表示对这一事件"严重关切"
2010 年	9 月 7 日上午，日本海上保安厅巡逻船在钓鱼岛附近海域冲撞一艘中国拖网渔船。 9 月 25 日，我国渔船船长被日方非法扣押 17 天后回国。 12 月，石垣市议会通过了将 1 月 14 日定为所谓"尖阁诸岛开拓日"的条例
2012 年	1 月 3 日，日本海上保安总部的巡逻船发现冲绳县石垣市议员等 4 人乘坐渔船登陆钓鱼岛。 4 月，东京都知事石原慎太郎在美国华盛顿发表言论称，将要以东京都的名义"购买"钓鱼岛。随后，日本中央政府也宣布要将钓鱼岛"国有化"。 6 月 10 日，日本右翼政治团体在钓鱼岛附近海域举行钓鱼大赛，以显示所谓的"主权" 8 月 12 日，香港保钓行动委员会成员搭乘保钓船"启丰二号"前往钓鱼岛海域，船上共有 14 人，包括 8 名保钓成员（其中 1 人来自澳门，1 人来自大陆）、4 名船员和 2 名记者。 8 月 15 日，保钓成员冲过日本拦截，成功登上钓鱼岛，插上五星红旗，宣布中华人民共和国对钓鱼岛拥有无可争议的主权。 8 月 18 日晚，日本 150 名右翼人士由冲绳石垣岛出发，乘坐 21 艘船赴钓鱼岛海域进行"慰灵"活动，其中还包括 8 名日本国会议员。 8 月 19 日上午，多名日本人登上钓鱼岛，称准备爬到钓鱼岛最高点，插上日本国旗。 8 月 24 日，日本众院针对香港"保钓"人士登上钓鱼一事通过了抗议决议。决议称，钓鱼岛是日本"固有的领土"，香港民间团体"侵入"钓鱼岛附近领海的行为"极其令人遗憾"，日本政府应该"向中国当局进行严正交涉"，并"应采取一切手段"以确保"继续对钓鱼岛进行有效统治"。 9 月 11 日起，中央气象台把钓鱼岛及周边海域的天气预报纳入国内城市预报中。 9 月 7 日，中国渔船与日本巡逻船在钓鱼岛海域发生相撞。 9 月 10 日起，中国政府部门对钓鱼岛及附属岛屿开展常态化监视、监测。中国海监执法船在钓鱼岛海域坚持巡航执法，渔政执法船在钓鱼岛海域进行常态化执法巡航和护渔，维护该海域正常的渔业生产秩序。中国还通过发布天气和海洋观测预报等，对钓鱼岛及其附近海域实施管理。 9 月 25 日，中华人民共和国国务院新闻办公室颁布了《钓鱼岛是中国的固有领土》白皮书

表 8-1（续）

时间	事件
2014 年	1 月 27 日，日本文部科学省修改日本初中和高中"学习指导纲要"解说，写明独岛（日称：竹岛）和钓鱼岛为日本"固有领土"。 3 月 19 日，为了强化国际社会对钓鱼岛和独岛等有争议岛屿的"日本主权意识"，日本外务省开始对这些岛屿的英文名称进行统一标注，并在日本政府发行的英文地图上予以标记。
2014 年	4 月 24 日，在国防部例行记者会上，新闻发言人杨宇军回应奥巴马表示钓鱼岛适用于《美日安保条约》称：钓鱼岛是中国领土，中国军队完全有能力保卫钓鱼岛。 12 月 30 日，钓鱼岛专题网站正式上线开通。该网站由国家海洋信息中心主办，中国互联网新闻中心承办，使用域名
2017 年	8 月，研究韩日历史的日本史学家久保井规夫所公开的日本古代地图证实了钓鱼岛是中国固有领土。他还表示，日本外务省官网上的古地图是伪造的

感 悟　钓鱼岛争端的根本不在岛本身，而在于世界五分之一人口的崛起，摆脱大国的操控。

（三）南海

南海，是一个半封闭的海，北临中国大陆和中国台湾地区，东临菲律宾群岛（又名吕宋），南以连接西南婆罗洲到苏门答腊的一条线为界，西南是从马来西亚到马泰边界再到越南南端和越南南部沿岸。南海的总面积为 350 万平方千米。岛屿大都狭小，其中最大者为东沙岛，12 平方千米，其他各岛面积要小得多。西沙最大的永兴岛为 1.85 平方千米。南海有丰富的矿产资源和渔业资源同时蕴藏着大量的油气资源，因此被周边国家觊觎。我国在南海的传统海疆线（既地图上的不连续线），是二次大战结束后，我国于 1946 年 11 月—12 月从日本手中接管西沙和南沙群岛时划定的。1947 年我国公布了南海诸岛 170 多个岛、礁、沙、滩的名称。同年 10 月我国还公布了"我国四至地点及其经纬度、我国与各邻国之境界线之名称与起讫地点"，同年 12 月内政部方域司绘制的南海诸岛位置图（1948 年 2 月出版）、西沙群岛图、中沙群岛图、南沙群岛图，在南海诸岛的周围明确标绘了断续国界线。当时南海的周边国家并未提出任何异议。但是随着 1982 年《海洋法公约》的制定，国家管辖范围内的海域明显扩大，南沙的周围邻国纷纷觊觎南沙群岛，悍然侵占南海海域。截至目前，越南已占据了约 21 个岛礁，菲律宾占了约 8 个，马来西亚占了约 3 个，文莱和印度尼西亚针对我国南海的岛礁也都提出领土要求。

东南亚国家为了巩固"既成事实"，进一步扩大它们在南海的海洋权益，千方百计地使南沙问题"国际化"。而某些国家竟然提出用"南极模式"来解决南海问题，甚至要求对南海进行国际共管。这都是侵犯中国领土主权和海洋权益的。表 8-2 列出了南海诸岛现状。

表 8-2 南海诸岛现状

控制国家	岛礁名称
中国实际控制 9 个岛礁	中国大陆控制永暑礁、赤瓜礁、东门礁、郑和礁、南薰礁、渚碧礁、华阳礁、美济礁等 8 个岛礁，中国台湾控制太平岛
越南占 29 个岛屿和珊瑚礁	鸿庥岛、南威岛、景宏岛、南子岛、敦谦沙洲、安波沙洲、染青沙洲、中礁、毕生礁、柏礁、西礁、无乜礁、日积礁、大现礁、六门礁、东礁、南华礁、舶兰礁、奈罗礁、鬼喊礁、琼礁、广雅滩、蓬勃堡、万安滩、西卫滩、人骏滩、奥南暗沙、金盾暗沙、李准滩
菲律宾占领 8 个岛屿	马欢岛、南钥岛、中业岛、西月岛、北子岛、费信岛、双黄沙洲、司令礁（沙洲）
马来西亚占领 3 个岛屿	弹丸礁、南海礁和光星仔礁，还在 6 个岛礁上竖立了"主权碑"
文莱占领 1 个岛屿	声称对"南通礁"拥有主权

越南：对西沙和南沙同时提出主权

越南对中国南沙群岛的侵略始于前南越西贡政权。声称拥有南沙全部海域。越南已完成对南沙岛礁的军事控制部署；加强所占岛礁的基础建设，增强岛礁防御作战能力的同时加紧对油气资源的掠夺。在 1974 年以前，越南方面在政府声明、照会、报刊、地图和教科书中，都正式承认西沙群岛和南沙群岛是中国领土。自 1974 年后，越南态度发生了根本性变化。1975 年，越南开始提出对西沙、南沙群岛的主权要求，但并没有对断续线表示异议。20 世纪 90 年代，越南对南沙的侵权活动已从单纯的军事抢占，转为通过向岛礁移民、进行"国会代表"选举、设立基层政权组织、调整行政建制、对外油气招标等方式，宣示"主权"，强化对所占岛礁的"行政管辖"，加速进行民事化开发利用，以巩固既得利益。进入 21 世纪以后，越南注重利用《公约》等国际法向国际社会宣示"主权"。2009 年 5 月，越南单独及与马来西亚联合，提交了关于南海北部和南海南部 200 海里外大陆架划界案，分别涉及西沙海域和南沙海域 7.8 万和 4.5 万平方千米的海床和底土。越南非法占领岛屿和珊瑚礁 30 个，岛屿总面积约 0.67 平方千米，同时将南沙群岛及其附近大约 100 多万平方千米的海域纳入越南版图，并声称对西沙也拥有主权。越南是除中国外，唯一对西沙和南沙同时提出主权的国家。其论据主要有三个：

（1）1933 年和 1975 年，对法国殖民当局和南越西贡政权南沙群岛主权的"国家继承"，特别是南越西贡政权于 1958 年和 1959 年发布的关于把南沙群岛划归福绥省管辖的法令。

（2）《旧金山合约》对南沙群岛的处置条款，即提出"日本放弃对台湾、澎湖列岛、南沙及西沙群岛的一切权利和要求"，但只字未提这些领土的归属问题。

（3）一些越南"古籍资料"，但这些岛屿的最早历史记录是 1802 年才开始的。

表 8-3 列出了越南对中国南沙群岛的侵略过程。

表8-3 越南对中国南沙群岛的侵略过程

时间	事件
1950 年	10 月 14 日，法国非法将西沙和南沙 2 个群岛的所谓管辖和保护权移交给南越保大政权
1956 年	南越政府分批占领了西沙群岛多个岛屿
1974 年	2 月，南越侵占南沙群岛南子岛，改名西双子；侵占敦谦沙洲，改名"山歌"岛；占领景宏岛，改名为"生存"岛；占领南威岛，改称长沙岛；占领安波沙洲，改称安邦岛
1975 年	2 月 17 日，南越军队侵驻中国南威岛
1976 年	2 月 17 日，越南《人民报》刊登越南新的行政区划地图，其附图中划入西沙和南沙群岛
1978 年	4 月 2 日，侵驻中礁。4 日，入侵渚碧礁、长线礁并插旗。4 月 6 日入侵柏礁（越称渔船岛）并在岛上竖立"主权碑"。4 月 10 日，侵驻毕生礁（越称潘荣岛）
1987 年	2 月，越南派兵侵驻柏礁。12 月 30 日，越南派兵侵驻南沙西礁
1988 年	2 月 5 日，越南派兵侵驻南沙日积礁。2 月 6 日，越南派兵侵驻南沙大现礁。2 月 7 日，越南派兵侵驻南沙无乜礁。2 月 19 日，越南派兵侵驻南沙东礁。2 月 27 日，越南派兵侵驻南沙六门礁。3 月 2 日，越南派兵侵驻南沙华礁。3 月 14 日，在南沙赤瓜礁海域，越南舰船向中国执行考察任务的舰船和人员进行挑衅，中方被迫进行有限还击，打沉越南武装运输船 1 艘，重伤越登陆舰和武装运输船各 1 艘。3 月 20 日，越南派兵侵占南沙南华礁、五方礁。4 月 2 日，越南派兵侵驻南沙奈罗礁。4 月 13 日，越南派兵侵驻南沙舶兰礁。6 月 28 日，越南派兵侵占南沙鬼喊礁、琼礁
1989 年	6 月 30 日，越南军队侵占南沙广雅滩和蓬勃堡礁。7 月 5 日，越军队侵占南沙万安滩
1990 年	11 月 4 日，越南派兵侵占南沙西卫滩
1991 年	1 月 3 日，越南军队侵占南沙李准滩。11 月 30 日，越南军队侵占南沙人骏滩，并在海滩建成水文气象站
2007 年	3 月，越南宣布在越南北部海防市东七十多千米的海域发现石油储量丰富的安子油田。4 月，越南正式启动与英国石油公司推进在南沙建设天然气田和管道的计划。4 月 12 日，越南外交部发言人就南沙群岛的所有权公开发表声明，称"有充分的历史根据证明越南拥有南沙群岛的主权"
2009 年	越南向联合国大陆架界限委员会单独提交了南海"外大陆架划界案"，该案未能进入联合国大陆架界限委员会的审议程序

菲律宾：南海问题上日趋强硬

菲律宾对南沙群岛的领土要求基于专属经济区，沿海大陆架公约及 1956 年探险队的远征考察。菲律宾占领 6 个岛礁，总面积约 0.8 平方千米，基本上控制南沙东北部海域。其依据主要有两个：其一，这部分岛屿原为"无主岛屿"。其二，这些岛屿离菲律宾最近，

对菲律宾的国家安全与经济发展至关重要。表8-4列出了菲律宾对中国南沙群岛的侵略过程。

表8-4　菲律宾对中国南沙群岛的侵略过程

时间	事件
1946年	9月23日，菲律宾外长奎林诺声称：南沙属菲国防范围
1948年	菲律宾马尼拉航海学校克洛马组织探险队，窜入南沙群岛太平岛非法活动
1949年	4月菲律宾海军总司令部派人窜入南沙群岛进行非法测量
1956年	菲律宾航海学校校长托马斯·克洛马乘练习轮4号，侵占北子礁、南子礁、中业岛、南钥岛、西月岛、太平岛、敦谦沙洲、鸿庥岛、南威岛等9个主要岛屿，并在各岛竖起"占领"碑，并擅改岛屿名称
1970年	8月23日，菲律宾侵驻中国马欢岛。9月，菲律宾侵驻中国费信岛
1971年	4月18日，菲律宾侵驻中国中业岛。7月10日，菲律宾侵占中国西月岛。7月14日，菲律宾侵驻中国南钥岛
1978年	3月3日，菲律宾军队侵驻双黄沙洲
1994年	菲宣称对黄岩岛拥有主权
2009年	2月2日，众议院通过第3216号法案，将南沙群岛部分岛礁（包括太平岛），以及中沙群岛的黄岩岛划入菲国领土。4～5月美菲两国海军联合举行"肩并肩2009"军事演习，其内容即为美军支援菲军在南沙岛礁附近海域实施作战
2010年	2月，菲政府正式批准英国Forum Energy石油公司在南沙群岛附近礼乐滩海域进行石油勘探
2011年	6月，菲政府宣布将菲律宾西部的南中国海改称为"西菲律宾海"
2012年	4月，菲律宾海军闯入中国黄岩岛海域，并对中国渔船进行抓扣，被中国海监船制止，双方随后发生对峙
2013年	1月22日，菲律宾正式向联合国海洋法法庭提请针对中国的"仲裁"
2016年	7月12日，菲律宾政府发表声明，对"结果"表示"欢迎"，并组织专家研究该"有利于"菲律宾的结果，同时表示希望各方保持克制冷静。 12月17日，菲律宾总统杜特尔特表示，他将搁置南海仲裁裁决，不会向中方强加任何东西，菲不准备对抗中国

马来西亚：强化"事实占有、实际控制"

在南海问题上，马来西亚采取的是巩固占领的策略，其通过各种途径向国际社会强化其"事实占有、实际控制"的态势，宣示其对部分南沙岛礁拥有"不容置疑的主权"。

马来西亚占领岛礁 3 个，巡视监控 4 个，基本上控制南沙群岛西南部及海域。领土要求限于大陆架和专属经济区，其侵占和分割南沙岛礁和海域的主要借口是这些小岛位于马来西亚的大陆架上。

1966 年颁布的《马来西亚大陆架法》，以 200 米水深和可开发深度为标准确定其大陆架的标准。1969 年 8 月 2 日颁布的《马来西亚第七号紧急（基本权力）法令》，将其领海宽度扩展至 12 海里。1970 年，马来西亚开始在南康暗沙和北康暗沙开发油气资源。表 8-5 列出了马来西亚对中国南沙群岛的侵略过程。

表 8-5　马来西亚对中国南沙群岛的侵略过程

时间	事件
1978 年	马来西亚派一支小型舰队到南沙群岛南端的部分岛礁活动，并树立"主权碑"
1979 年	首次通过出版大陆架地图的形式，将南沙的 12 个岛礁 27 万平方千米海域划入自己的疆域。其理由是这些岛礁在其大陆架上
1983 年	6 月 8 日，马来西亚军队侵占了安波沙洲东南 60 海里处的芦花岛。8 月 20 日，马来西亚派兵侵驻弹丸礁
1980 年	马来西亚政府宣布 200 海里专属经济区
1986 年	10 月，马来西亚派兵侵驻南沙群岛南海礁。10 月 9 日，马来西亚派兵侵驻南沙光星仔礁
1988 年	2 月 24 日，马来西亚外交部发表声明称南沙群岛位于马大陆架上，其主权属马来西亚，并称不接受任何国家对南沙的主权要求
2008 年	8 月，马来西亚副首相纳吉赴南沙群岛燕子岛，宣示主权
2009 年	越南向联合国大陆架界限委员会单独提交了南海"外大陆架划界案"，该案未能进入联合国大陆架界限委员会的审议程序
2011 年	5 月，马来西亚与越南一起正式向联合国大陆架界限委员会提交《200 海里外大陆架划界案》，将包括南沙群岛在内的南海南部大部分海域作为马越两国共同拥有的外大陆架。该案未能进入联合国大陆架界限委员会的审议程序

印度尼西亚

1966 年，印度尼西亚在海上划分"协议开发区"，1969 年 10 月印尼与马来西亚签订大陆架协定，声称拥有 5 万平方千米的南沙海域。1980 年 3 月，宣布建立 200 海里专属经济区。在南海争端中，印尼与我国不存在岛礁主权的矛盾，但就海洋划界问题存在一些分歧。

文莱

文莱占领 1 个岛礁，领土要求基于专属经济区。对外宣布 200 海里专属经济区，并发行了标明海域管辖范围的新地图，声称对"南通礁"拥有主权，并分割南沙海域 3 000 平方千米。文莱是对我南沙部分岛礁提出主权要求而唯一未派兵侵占的国家。但对掠夺南沙油气资源不甘人后，目前已开油田 9 个，气田 5 个，年产原油 700 多万吨，天然气 90 亿立方米，并拟进一步扩大。

（四）国际海洋通道

我国的发展已经从"开放战略"进入到"国家利益不断拓展背景下的全球布局战略"阶段，海上通道作为中国国家利益拓展的载体，日益受到瞩目。迄今为止，中国已经开辟 30 多条远洋航线，通达世界 150 多个国家和地区的 600 多个港口，国家海洋利益安全涉及太平洋以及印度洋等有关海域。中国在开拓海上战略通道的过程中，遭遇到前所未有的挑战。北上日本海要经过朝鲜海峡；东出太平洋主要依赖琉球群岛诸水道，巴士海峡；西向印度洋或南下大洋洲，需要穿越马六甲海峡、巽他海峡、龙目海峡；西向欧洲航线的索马里海域和红海。破解"岛链封锁"，确保重要通道成为维护中国海洋权益的常规性任务。

（五）南北极开发问题

南极包含政治利益、安全利益、科研利益和经济利益等，是中国经济可持续发展的重要潜力空间。美国、俄罗斯等国家对北极深海大陆架的探索，旨在建立占有北极的法律体系，北极航线的常规化探索是实践中国海洋权益的必要方式。两极权益争端主要表现在权益范围，资源尤其是能源问题、海上通道问题、战略地位问题和科学考察意义。

> **感悟**　纷繁世事多元应，击鼓催征稳驭舟。固我国土，兴我海疆，任重而道远。

知识要点三： 中国维护海洋权益的重要性和必要性

全球化的今天，海洋越发显示其重要性。中国作为一个海洋大国，有重要的海洋经济利益，同时又面临严峻的海洋安全形势，维护海洋权益十分必要。同时维护海洋权益有重要的现实意义。维护海权在政治上可以提高中国国际地位和形象，在经济上维护海洋资源，安全上保证我国海上运输安全。

一、中国维护海洋权益的重要性

海洋既是人类生存的基本空间，也是国际政治斗争的重要舞台，而海洋政治斗争的中心就是海洋权益。全球愈演愈烈的海洋权益斗争的背后都是巨大的海洋利益。维护海洋权益关系着中华民族崛起的诸多重大安全和发展利益。

（1）保卫国家主权与领土完整，防御敌对国家从海上的打击和入侵。海洋权利属于国家主权的范畴，是国家领土向海洋延伸而形成的一些权利。坚持不懈地维护海洋权益既能维护国家领土的完整，同时也能促进国家的和平统一；既能在国际上担当起大国的责任，表明维护世界和平的政治立场，同时也能获得海上安全信息，防御敌对国家从海上的打击和入侵，为海洋防卫体系的完善增加经验。同时，又能广播国家安全信息，培养民众关切国家安全，激发民众的爱国热情，增强国民海洋意识，从而加快祖国和平大业的进程。

（2）保卫支撑我国经济可持续发展的海洋资源。海洋渔业资源和海底矿产资源，尤其是石油、天然气资源等海洋资源是我国可持续发展不可或缺的支柱。东海和南海拥有丰富的石油、天然气资源，被称作"第二个海湾"。这无疑对周边各国有着极大的诱惑力，梦想通过开采石油、天然气走向富国之路。日本外务省曾露骨地表示，只有争得钓鱼岛的主权，日本才可能和中国划分东海大陆架大约 20 多万平方千米的海洋国土，并进而夺取东海丰富油气资源的一半。维护海洋权益，是中华民族伟大复兴大业的资源支柱。

（3）维护对外贸易海上航运通道、石油航线以及重大海外利益的安全。一个国家的安全利益是和发展利益统一的，也就是说国家的发展会遇到哪些安全上的威胁，国防力量就要去关注、减少乃至消除这些威胁。对一个濒海国家来说，出海口和航道就是该国的发展基石，可谓得之则兴，失之则亡。因此，除了能源因素外，钓鱼岛和南海诸岛在战略上的重要地位是日本和东南亚各国争夺它的另一个重要原因。南海诸岛地处太平洋与印度洋之间的咽喉，扼守两洋海运要冲，是多条国际海运线和航空运输线的必经之地，也是扼守马六甲海峡、巴士海峡、巴林塘海峡等重要海上通道的关键。谁控制了这条航道，就等于卡住了使用这条航道国家的脖子。所以，能否保护好自己在东海和南海的海洋权益，对周边各国来说都是事关国家安全利益的极大问题。

此外，维护海洋权益，有效打击海上恐怖主义、海盗、走私和跨国犯罪等问题，营造世界和平和良好的地区海上安全秩序；通过海洋管辖改善海洋环境，维护我国可持续发展和生存空间的质量。

> **感　悟**　有限的地球，无穷的追求；国亦有疆，人要有刚；危机意识，底线必防。

二、中国维护海洋权益的必要性

习近平指出，21 世纪，人类进入了大规模开发利用海洋的新时期。海洋在国家经济发展格局和对外开放中的作用变得更加重要，在维护国家主权、安全、发展利益中的地位更加突出，在国家生态文明建设中的角色更加显著，在国际政治、经济、军事、科技竞争中的战略地位也明显上升。所以，维护海洋权益是推进国家安全和发展的时代要求，是实现民族复兴与崛起的时代使命，是中国作为负责任大国的时代责任。

（1）中华国土，不容侵犯；民族精神，不可亵渎

中国国土是我中华儿女生存和发展的空间，是中华民族五千年文明的承载。"千家炮火千家血，一寸山河一寸金。"在当今海洋权益"失之毫厘谬以千里"的炙热博弈中，每一毫厘的错失或将改变中华民族的历史，成为中华辉煌历史中的千古罪人。中国国土承载着中华民族团结奋斗、不怕牺牲、勇敢顽强的伟大民族精神。海洋权益的状态是民族精神扬抑程度的表现。中华民族屈辱而沧桑的海洋历史证明了中国人是不可辱的，中国国土是不容侵犯的，中华民族儿女为国而生，为国而亡，中华民族精神不可亵渎。维护我国海洋权益是中华民族伟大复兴的重要任务。

（2）中国发展的战略通道，不容钳制

当今世界，随着海洋在沿海国家战略全局中的地位更加凸显，各国以维护和拓展海洋权益、海洋空间为核心的海洋综合实力竞争愈演愈烈。诸多分析认为，在未来相当长时间内，我国在维护国家海洋权益上面临的挑战将越来越多，海洋权益争端极有可能成为未来干扰我国发展战略机遇和威胁我国国家安全的主要因素。

我国处于岛链包围中，海上地缘环境并不理想。处于争端中的岛礁往往临近岛链，

如钓鱼岛临近冲绳，南沙群岛临近菲律宾、马来西亚、越南等。此外，中国台湾地区尚未与祖国大陆实现统一，"三海"部分岛礁被周边国家控制或受域外大国支配。这些实际情况，无疑对中国的主权安全与发展利益构成威胁，对中国"走出去"形成牵制。如果海洋权益维护不了，中国就难以真正"走出去"，或"走不远"，无法成为真正的海洋强国。中国维护海洋权益所面临的局面相当严峻。

从世界范围看，各沿海国家纷纷制定或调整海洋发展战略，加快海上力量建设，并采取一系列先发制人的措施，加强对海洋的有效控制和对他国的战略钳制；加上某些国家凭借海上优势，明里暗里对中国实施的"战略围堵"。这些实际情况要求中国必须不断提升对海洋的管控能力，更加有效更加有力地维护和拓展中国的海洋权益。

在过去相当长的时间里，我们在海洋方面的策略坚持"维稳"优先原则，当别国侵犯我们海洋利益时，我们为了维护地区的稳定通常选择隐忍。但是在当今加快海洋强国建设的道路上，我们需要兼顾维权与维稳。中国不主动挑事，但是在触及中国利益的时候，中国一定要坚定反击，通过援引国际法维护国家和自身发展的利益，同时也要加强海上通道、海上贸易安全的保护。

（3）国家发展经济命脉，不容觊觎

进入21世纪，海洋在国家经济发展格局和对外开放中的地位更加重要。对于中国而言，维护海洋权益对于保障能源安全与经济的可持续发展意义重大。其内涵既包括维护对本国管辖海域的海洋资源的利用和开发权益，又包括维护在公海及国际海底区域的资源开发权益，还包括维护海上航行权益，三者对中国经济可持续发展至关重要。

根据相关法律法规，中国拥有广泛的海洋战略利益和内涵丰富的海洋权益，涉及领海、毗连区、专属经济区和大陆架等国家管辖海域，同时在公海、国际海底区域等国家管辖外海域也享有一定的海洋权益。上述海域所拥有的渔业资源、油气矿产资源、旅游资源非常丰富，是缓解目前国家资源短期需求压力，支撑中国经济可持续发展的物质基础。

中国经济已成为高度依赖海洋的开放型经济，对外贸易运输量的90%是通过海上运输完成的，海上运输通道的安全直接牵涉我国经济社会的可持续发展。中国作为全球第二大经济体，中国经济总量中的大部分分布在沿海区域，保障中国海洋安全和周边海洋整体局势稳定意义重大。

中国在全球分工体系中如果想要获得更好的优势，必须走向海洋。更好地开发利用、有序经营海洋资源，才能更好地提升我国的能源优势以及在国际社会的国家竞争力，占领国际秩序中的制高点。维护我们的海洋权益对于中国经济发展的意义深远。

> **感悟** 法规是由人类制定的，中国作为大国需要担当，我亦非尼采，生存要阳光。

三、向南、向海、向全球，拥抱世界

中国在维护海洋权益中创新的"和平、合作、和谐"的现代海洋观，对平衡西方海上霸权，促进全球稳定与繁荣具有积极意义。虽然，中国在维护自身海权的过程中，对周边与我国存在岛礁及海洋权益争端的国家带来一定的压力。其主要是因为历史上任何一个海洋大国在崛起的过程当中，通常都伴随着榨取、扩张的海洋霸权行为。

中国一直充满诚意，主张在尊重历史事实和国际法的基础上，通过与当事国进行双边磋商来解决海洋争端。表明中国在崛起的过程中没有附带任何扩张和霸权，即使是在我们周边的海洋争议问题上，我们仍然主张通过和平的方式去解决问题。这在国与国之

间海洋争端的解决方式上，为全世界树立了一个典范。

中国提出建设 21 世纪海上丝绸之路的构想，就是希望与相关国家加强海上合作，共谋发展。中国近年来参与印度洋及亚丁湾"反海盗"护航行动，"和平方舟"赴菲律宾参加台风救援和"马航失联客机"搜寻等重大事件，充分证明维护全球海洋局势的稳定，保障海上航道，特别是世界性海上航道的安全，这既是中国重大的利益关键，也是全球、全人类的利益之所在。中国一直没有放弃致力于维护地区和全球共同利益。

历史上，许多国家都走过因海而兴、依海而强的道路。21 世纪，海洋成为国际政治、经济、军事等领域的重要舞台，世界各国均以崭新姿态走向海洋。中华民族要实现伟大复兴，也必须义无反顾地走向海洋、经略海洋。维护中国海洋权益，这是时代的召唤。

感 悟　　借海强身，以海兴国，建立海洋强国是中国发展的必然趋势。

【思考与练习】

1. 什么是"航行自由"，美国海军在南海地区保持"航行自由"行动的理论错误是什么？

2. 搜集有关钓鱼岛权益争端的历史资料，论述我国对钓鱼岛主权的依据和战略。

3. 为什么海洋大国通常主张较为狭窄的领海？

提示：

一般的说，海洋大国主张较窄的领海，甚至没有领海。因为，此时领海以外就是公海，有"公海自由原则"。这样，一国在领海之内可行使的主权就变成了海洋大国霸权的"公海自由"。

专 题 九
现代海洋权益观

任务介绍

1. 理解现代海洋权益观的概念与内涵，理智应用危机意识看待现代海洋权益争端。
2. 了解现代海洋权益观的具体内容和实践，支持国家维护海洋权益举措。
3. 掌握现代海洋权益观底线思维内涵，形成底线思维意识。
4. 利用现代海洋权益观念正确分析国际海洋形式和事件。
5. 通过国家海洋权益观的思维和成就，正确理解国家维护海洋权益的举措。
6. 利用危机意识和底线思维原理有效分析和解决内部矛盾与外部冲突。

引导案例

2013 年初，习近平强调："要善于运用底线思维的方法，凡事从坏处准备，努力争取最好的结果，做到有备无患、遇事不慌，牢牢把握主动权。"这是中共十八大以来，习近平在讲话中首次提及底线思维。此后，底线思维在治国理政中被运用到了各个方面。

在涉及国家核心利益的问题上，习近平始终注意画出红线、亮明底线。比如 2014 年 3 月 28 日，习近平在德国科尔伯基金会演讲时指出，中国将坚定不移维护自己的主权、安全、发展利益，任何国家都不要指望我们会吞下损害中国主权、安全、发展利益的苦果。

中国人民大学马克思主义学院教授陶文昭分析认为，习近平提出和重视底线思维，是基于忧患意识分析客观实际的结果。陶文昭说，"从主观上看，忧患意识是中华民族的至深传统，也贯穿于中国共产党的奋斗历程。当今中国增强忧患意识显得极为紧要，将忧患意识加以具体化就形成底线，忧患意识的逻辑延展就是底线思维。从形势分析来看，提出底线思维不是无的放矢，而是基于对业已存在和潜在的各种不利因素的分析。作为成熟而清醒的执政者，尤其要对不利因素做充分估计。"

的确，当前中国经济社会发展中各种深层次矛盾日益凸显，在全面深化改革进程中如何管控风险、守住底线，在国际领域如何充分估计国际格局发展演变的复杂性、世界经济调整的曲折性、国际矛盾和斗争的尖锐性、国际秩序之争的长期性以及中国周边环境中的不确定性，看准、看清、看透国内外不可测因素，是决定各项工作成败的前提。

面对内外诸多亟待解决的实际问题，面对诸多利益冲突，树立底线思维的重要性凸显。将维护核心利益和推进改革发展作为出发点和落脚点，画出红线、亮明底线，才能准确判断前进道路上的各种风险挑战，及时采取应对之策。

"纷繁世事多元应，击鼓催征稳驭舟"。只有善于运用底线思维，居安思危，才能在治理国家和整理政务的实践中，在各项具体工作中，下好先手棋，把握主动权，有效化解风险挑战，确保完成目标任务，从而不断推进中国特色社会主义伟大事业，实现中华民族伟大复兴的中国梦。

知识要点一：　现代海洋权益观的概念与内涵

一、现代海洋权益观的概念

海洋权益观是指将国家的海权和海洋利益纳入国家和民族安全利益中进行考虑的思想意识。随着人类对海洋权益的认知发展，维护海洋权益所考虑的内容也将会发生重大变化。人们从简单的海岛权益争端，走向对国家长期的生存和安全等方面的利益进行系统性地全面考虑，做长远性规划，逐步形成了现代战略性的海洋权益认知。

十九大"主权、安全、发展利益相统一的海洋利益观"的提出，为现代海洋权益观注入了新的内涵。在原有海洋权益观的基础上阐述了海洋主权、安全、发展权益的基本层次，理清了各种海洋利益的关系，阐明了海洋主权不可侵犯，海洋安全不可威胁，发展利益不可钳制的根本思想，表明了海洋主权、安全和发展利益统筹规划，系统维护的战略意识。而且在看待利益方式上增加了忧患意识和危机意识，统筹思维和底线思维，形成了应对当今海洋权益争端的方法论。

随着时代的进步，人们对海洋权益渐进式的全面认知，有效妥善解决海洋权益争端成为现代海洋权益观内涵的实践。同时这种认知方式和方法论将被广泛应用到相关和平维权和社会秩序健全等诸多领域，使得现代海洋权益观的潜在价值得到充分的体现。

> **感　悟**　　维护国家海洋权益，是一个复杂的系统工程。路漫漫兮，吾辈上下而求索。

二、现代海洋权益观的内涵

中国是一个转型中的大国，在转型过程中，中国的身份和利益在多方面是双重的和对立的。这种身份和利益的双重性和对立性决定了它在海洋权益上面对的问题更具有多维度性。这些因素要求中国在维护海洋权益的内容和方式上需要谨慎选择，要兼顾其他利益，既要维护眼前的利益，更要想着未来的利益。

（一）主权、安全、发展利益相统一的海洋利益观

习近平总书记多次提及国家的核心利益、发展利益、共同利益，指出我国拥有广泛的海洋战略利益，海洋事业关系民族生存发展状态，关系国家兴衰安危。实现国家海洋战略利益，是海洋强国建设的根本需求和目标。这些海洋战略利益，涉及国家主权、安全和发展的核心利益，具体体现为国家的海洋政治利益、海洋经济利益、海洋安全利益和海洋文化利益等，它们共同构成一个统一整体，既相互影响、互为交织，又不能相互替代。

随着我国深度融入经济全球化和世界多极化进程，我国在全球的海洋利益不断扩大，

不仅拥有300万平方千米主张管辖海域的主权、主权权利和管辖权，在极地、深海、大洋，我国也有着广泛、普遍的海洋权益。与此同时，我国在海洋利益的拓展过程中，与其他国家之间也存在着利益的碰撞和融合。对此，习近平总书记明确要求，一方面，我们决不能放弃正当权益，更不能牺牲国家核心利益，我们维护领土主权和海洋权益、维护国家统一的决心坚如磐石；另一方面，我们要通过加强合作寻求和扩大共同利益的汇合点，把快速发展的中国经济同沿线国家的利益结合起来，追求并不断扩大共同利益，打造命运共同体。海洋利益是可以共享的，我国的海洋利益拓展不是排他的零和游戏。事实证明，这一"共同利益"的理念得到国际社会广泛认可和积极响应，为解决海上问题、处理国际海洋事务创造了条件，有利于实现维护国家主权、安全、发展利益。

（二）国家利益至上的底线思维

海洋权益和海洋安全是国家核心利益，维护海洋权益和海洋安全是建设海洋强国必须坚守的底线。习近平同志指出，要坚持把国家主权和安全放在第一位，贯彻总体国家安全观，周密组织边境管控和海上维权行动，坚决维护领土主权和海洋权益，筑牢边海防铜墙铁壁。这划出了我国维护海洋权益、捍卫海洋安全的底线，表达了我国在涉及重大核心利益问题上的严正立场、高度自信和坚定决心，彰显出国家利益至上的底线思维。

> **感悟** 增强忧患意识和风险意识，未雨绸缪、处变不惊、系统运筹、谋成大事。

知识要点二：　现代海洋权益观的内容

一、现代海洋权益观的睿智立体观

1. 国家利益大于海洋权益

海洋权益关系到国家利益，但有时人们在谈到海洋权益时常常会忘了国家利益，尤其是国家核心利益。因为人们往往简单地认为海洋权益就等于国家利益，但却忘了国家利益有长期利益和短期利益之分，比如说目前我们面临的钓鱼岛、黄岩岛之争，表面上看好像是当下最紧迫的关乎国家海洋权益也可以说是国家利益的事情，但如果我们只关注解决眼下的问题，就有可能忽视或伤害到国家的长远利益。现在有不少人认为目前海洋权益是个迫切需要处理的问题，必须马上解决，甚至用武力解决，这样就有可能操之过急，对国家的根本利益和长远利益造成更大损害。

国家利益是满足或能够满足国家以生存发展为基础的各方面需要并且对国家在整体上具有好处的事物。其中国家核心利益是关乎国家存亡，以致难以进行协商或退让的国家重大利益。海洋权益只是国家利益的一部分，如若以偏概全地理解海洋权益，鲁莽冲动地使用武力，伤及国家生存的根本利益和可持续发展能力，这将违背维护海洋权益的根本宗旨，伤及国家核心利益。

2. 海洋权益争端隐藏着多边关系，处理方式关系着国家的兴亡

钓鱼岛和黄岩岛的争端不仅仅是中日、中菲之间的事情。透过现象看本质，无论是

钓鱼岛问题还是黄岩岛之争，实质上都是美国和多边国家给中国做的一个局。我们不能一味地把所有的目光都集中在中日争夺钓鱼岛，中菲争夺黄岩岛，中越领土和岛屿争端上，避免形成"头疼医头，脚疼医脚"的战略认知偏差。中国的崛起面对的是国家可持续发展的安全环境以及国家核心利益的威胁和挑战，国际争端背后隐藏着更深层次的威胁。

国际争端的处理不能就事论事，不能肤浅地认为谁跟我争岛，我就跟谁死磕的简单化思维去解决这些争端。既然是美国和多边国家在背后做局，我们就不可能仅仅靠一对一的简单方法去解决问题。试想，如果中国简单地采取打仗的方式依次把这些岛屿拿回来，可以料想只要中国和对方任何一国开战，美国就会借此作为攻击我们的理由，会利用它对其他国家的动员能力动员相关国家，动员全世界与中国作对，那样就真正出现了美国对中国的C形包围。如此一来，简单豪放的粗暴行动看似是维护国家利益，是爱国之举，但实际上恰恰中了美国人的圈套。其结果是，虽然我们得到了一个小岛，但是会失去更大的利益——国家的长久发展利益。因此，海洋权益的解决一定要符合国家的根本利益和长期利益，不能因小失大，不能因短期利益而损害长期利益，因表面利益而忽视根本利益和核心利益。所以说钓鱼岛、黄岩岛并不是简单的两国之间的岛屿之争，其背后隐藏着更深层的中美大国之间的博弈。

3. 海洋权益争端的根本原因是国家生存发展的博弈

2018年中美贸易摩擦升级。很显然，今天的美国发展迟滞，经济复苏一直乏力，正积极寻求更广阔的利益空间，通过钳制各国发展，维持自己在世界经济领域的霸权地位和利益。

美国的经济是以输出美元为支柱的经济，美元是一种信用货币，既是信用货币，必须诚信，如果全世界对它没有了信心，信用货币就无从谈起，所以说美国必须给全球一个经济复苏的良好印象，才能让大家对美国经济重新恢复信心。

目前，虽然中国经济的步伐正在放缓，步速也正在变小，经济发展速度从两位数掉到了个位数，但是依然能够保持在百分之七左右。相对于部分发达国家处于零增长或负增长，中国仍然是世界上经济发展最好的国家之一。现在全球争夺的标的，从表面上看是资源的争夺，能源的争夺，地缘的争夺，但实际上最重要的还是资本的争夺。

实际上，美国并不需要中国的领土，如果它想要的话，1971年6月17日就不会把钓鱼岛的管辖权交给日本人。美国让日本、菲律宾对中国挑起领土之争，旨在打破中国和平和谐的投资环境，打乱中国的经济发展，阻断涌入中国的海外资本。

> **感 悟** 谁能吸引全球最大量的资本，谁就能获得发展的机遇，经济的发展关键在于资本。

4. 海洋权益争端关切国家投资环境和资本市场，切忌简单思考或鲁莽行事

许多人认为美国之所以挑起别国争端，旨在出售军火，赚快钱。美国近几年从军火中获益不过几百亿美元，其只是美国16万亿国内生产总值的极小部分，实际上，美国经济的发展主要是其依靠美元的输出。美国通过美元世界贸易体系和发售国债等方式吸纳世界资本，形成美元和世界优势资本的利益共同体。美国再通过量化宽松货币政策等手段调控美元的发行量，利用美元操控和运作世界经济，从美元资本的增长中获得美元资本的既得利益和实物财富。

为维护美元的垄断优势，在缺乏实际经济优势支撑的情况下，美国通过各种手段打

压世界范围内新兴的优势经济体，破坏世界经济发展优势，其根本目的在于维护美元经济体在世界范围内的霸权地位。

当今，中国良好的经济发展状况，和平和谐的外交政治环境，开放发展的经济政策让全球的资本瞄向中国，中国经济吸引了大量的国际资本并形成稳固的利益共同体。同时，这也造成美元资本的大量流出。所以美国的目的是希望中国的投资环境变坏，更是不希望自己的投资环境变坏。

因此，美国又不能直接跟我们打仗，但是又想让我国的投资环境变坏。为未达到一箭双雕的效果，美国让别的国家，比如日本、菲律宾给中国捣乱，如若这些国家一旦与中国打起来，必然会影响这些国家，甚至是整个东南亚地区的投资环境，从而造成国际资本的地区性流出，流入美元经济体系，达到美国的预期目的。伊拉克战争和多国联合打击叙利亚就是美国经济运作的典型案例。所以说，美国人暗中支持日本、菲律宾这么干，目的就是搞坏中国的投资环境，让资本不向中国投资或者离开中国。

感 悟　投资环境是经济发展的关键，和平和谐的投资环境是国家生存发展的核心利益。

5.海洋权益争端关系资本和货币运作，需理性全面思考，切忌情绪化

美国另一种破坏中国经济环境的手段就是打压人民币，让人民币升值。人民币升值，必然导致中国出口产品成本加大，出口受阻；同时中国产品国际成本加大的结果是价格上涨，这也不利于对依赖中国廉价产品的美国人。所以，美国人利用地缘政治武器，制造中国与周边国家的争端和冲突，把各国的精力转向与周边国家的国土争夺上去，一旦发生战事，中国及周边国家的投资环境立马变坏，全世界的资本必然从该区域流出，美国就乘机收集这些国际资本，从而达到预期的目的。

欧盟的成立，欧洲经济体使得美元失去了在欧洲经济中的结算货币的地位，对美元霸权的打击十分沉重。东北亚自由贸易区中日韩的谈判的顺利发展，中国和日本的货币互换和国债互持，预示着很可能再出现一个东北亚共同体或东北亚自贸区。中国是世界第二大经济体，日本是第三，加上前十名韩国，再加上中国台湾地区和香港，光是东北亚出现的这个经济体，就比欧盟小不了多少，如果整个东南亚国家都进来，形成一个东亚经济体的话，将来再形成一个亚洲经济体，那全世界百分之四十的经济总量都将在亚洲，如若再出现美国最担心的亚元或者东亚元的话，美元的地位顿时就变成了三分天下只有其一了，欧元占三分之一，"亚元"占三分之一，美元只能占三分之一，就此会出现美元霸权地位的终结，故此美国必然采用非正规手段抑制这种趋势的发展。美国首先是打破中日的经济合作，为了达到这一目的，美国人用 6.344 平方千米的钓鱼岛分裂中日之间的友好合作，打破整个东南亚的经济发展环境。

现在钓鱼和黄岩岛等海洋权益之争的真正背景还是中美的可持续发展之争，其焦点是经济发展之争，其根本是货币之争，争夺结果就是谁将成为未来世界的主导货币。美国今天就是想利用这种国际争端来影响我们的经济发展，釜底抽薪，让人民币不再被世人认可。中国政治环境一旦恶化，经济必然下滑，人民币国际化的进程自然会中断。如果我们仅仅为一岛一礁蒙住眼睛，最后势必会损害国家的长远利益，最终受制于人。

钓鱼岛是中日之间历史遗留问题的焦点，美国利用这一导火索旨在引发中日民族之间新仇旧恨的敌对情绪和不理智行动，制造地区性威胁和危机，从中获取渔翁之利。这些需要我们理智对待日本侵华、南京大屠杀的历史，冷静处理钓鱼岛问题。避免情绪化，

理性地面对和全面思考这些问题，睿智进取地解决。

> **感悟** 资本是利益核心，货币运作是利器，和平、合作、和谐才是生存发展的最佳途径。

6. 海洋权益争端的大局意识，发展才是硬道理

中国目前面对的真正严峻形势不是海洋权益被人蚕食，不是岛礁和岛屿被人蚕食，而是有可能因为自己急于去解决这些眼前利益，而中断国家最有利的发展进程。

当今世界，靠实力说话，比的是国家的发展速度。中国被侵略的根本原因是落后，海洋争端的出现是因为发展不够快，没有赶上时代的要求。从清朝割地赔款到搁置争议求发展的改革开放，历经三十年，中国从贫困落后发展到加快建设海洋强国的今天，才能有今天"寸土寸海不让"海洋权益维护的底气。

试想，中国如果没有改革开放，而是一直勒紧裤腰带全身心地投入到收复海岛上，其后果将极其严重。他国占了中国一个岛或一个礁盘并不能决定中国国家的生死存亡，但是如若我们没有强劲的发展，没有坚实的国家实力，光靠小米加步枪和爱国情怀来光复国土，这势必会让自己完全陷入生死存亡的危机之中。没有发展就没有拿回钓鱼岛和黄岩岛的能力，有了强劲的发展才能实现中华民族的伟大复兴。可持续健康发展是关乎国家生死存亡的大事，也是核心利益。以这个判断为标准来看待钓鱼岛和黄岩岛问题，我们才算透过现象看到本质。

> **感悟** 核心利益就是直接或间接的影响到国家可持续发展的利益。

7. 正确看待中国对钓鱼岛争端和黄岩岛争端所做出的反应

发展才是硬道理，当今世界大国比的是发展速度。如同中医理论，伤病和细菌入侵是肯定存在的，但是谁也不会因为小病小痛天天动手术，一辈子住在医院；按需打针吃药，增强免疫力才是关键。在日菲撕破伤口之后，我们乘势而为，化被动为主动，反倒让日本、菲律宾都陷入了被动甚至困境。

一般来说，打仗总是最后手段。但是，在势均力敌和敌众我寡的条件下，战争所引起的伤害将是双方的和致命的，很可能成为超级大国渔翁得利的机会。故此，日本和菲律宾今天不敢贸然地跟中国打仗，美国也不希望打，只希望用这件事拖住中国，并不希望真正变成一场战争。在此之前，可以有所作为的空间还很大。坚持原则立场，寸海寸土不让；坚持常态巡航，保持争议状态的基本原则是睿智的。

看看动态，美国参议院最近刚刚通过议案，要把钓鱼岛纳入到日美共同防卫条约里去，这其实是美国在加码，强制中国进入圈套。美国通过南海骚扰和贸易摩擦旨在挑逗中国情绪，同时引导周边国家上道，促使它们丧失理智，甚至不惜以举国之力跟中国在钓鱼岛和南海问题上对抗，如果中国也跟它们对抗，那就中了美国的套。

其实中国解决钓鱼岛问题用不着举国之力，在和平年代争端比的是威慑力，战争要的是绝对优势。所以，要坚持现在的海监，海巡船和渔政船在此区域内的巡逻，我不主动威胁，但我也绝不接受威胁；同时，做好最坏的打算，做好发生军事冲突的准备。支持华人保钓，推动两岸合作；军地密切配合，促进国防建设；加强战略研究，寻求解决

对策等都是积极主动的好对策。

所以中国政府目前的应对是比较得体的，在举国问题上，政府和民众一定要一条心，不能用更多的个人情绪的东西去影响政府的决策。

感悟 路遥知马力，发展是硬道理；日久见人心，睿智进取是关键。

8. 中日东海争端的破题关键在于经济

今天日本的经济状况，是从当年美国广场协议之后打压日本经济，最后导致日本失去了十年，然后又失去了十年，现在日本正在失去第三个十年，也就是说日本经济将失去三十年。日本右倾思想盲目膨胀的根本在于挟美自重，自愿充当美国战略重心转移的马前卒。当选后的安倍晋三放言，不加强日美关系日本就没有强大的外交实力。由此可见，日本一直期待通过美国把日本经济拖出泥沼。然而，美国的经济也很糟，靠抑制整个世界经济发展来维持其霸权地位的美国将会利用日本右倾的盲从来牵制中日的经济发展。

然而，中国拥有 13 亿人口，中国光是已经进入富裕阶层的人，就比世界上许多中小国家的总人口还要多。随着"一带一路"的发展，对于全世界来讲中国就是一个巨大的加工、贸易和消费市场。所以说，只有依靠中国的经济才是日本经济复苏的希望。

可以预见，自民党新政权上台后的中日关系，将会有一段严寒期，其焦点将集中在钓鱼岛问题上。对此中国必须做好充分的心理和物力对抗的准备，必须在最初的较量期就让日本右翼对借美国之力来解决钓鱼岛问题和采用非正规手段实现经济复苏失去幻想。用事实证明日本右翼的过激行为解决不了日本面临的问题，只会毁灭日本经济，毁灭日本民族。这需要我们有足够的勇气、智慧和手腕。

如果说依靠海上争端来破题，那就是一场经济持久战。中国幅员辽阔，经济发展前景良好，人口红利占有强大的优势，所以日本"耗"不过我们。如果日本不保持理性，一意孤行，那我们就速战速决，利用经济实力一次性解决问题，所以我们必须把两手准备都做好。

其实日本在钓鱼岛问题上跟中国相争，旨在经济的复苏。只是选择依靠美国盛气凌人的霸权经济还是依据中国和平、和谐、合作的共赢经济。摆在面前的是：日本与中国争钓鱼岛，美国渔翁得利，日本失去中国市场，经济万劫不复，事与愿违，国运将永无希望。所以说中日之间破题的关键实际上还是经济问题。

感悟 人口、市场和经济关切国家的经济发展，经济的可持续发展能力就是国家实力。

二、现代海洋权益观的底线思维

2013 年初，习近平强调："要善于运用底线思维的方法，凡事从坏处准备，努力争取最好的结果，做到有备无患、遇事不慌，牢牢把握主动权。"这是中共十八大以来，习近平在讲话中首次提及底线思维。此后，底线思维在治国理政中被运用到了各个方面。坚持底线思维，是以习近平同志为核心的党中央保持战略定力、应对错综复杂形势的科学方法，更是推动新一轮改革发展的治理智慧。

（一）底线思维的含义及内涵

1. 底线

底线是主体依据自身利益、情感、道义、法律所设定的不可跨越的临界线、临界点或临界域；一旦跨越了，主体的态度、立场和决策就会发生质的变化：从可以接受，变成不可以接受。换句话说，底线是指不可逾越的红线、警戒线、限制范围、约束框架。

底线一旦被突破，就会出现行为主体无法接受的坏结果，甚至导致彻底失败。所以，从唯物辩证法的角度来看，底线是由量变到质变的一个临界值，一旦量变突破底线，即达到质变的关节点，事物的性质就会发生根本性的变化。凡事预则立，不预则废。

2. 底线思维的含义

底线思维是一种系统战略思维，它不仅指出什么是不可跨越的底线，按照现行的战略规划可能出现哪些风险和挑战，可能发生的最坏情况是什么，以做到心中有数；而且它还能通过系统的思考和运作告诉人们如何防患未然，如何化风险为坦途、变挑战为机遇，如何守住底线、远离底线、坚定信心、掌握主动、追求系统的最佳结果和最大的正能量。

底线思维不是一种消极、被动，是防范的思维方式，绝不是要求仅仅守住底线而无所作为。底线思维实际上是一种积极主动的思维，它一方面要求主动运用此种思维，思考诸如什么是底线、底线在哪里、底线在系统布局中的战略地位是什么、超越底线的最大危害是什么、有哪些原因会导致超越底线、如何有效远离或规避底线等问题，从而更好地掌握战略主动权。另一方面，它要求从底线出发，步步为营，在确保最小战略利益的前提下，不断逼近顶线，不断收获更新更好更大的战略利益。也就是说，它不仅要求"思"，更要求"行"；不仅要求防范风险，而且要求主动出击，以实际行动化解风险。

作为一种战略思维，"底线思维"要求在谋篇布局、制定战略规划时，必须把底线放到总体战略的全局中去思考。底线思维是一种系统思维，必须系统了解战略全局的构成，各个构成的主要环节，各主要环节的要素及其发挥的作用，各个构成、环节、要素之间的运作方式和因果逻辑链条效应；同时掌握系统的外环境的主要因素，这些因素影响系统运行的方式等。只有全面透析上述所有问题，才能避免片面性，更好地发挥底线思维的科学预见作用。

3. 底线思维的内涵

首先，在涉及国家核心利益的问题上，始终注意划出红线、亮明底线。中国将坚定不移地维护自己的主权、安全、发展利益，任何国家都不要指望我们会吞下损害中国主权、安全、发展利益的苦果。

其次，在法治方面，要牢记法律红线不可逾越、法律底线不可触碰，带头遵守法律、执行法律，带头营造办事依法、遇事找法、解决问题用法、化解矛盾靠法的法治环境。在要求干部清正廉洁方面，习近平强调，干部廉洁自律的关键在于守住底线。

第三，在经济方面，金融是现代经济的核心，金融安全，于国于民，都至关重要，要牢牢守住金融安全底线。国家经济发展严守可持续增长底线。习近平主席强调，我们要保持清醒头脑，深刻认识和高度重视经济运行中的突出矛盾和问题，深刻认识和全面把握国际经济形势，坚持底线思维，切实做好工作。

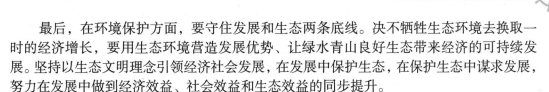

最后，在环境保护方面，要守住发展和生态两条底线。决不牺牲生态环境去换取一时的经济增长，要用生态环境营造发展优势、让绿水青山良好生态带来经济的可持续发展。坚持以生态文明理念引领经济社会发展，在发展中保护生态，在保护生态中谋求发展，努力在发展中做到经济效益、社会效益和生态效益的同步提升。

> **感悟**　善于底线思维，注重宏观思考，努力做到稳中求进，稳中求好，稳中求优。

（二）底线思维的演进

1. 当今中国增强忧患意识的紧要性

站在当今全球化视野中审视中国面临的形势，可谓忧在眼前，患在脚底。首先是来自国际的风险和挑战。遏制中国的强大和发展始终是西方国家的战略，他们不断制造"中国威胁论"，利用人权和民主为借口，利用各种反华势力助推中国台湾地区、西藏等闹分裂，给我们的发展设置层层障碍。特别是近两年的人民币升值、全球金融危机和中美贸易争端，都引发了我国出口型企业受困、国内通货膨胀、股市低迷、房价攀升等一系列经济问题，不能不使人忧虑。其次是来自我国经济和社会高速发展过程中带来的种种内在风险和挑战。改革开放以来，我们的经济发展成就显著，但代价高昂。高投入、高消耗、高污染、低效能的经济发展方式并没有根本改变，经济运行中长期积累的矛盾没有得到根本解决。同时，贫富差距和城乡差距、分配不公、社会保障等问题所引发的矛盾在持续增多。这些问题如果不能得到妥善应对和解决，所引发的严重后果可能吞噬四十多年来改革发展的成果，甚至影响国家的稳定和现代化建设进程。

面对复杂形式和重重困难，为了祖国和人民的前途命运，我们必须增强忧患意识，正确认清形势，始终保持清醒的头脑和奋发有为的精神状态，奋斗图强，战胜困境，不断开创现代化建设事业的新局面。忧患意识，是中华民族的生存智慧，是促进国家进步、民族振兴的催化剂和原动力。

2. 将忧患意识加以具体化就形成底线

忧患意识的基础是面对事实，预备接受最差情况的出现，从长远角度分析问题，做出规划以争取最好的结果。首先是意识到一旦处于底线的位置上，唯一能做的事只有向上拼搏，其次是底线有其一定的限度，意识到跨越这个限度必然会产生一定的危害。所以，针对具体问题忧患意识会产生契合实际的底线，并为防止底线的突破而奋发向上，发挥最大的潜力和潜能。

3. 忧患意识的逻辑延展就是底线思维

忧患意识的动力源于避免底线的突破，防范可预见恶劣后果的出现，于是自我克服心理恐惧，摆脱内心焦虑，系统分析事物发展的远景，制定战略性方案和规划，明确目标，理清思路，对各种替换方案和解决办法保持更加开放的思维。习近平指出，增强忧患意识，充分看到发展中的困难、问题和不利因素，不是消极泄气，而是要避免犯脱离实际、超越阶段而急于求成、急躁冒进的错误，真正做到既尽力而为又量力而行，推动经济社会又好又快发展。这一逻辑思维延展过程就是底线思维。所以，重视底线思维，是基于忧患意识分析客观实际的结果。

只有透彻理解忧患意识，善于运用底线思维、居安思危，才能在治国理政的实践中、在各项具体工作中，下好先手棋、把握主动权，有效化解风险挑战、确保完成目标任务，从而不断推进中国特色社会主义伟大事业，实现中华民族伟大复兴的中国梦。

> **感悟** 生于忧患，死于安乐。忧患是民族生存的底线，忧患更是民族崛起的动力。

（三）底线思维的拓展应用

1. 官德底线

首先是不能跨越"为民"底线。人民是创造世界历史的动力。我们党的根本宗旨就是全心全意为人民服务。其次是不能跨越"清廉"底线。党的形象是党的生命。清正廉洁的光辉形象是我们党树立崇高威望、赢得广泛民心、夺取各种胜利的重要原因。领导干部必须牢记历史经验，坚守"清廉"底线。再次是不能跨越"务实"底线。一切从实际出发、实事求是、求真务实，是我们党最可宝贵的思想路线和工作作风。最后是不能跨越"公正"底线。公平正义和公道正派，历来为老百姓所推崇。领导干部坚持公正，可以使他不怒而威，令人敬服。

2. 中国公民的底线

中国自古以来就有热爱祖国的光荣传统。"国家兴亡，匹夫有责"，早已是妇孺皆知的名言警句；崇尚赤诚爱国的民族英雄和憎恶卖主求荣的汉奸卖国贼，早已融入世世代代老百姓的血液中；尽管历史风云多沧桑，国界疆域多变动，但屈原、苏武、文天祥、史可法等，一直是人们心目中尊崇的先贤和英雄，更不必说近代以来反对西方列强侵略的那些可歌可泣的民族英雄，他们身上所体现的共性就是爱国主义精神。因此，在当代中国，不管是哪个民族、居住在哪个地区，只要是中华儿女，都应当把热爱中国作为做人的重要底线。

当然，"爱国"不是抽象、空洞的，而是具体、实在的。一个真正热爱中国的人，他应该以实际行动关心和支持祖国的发展，干一行，爱一行，兢兢业业奉献一行，坚守住"敬业"的价值观底线；他应该以实际行动维护祖国的形象和尊严，为人处事，置业经商，对外交流，诚实诚恳，重信守信，始终坚守住"诚信"的价值观底线；他应该以实际行动促进祖国的和谐与和睦，在对待同志、同事、同胞、兄弟民族时，讲友好、重情义，与人为善，始终坚守住"友善"的价值观底线。

总之，领导干部必须带头树立并践行"爱国、敬业、诚信、友善"的道德规范，才能真正守住当代中国公民的社会主义核心价值观底线，才能无愧为堂堂正正的中国人，也才能做好群众的"带头人"。

> **感悟** 知止而后有定，定而后能静，静而后能安，安而后能虑，虑而后能得。

知识要点三：　现代海洋权益观的实践

一、维护中国海洋权益的举措

1. 提高全民现代海洋观，增强国民海洋意识，推进现代海洋安全战略

进入 20 世纪 70 年代后，我国的海洋权益受到严重侵犯，出现这一局面除了周边国家对我国丰富的海洋资源心怀贪欲之外，更主要的原因是中国在海洋时代继续坚持与时代不相符的"重陆疆轻海疆"的传统观念，缺乏现代海洋意识，没有认识到海洋本身的战略价值。面对海洋安全的严峻形势，我们必须摒弃"重陆轻海"的传统历史观念，加强宣传教育，提高全民族的海洋意识，同时认真构建适合于周边形势和中国国情的远期海洋安全战略，从国家、军队层面研究对策，使用包括政治、经济、军事、外交、法律、科技等各方面的综合手段，维护我国的海洋安全。

2. 重视对争议岛屿与海区的主权宣示和实际控制

要采取各种措施对争议岛屿或海域加强控制、显示存在及不断宣示主权。这些举措是维护我国海洋权益的重要途径。从解决海洋争议的实践看，首先实际控制争议地区是最常见的宣示主权的方式，然后才是其他手段的跟进。真正过硬的证据，就是实际控制。越南于 1982 年和 2007 年先后宣布成立政府机构管辖我中国南海岛屿，并组织人员赴南沙群岛旅游，提出向南沙群岛移民以加强各岛开发力度的设想，目的就在于宣示对争议岛屿拥有主权和加强控制权。日本在钓鱼岛设立灯塔和神社，还派巡逻舰船和飞机加强警戒，也是在确立对争议海域的实际控制权和宣示主权。过去，中国在海洋主权的主张上过于依靠历史证据，对于显示存在和宣示主权重视不够。在当今各国争夺海洋的斗争进入白热化的形势下，国家应充分利用法律、政治、外交、经济、科研、文化、旅游等各种手段，强化中国在争议海域的存在，争取在 维护海洋权益斗争中赢得主动。

首先，中国可对已控制的南沙七个礁盘进行必要的建筑物扩建，进一步完善生活设施和驻守军事设施，具备条件的可建设军用码头和机场，可选择一些岛屿开展小规模的旅游，并逐步发展。通过这些措施来宣示主权和进一步加强对岛屿的控制，最终实现岛屿移民和行政实际控制。

其次，我国国内各有关单位可在协调机构的协调下，对钓鱼岛和南沙岛礁海域进行巡航、护渔、资源调查、提供天气预报和导航服务，这既是一种宣示主权的行为，也是为将来进行资源开发打好基础。

第三，利用中国深海勘探以及开采油气的技术和能力，单独或与非争端国家合作在南沙岛礁附近海域勘探、开采油气，并逐渐扩展，促使东盟争端的国家主动与我国进行共同开发，逐步改变目前"中方搁置，他方开发"的不利局面，实现主权归我，资源共享。

另外，加强南沙、钓鱼岛海域的护渔力量和力度，开展常态护渔，确保渔民安全生产；积极扶持大陆渔民到南沙、钓鱼岛海域进行渔业捕捞也是宣示海洋主权的重要途径。

3. 严守谈判底线

坚持原则，严守谈判底线，积极主动地运用谋略去维护国家利益，据理力争，沉着应对，不轻易妥协。在谈判解决海权争端时应讲究斗争策略，最忌讳的就是轻易暴露谈判底线，这样做的结果往往使自己陷入被动，利益受损。同时做到原则性与灵活性的统一，适当

照顾对方的实际情况和利益，做出合理有限的让步，以利于问题的解决。

4.建立高效协调机构和专门维权机构

维护海洋权益是一项系统工程，单靠一个部门管理或是各个部门各管一摊，力量太薄弱。必须设立一个专门的机构，负责联系协调有关海洋权益维护的工作，使我国外交、海洋机构、海军、科调、民间力量有机地协调起来，互为补充，平时做好预案，一旦有事便能快速反应，有效维护海洋权益。

首先是要做到高层统一协调机制。尽快组建海洋工作委员会，用以协调各涉海部委，统筹制定海洋安全和发展战略，统一推进海洋各项工作的开展；同时升格海洋管理部门，使之脱离国土资源部管辖，成为正部级的独立的综合性海洋管理部门；另外还要组建执行巡航、护渔、环保、打击海上恐怖袭击等多种职能的海洋警察，多管齐下，理顺海洋立法、执法体系，满足随时根据需要对我国主张海域进行巡航监视的较高要求，提高海上执法能力。

其次是实现海监船、渔政船、海洋调查船等到争议海区巡航、护航、护渔、调查的常态化，及时发现和制止违法行为和损害我国海洋权益的活动。同时，加强海关缉私警、边防武警甚至海军在相关海域的各种执法活动，建立联合维权机制。

另外，为了增强我国在南海的军事存在，制止一些周边国家对南沙岛礁的进一步侵占和对南沙资源的掠夺性开发，我国海军水面舰艇、潜艇等需要加强对南沙海域的巡逻，包括对海洋科学考察的护卫，这一行动同样适用于钓鱼岛。

成立专门的维权机构，集聚法律、事务、外交和军事专家从法律、技术、外交和军事上对维权事务进行深入研究，总结、积累和利用有关历史资料信息、经验和教训，并制定有效的维权战略。实现海洋维权的实时监控、全面分析、全面协调，通力合作，最佳处理，最大限度地、最科学地维护我国的海上权益。

5.深入研究海洋法和各争端国家法律，健全我国海洋法律制度

第一，深入研究国际海洋法和各主要国家法律，为谈判解决或通过国际司法途径解决海权争端做好法律上的准备。深入研究海洋法和各主要国家法律是实现我国海洋权益的前提和基础，是实现《公约》赋予的海洋主权和利益的法律手段。在周边国家纷纷完善海洋立法，调整海洋政策和海洋战略，不顾历史事实和海洋法的具体实施细则和以往的判例，不恰当、不严肃地引用其中对其有利的条款来侵害我国的海洋权益，给我国敲响了警钟的形势下，我们应该深入了解，准确而灵活地把握国际海洋法律规定的原则和精神，深入了解争端国家关于海洋方面的法律法规及采取的法律行为，如研究越南、菲律宾、马来西亚、文莱、印尼、日本、韩国等国的国内海洋立法，它们提交给联合国的200海里以外大陆架外部界限划界案例或初步信息，以及个别国家将争端提交国际司法机构扰乱国际视听的行为等，做到知彼知己，了然于胸，从而为将来可能出现的谈判途径解决争端或应对国际司法干预做好充分的法理准备，避免出现损害国家利益和国家形象的被动局面。

第二，积极准备海洋勘测资料及相关论证材料。对于我国与海上邻国间海域争议和资源开发利益的矛盾，我国除依据《公约》的法律规定与海上邻国进行划界谈判外，还需要在争议海域开展大量的环境资源调查和法理历史研究，获得全面、精确的海洋勘测资料及相关论证材料，为未来的外交谈判或国际司法途径解决争端做好相应的准备。如，我们应投入更多的人力、物力、财力加大对东海大陆架和冲绳海槽地貌、地质、资源等的调查和勘察，收集分析大陆架单波束回声探测数据、多波束回声探测数据、地震反射

得出的探测数据等多种证据，弄清大陆边缘、大陆坡脚转折点等资料，弄清冲绳海槽的槽底深度数据，逐步掌握东海油气资源的资料和准确数据等，为申请东海外大陆架划界案例以及与日本解决大陆架和海区争端做好充分的法理和资料上的准备。同时，我们也要重视调查、勘查南海海域，确切掌握南海海域和底土的渔业、油气等资源状况，为今后的资源开发和利用做好前期准备工作。再如，我们要积极搜集、整理中国在明清两朝对钓鱼岛进行有效治理的具有法律效应的种种证据，以确认日本后来侵占的事实。

第三，针对我国海洋法律地位有待提高，海洋法律体系内容不够健全，结构缺乏完整性和协调性，涉海法律操作性较差等问题，我们必须高度重视海洋立法工作，推动"海洋入宪"，制定《海洋基本法》，加强海洋经济立法力度，制定《领海及毗连区法》《专属经济区和大陆架法》《海域使用管理法》等重要法律的配套法规，从而构建起层次分明、效力有别、科学合理而运行有效的海洋法体系，与此同时，加强地方海洋立法工作的力度。通过一系列的努力，健全和完善我国的海洋法律制度。

6. 大陆与中国台湾地区应齐心协力，联手维护钓鱼岛和南海权益

要想有效维护钓鱼岛和南海主权，大陆与中国台湾地区联手是最好的策略。但由于种种分歧，大陆与中国台湾地区一直未在解决钓鱼岛和南海问题上有实质性的联合举措。钓鱼岛和南海问题是关系中华民族根本利益的重大问题，是国家尊严和民族尊严能否得到维护的试金石。民族利益与民族尊严高于一切，高于意识形态的分歧，无论是大陆还是中国台湾地区，都是中国和中华民族的一部分，为了国家的完整统一，为了中华民族的伟大复兴，双方应当抛弃前嫌，联手维护钓鱼岛和南沙群岛的主权利益。目前，大陆和中国台湾地区在维护钓鱼岛和南沙群岛主权问题上已具备了一定的合作基础，在维护钓鱼岛主权问题上，中国台湾地区与钓鱼岛距离更近，经常有渔民捕捞和民间人士保钓行动，中国台湾地区也表现出支持的一面。另外两岸民间也有过联合保钓的行动，今后，中国台湾地区应坚定保钓立场，提升保钓声调与措施，与大陆相互支持，相互配合，共同努力维护中国对钓鱼岛的主权。同时，在南海，中国台湾地区控制着南沙群岛中的最大岛屿——太平岛，战略位置重要，可以与大陆控制的礁盘遥相呼应，相互支援，在1988年"3.14"中越海战中，太平岛"台军"曾为大陆军舰提供了淡水供应和维修服务，双方已经心照不宣地进行了一次战时合作，显示了具有很强威慑力的前景。

总之，在民族利益和民族尊严受到挑战和威胁的情况下，大陆与中国台湾地区双方联合起来，共同维权，才是维护民族利益与尊严的首选之路，也是两岸炎黄子孙应尽的义务。

7. 采取必要的实际行动，在捍卫国家主权基础上维护地区稳定

对于争端问题，原则上我们主张通过和平方式解决问题，但对于不断侵犯我国主权和领土完整的，并不断使局势复杂和紧张的不友好的国家，我们不能息事宁人，软弱退让，要知道过分软弱，会"对内失人心，对外损形象"，我们要针锋相对，进行有礼、有利、有节的斗争，必要时可以采取武力手段加以惩戒和打击。要学习俄罗斯必要时采取"必要的实际行动"。维持已有的实际控制和持续执法的较有利局面，同时有效制止争端国家的进一步侵权行为，粉碎其巩固非法实际占有的企图，与此相应，努力谋取对我有利的维护海洋权益的态势和局面。

8. 对美推行合作和斗争策略，掌握处理争端问题的主动权

由于美国重返亚洲，有意介入海权争端，积极支持其他争端国，使中国在维护海洋

权益时处于孤立和不利地位，为了反制美国的介入政策，中国应奉行合作和斗争的策略，以合作为基本取向。目前的合作重点应放在经贸、防扩散、反恐等方面，必要时的斗争要有理、有利、有节。具体而言，应做到：合作积极真诚、斗争适可而止、能力积极展现、军力适时显示、高层交往保持、强调求同存异、经济合作制约、大国有效制衡、推行公共外交，尽最大努力谋取国家利益最优化的战略布局和态势，从而掌握处理争端问题的主动权。

9. 积极发展海空军力量，为维护海洋安全提供强大保障和坚强后盾

中国是个海洋大国，但还不是海洋强国，要成为海洋强国，有效维护海洋安全，必须要有强大的海空军力量作为坚强后盾。为此中国应针对周边的海洋军事环境，加大海空军军事力量的投入，重点发展远洋海空军，推进海空军现代化建设，利用高科技缩小空间距离，拉长军事作战半径，培养高素质人才，大大提升海空军联合作战能力，从而有效保护我国远海岛屿的主权、海洋资源开发和海洋经济发展，实现中国的"海洋强国梦"！

二、维护中国海洋权益的战略规划

1. 做好战略性长远规划

凡事预则立，不预则废。为了更好地防止周边国家侵害我海洋权益，保护我海洋资源，针对有关国家所采取的手段，我们必须充分认识到这个问题的复杂性和长期性，从战略高度做好我国海洋产业、海军发展的规划。一方面要确保首先实现台湾回归这个重点，同时还要兼顾到东海和南海的权益，要有所为，有所不为。

2. 联合性调查开发

依据 2003 年 7 月 1 日生效的《无居民海岛保护与利用管理规定》，谁对某岛进行管理开发，谁就享有其主权。因此，我们可以从以下几个方面进行联合性调查开发：一是我国国内各有关单位在协调机构的协调下，对上述岛屿进行资源调查，这既是一种显示主权的行动，也为将来进行资源开发打好基础；二是以承包的形式鼓励国内团体或个人对我国有关海域进行开发；三是联合国外大石油公司开发东海、南海油气资源，既解决了我国目前面临的资金、技术困难，又可大大减小开发的风险；四是联合周边国家进行渔业、油气资源的开发，按照"搁置争议，共同开发"的原则，实现主权归我、资源共享。

3. 加强持续性实际控制

从海洋争端解决的实践来看，先实际控制争议地区是最常见的宣示主权的方式，然后才是其他手段的跟进。从国际惯例来看，实际控制的时间越长，解决争议时就越有优势。

4. 深刻认识和处理好目前维权和维稳之间的关系

现阶段维权很重要，维稳更重要。从根本上讲，国家内部的强大是维护包括海洋权益在内的国家利益的最重要和最根本的保障，在领土问题上，国家强大了，不是你的也是你的，反之，国家不强大，是你的也未必是你的。此外，还要深刻认识和处理好现在利益和未来利益的关系。现在的利益是在维护国家的海洋权益的同时，最大限度地让尽可能多的国家接受你的做法，支持你的和平发展并向你开放。作为未来的海洋大国，中国应支持最大限度地扩大公海和最大限度地维护公海航行自由的权利。

5. 要明确维权的限度和目标

要坚持维权，也要考虑成本。由于领土的特殊性质，人们在主张维权时特别容易忽视维权的成本。但是，维权确实是有成本的，这里面包括直接成本，如人员、资源的投入，和间接成本，如国家关系的紧张，对周边安全形势的影响，对经贸关系的影响等。维权是国家利益，限制维权的成本也是国家利益，没有限度的维权给国家造成的伤害甚至比不进行维权的伤害还要大。两者之间必须有个平衡。

此外，要给自己未来政策的调整留有余地，如在海上监听问题上，中国现在反对美军在中国近海进行抵近侦察是对的，因为它损害了中国现在的利益，但在这个问题上也要想长远些，那就是作为一个崛起中的大国，早晚有一天中国也需要在全球范围内收集信息，以履行大国责任。所以，反对归反对，别做过了把自己的路堵死，要从长计议。

在维权和维稳的问题上，要短期目标和长远目标相结合，在一般情况下，维稳重于维权，维护一个有利于中国和平发展的良好的国际环境是国家的根本利益。具体到海洋权益问题，"主权在我、搁置争议、共同开发"还是一个好办法。过去 30 年，它给中国赢得了相对和平的国际环境和集中精力从事发展和改革的宝贵时间。不能因为别国不接受、占了点中国的便宜就自己也认为这个办法不好。相反，中国现在和未来都需要坚持这样一个原则。当然，现在中国的实力增强了，可以在推动共同开发问题上更主动一些了，也就是说，现在有了更多的能力说服有关国家与中国实现"搁置争议、共同开发"。投资海上油气开发是一个风险很大的事情，即使是自行开发，也需要跨国公司参加来分担风险，如果有更多的国家参与，大家共同分担风险，共享利益，这对中国和有关国家都是共赢的好事。在没有争议的领土上能这样做，在有争议的领土上更值得这样做。

6. 在维护海洋权益问题上，要选择重点，不要四面出击

四面出击是兵家大忌。目前是不是可以选择优先处理钓鱼岛问题，通过给日本施压，迫使它承认钓鱼岛问题是有争议的领土，并通过谈判达成某种双方都能接受的管控方案，最好能就钓鱼岛周围海域达成共同开发渔业和旅游资源的协议。

7. 处理海洋权益问题上还是要做到有理、有利、有节

所谓有理，就是要讲理，不光要讲我们自己的理，也要讲国际公理，占据道义制高点。所谓有利，就是要考虑如何做到对所有相关国家都有利。国际上领土纠纷最终解决方案从来都是妥协的结果。武力解决成本极高，而且只是暂时解决了问题，日后还会不断出现。通过双方妥协解决边界问题看似对双方都不利，但考虑到它避免了战争，减少了直接和间接成本，实际上对双方国家都有利。所谓有节，就是要理智、务实。在领土问题上，做到有理、有利相对容易，做到有节要困难得多，出于对自己国家的热爱，希望多一点领土是正常的，但也要考虑到其他方面的利益，考虑有关国家人民的感受。在国内政策问题上，人们常说反"右"容易反"左"难。在外交政策问题上何尝不是如此！历史上"左"给国家带来巨大伤害的教训值得我们记取。

总之，在维护海洋权益问题上要坚持习近平总书记最近提出的处理国际关系的理念：一个国家要谋求自身发展，必须也让别人发展；要谋求自身安全，必须也让别人安全；要谋求自身过得好，必须也让别人过得好。

感 悟　　维护海洋权益已成为一项事关国家重大政治、经济和安全利益的紧迫的战略问题.

【思考与练习】

1. 查阅最新海洋权益争端事件，利用现代海洋权益观进行分析和验证。
2. 结合现实生活，联系国际海洋权益争端案例，妥善制定应对方案并实施和总结。
3. 查阅资料理解"底线思维"内涵的发展和拓展历程。

10

专题十
海洋战略

1. 理解海洋战略的相关概念及内涵，初步形成战略思维素养。
2. 了解中国海洋战略的意义及相关内容，理解和支持国家海洋强国战略。
3. 了解中国加快海洋强国建设的战略形式和举措，促进人生职业规划的思考。
4. 利用国家海洋战略原理有效提高分析解决问题能力，分析个人职业的发展趋势。

引导案例

　　中国从春秋战国，到秦、汉、唐、宋都是海洋意识得到推崇的时代，出现了不少太平盛世。遗憾的是，中国封建社会后期的明、清两朝，厉行海禁、闭关锁国达 400 年，使中华民族宝贵的海洋意识几近泯灭，海洋文明非但没有得到持续发展，反而国力日下，资本主义列强大肆入侵，使古老的中华沦落至丧权辱国的境地。

　　当今，弘扬我国辉煌的海洋文化，增强海洋意识，对中华文明建设具有深远的意义。海洋意识的内核是开放、进取、竞争、协作。大海是辽阔的、流动的、变幻的，人类在开发海洋的同时，培养了博大开阔的胸怀和粗犷豪放的性格。海洋资源开发危险性大，台风、海啸等自然灾害给海上作业人员的生产、生活甚至是生命带来了威胁。人们在与海洋做斗争的同时，造就和磨炼了不畏艰险、坚韧不拔的意志。海洋开发是综合性、社会性的产业，每一项开发活动都需要多部门合作，因此，海洋开发活动培养了人们同舟共济的协作精神和敢为人先的竞争精神。改革开放需要有海洋意识，爱我中华需要有海洋意识，振兴中华需要有海洋意识。我们既要从我国辉煌的海洋文明史中汲取营养，又要不忘记丧失海权的国耻，增强爱国主义信念，同心同德，为我国文明的持续进步做出贡献。

【启示】

　　中国国家海洋战略的制定和实行，需要全面强化民族的海洋战略意识，需要宽视野、大时空、高目标、全民族的海洋意识；需要全方位、高效率、可持续开发和利用海洋资源，必须明确政治是经济的集中表现，坚持和平协商的基本方针，运用海洋法律法规等手段，采取先易后难，分区解决的战略步骤，加强海上防卫力量建设，扩大海洋防卫的纵深发展。海洋意识决定了国家的觉醒和发展程度，国家的海洋战略关切着国家的前途和命运。

知识要点一： 海洋战略的概念与内涵

一、战略的相关概念及内涵

（一）战略

战略，原本也称"军事战略"，是对军事斗争全局的策划和指导。基本含义是战略指导者基于对军事斗争所依赖的主客观条件及其发展变化的规律性认识，全面规划、部署、指导军事力量的建设和运用，有效地达成既定的政治目的和军事目的。一个战略就是设计用来开发核心竞争力、获取竞争优势的一系列综合的、协调的约定和行动。战略将对主体未来一段时期的发展和中心方向具有重大策略性意义。

近现代战略的含义有了深层次的拓展，通常指在一定历史时期指导全局的方略。

（二）战略思维

战略思维是人类思维的一种，是指面对企业管理、军事管理、国家管理等实际问题，对于运用抽象思维所形成的若干个相关因素，连续地、动态地、全面地度量这些相关因素的数量变化程度，并找出这些相关因素在数量变化程度上相互影响、共同变化的规律性；以发现的这些规律性为基础，以已形成的目标格局为导向，促使现实问题从当前状态向目标状态演化的思维过程。

人们根据实际问题的重要程度、误差容忍度、信息处理能力这三个标准，将战略思维分为日常型战略思维、规则型战略思维、程序型战略思维等三种类型。在不同的情形下采用不同的战略思维。海洋战略思维关系到国家发展方向和前途命运，其重要程度极高，通常使用的是程序型战略思维。

战略思维包含战略要素、战略目标、战略灵敏度、战略假设、战略战局五项核心内容。

1. 战略思维要素是指与特定事物存在相互联系相互影响的所有其他事物和重要因素。为了保证战略思维更加严密，一个较好的战略方案必须有较好的关于战略要素的认识和描述，我们可以从概念性、全面性、变化性、层次性这四个方面加深理解战略要素的含义。

2. 战略目标是人们在行动之前就已经确定的行动结束时的预期结果，代表这种预期结果的是相关战略要素的组合格局以及组合格局中的各个战略要素的特定数量程度。

3. 战略灵敏度是衡量实施战略的主体对各个战略要素的变化的反应速度的指标。战略灵敏度包括四个环节，它们是：信息收集和传递的速度，形成和调整战略决策的速度，部署战略要素的速度，战略要素根据共享信息做出反应的速度。

4. 战略假设是指假设战略要素格局中哪些要素会发生变化以及怎样变化，并以这种假设为基础，把行动开始后需要做的一部分工作提前到行动开始前来做。

5. 战略战局是指在战略方案已经完成和实际行动已经开始以后，为达到战略目标而按照时间序列随时调整各个战略要素格局的过程，它是对不断产生的战略要素的新变化的一整套连续反应。

（三）战略思维方式

战略思维方式是以战略概念为基础的思维定式和思维运行的总和。包括思维基础，

思维定式，思维运行三个问题，它们有机结合，展示了战略思维方式的认知本质。

1. 战略思维方式的思维基础

人们对事物本质属性的认识，必须在感性认识的基础上通过抽象思维的作用，运用比较、分析、综合、抽象、概括等方法，从积累到一定数量的感性材料中逐步揭示出事物的特有属性或本质属性，从而形成概念。

概念的形成是感性认识上升到理性认识的飞跃，是思维的结晶。概念同时是理性思维的细胞，是组成判断、推理的基本元素。感知模式所加工的是由实物刺激感官而输入的信息，思维模式所加工的是由脱离了具体物质形态的概念、语言刺激感官而输入的信息，带有抽象性、间接性和一般性。由此决定，概念系统是一切思维方式的直接基础，它与世界观、理论、经验、知识、情感、意志、兴趣等深层次、潜在性因素共同构成思维基础。

战略思维方式最直接的、特定的概念基础是战略概念系统。战略概念在战略思维方式中起着独特性、本质性和决定性作用，是战略思维方式得以存在的根本性思维基础。具体表现为：战略概念是战略思维方式区别于其他具体思维方式的独特性标志；战略概念是战略思维方式能够成为一种特殊思维方式的本质；战略概念是战略思维方式得以运行和展开的决定性因素。

2. 战略思维方式的思维定式

战略是对全局性、高层次的重大问题的筹划与指导。战略思维尚未展开前已选定的战略思维方向、战略思维范围等，已经设计预置的战略思维加工"图样"即思维活动运行线路图，形成了一种战略思维运行前的准备态势。所以战略思维方式具有典型的思维定式特点。

具体地说，战略思维方式的思维定式突出表现在全局关系性、过程前瞻性和结构预置性。首先，战略思维方式是一种全局性整体思维方式，它要求把战略作为一个整体，去思考它的整体布局，整体协调运作，从而实现其整体功能效果。所以，战略思维方式的思维定式是站在整体之上的综观全局，总揽全局，驾驭全局，一切着眼于全局。其次，战略思维方式的思维定式从战略目的出发，预测战略发展全过程的前途趋向，同时善于把握战略的全过程，善于从某一阶段谋划下一阶段，往后的多数阶段以至所有阶段，从中做出融会贯通全部战略阶段乃至几个战略阶段的、大体上相通了的一个长期的筹划，即所谓"走一步看几步"或"走一步看全部"。第三，战略思维方式的思维定式是有预置思维加工方案的，它预先有一个以时间和空间为坐标系的战略思维"蓝图"。

3. 战略思维方式的思维运行

思维运行则包含了思维运行的具体内容以及对内容的概括、提炼和抽象。从概念角度来说，思维结构是思维主体在一定的世界观、理论、经验、知识、意志、情感、兴趣等影响下，以思维概念和特定概念系统为基础建立起来的概念框架，思维方法是概念运行的工具和载体，思维程序是概念运行的规则，思维运行则是概念的实际运行过程以及对运行过程的进一步概括、提炼、抽象。通过提炼和抽象，人们可以更加深刻与明晰揭示思维运行所遵循的基本规则与逻辑，这些规则和逻辑是贯穿于思维运行中的主线，决定着思维运行的程序、线路和方法等实际内容。

战略思维方式不仅有静态思维，更重要的是它在本质上是一种动态思维方式。上述原则贯穿于具体的动态战略思维之中，而且主要是在动态思维中体现的。

总之，战略思维基础、战略思维定式和战略思维运行共同构成战略思维方式，亦即三者统一于战略思维方式，既是不可或缺的，也是不可割裂的。同时，三者之间的有机联系和辩证关系，是战略思维方式功能完整显现的内部原因和动力。

（四）战略思维的基本类型

战略思维作为对关系全局性、长远性、根本性重大问题的分析、综合、判断、预见的理性思维过程，具有一般思维方式的共性，也具有其不同于一般思维方式的特殊性。与其他一般思维方式相比较，战略思维方式主要具有以下五大基本类型：

1. 系统性思维方式

系统性思维是领导者进行战略思维活动首先应当掌握的基本思维方式。尤其是在现代社会，其意义更加重大。因为在现代社会中，不论是经济活动、科技活动还是教育活动，不论是政治活动，还是军事活动等，都越来越走向系统化。所以，对于领导者来说，现在比以往任何时候都更加迫切需要采取系统性的思维方式，运筹全局，综合分析，提出科学的发展战略思路。系统性思维作为战略思维的重要组成部分，其本质要求在于战略科学的发展战略思路。系统性思维作为战略思维的重要组成部分，其本质要求在于根据战略思维对象自身所具有的系统性质考察事物。战略思维按照事物自身所具有的系统性质分析、判断事物的运动变化与发展，必然使战略思维系统呈现三大特点：一是全方位整体性。即从各个侧面、各个角度、各个层次考察思维对象。战略思维就是立足全局，把思维触角伸向多方面、多途径、多层次，而不受僵化的条条框框的束缚，以制定出驾驭整体和指导全局的战略。二是时空统一性。即把对事物的时间考察（包括过去、现在和未来）与空间考察（包括上下、前后、左右等）统一起来，以形成立体的战略思维结构。三是协同性。由于战略思维所分析的对象具有全局性的特点，涉及诸多方面，而这些方面又不能各自为政，必须处于相互协调的状态中才能推动工作进展，因此，各方面的相互协同、相互促进，是战略思维必须加以重视的问题。

2. 超前性思维方式

由于思维过程与思维对象变化过程的相互关系，领导者的思维可划分为滞后性思维和超前性思维。滞后性思维是指对已经存在的现实过程的思维，其特点是思维过程落后于思维对象变化的发展过程。超前性思维是指向未来、超越客观事物实际发展进程的思维，其特点是思维过程发生于思维对象实际变化过程之前，即在思维对象实际发生变化之前，就考察其未来可能出现的各种趋势、状态和结果。超前性思维的这种特点，决定了它是战略思维的一种重要方式。必须高度重视的是，超前性战略思维是以对客体未来发展趋势和规律的科学把握为基础的，绝不是领导者的主观臆想或凭空幻想。一般来说，领导的空间越广阔，所涉及的因素越多，变化幅度越大，影响越深远，就越需要加强超前性战略思考和可行性论证，不对可能引起的一系列问题和后果进行充分估计，显然是不行的。此外，现代社会的经济、技术发展速度日益加快，由此导致领导节奏大大加快。在这种情况下，任何一个国家、一个地区、一个单位要制定自己的发展战略，都必须事先考虑到这种迅速变化的环境，使思维走在环境变化的前面，科学预测变化发展的前景。

3. 开放性思维方式

战略思维的开放性思维方式，是由于思维对象的开放特性所决定的。所谓开放性，是指客观事物或系统同其周围环境，即其他事物或系统的相互联系、相互作用。任何事物或系统都同其周围环境相互联系、相互作用，进行着物质、能量或信息的交换和转换。不同的只是开放的程度大小有所差别罢了，根本不存在与周围环境完全隔绝的、孤立的事物或系统。由于战略思维面对的是全局性的重大问题的思考，因此，其思维活动必须是在一种大开放的思维状态下展开。长期以来，由于历史的现实原因，在封闭的社会背景下，领导者战略思维往往被限制在狭小的天地里。在国与国之间，乃至在国内各地区、各部门之间缺乏交往和交流活动，缺乏横向联系和信息反馈。反映在领导者战略思维活动上，就形成了闭目塞听、缺乏广阔时空视野的封闭性思维。这种思维状态极不利于制定科学的发展战略目标和规划。现代社会经济发展冲击着这种封闭的战略思维方式，推动其向开放性的科学战略思维转向。因为世界经济的发展越来越呈现一体化，科学技术上的相互交流、相互影响的世界性联系也不断扩大，世界变得越来越开放化和一体化。因此，无论是哪一个国家、哪一个地区想关起门来，自我封闭地实现发展，是根本不可能的。现代领导者的战略思维必须面向全国、面向世界，加强同其他地区、其他国家的经济联系和科学文化交往。这样，一方面自己为社会、为人类的进步做出贡献；另一方面自己也从世界中吸取先进的、美好的东西，以加速自身的发展。这就迫切要求领导者战略思维从封闭性转向开放性，以更好地顺应时代发展的大趋势，从而抓住机遇，促进发展。

4. 创造性思维方式

由于战略思维主要是对未来发展问题的思考，而未来发展问题又大多是面临的新矛盾、新问题，其思维活动就绝不能囿于传统的、陈旧的、教条的局限，而应当有所创新。因此，创造性思维就必须成为战略思维的一种重要的思维方式。

创新是一个民族的灵魂，是一个国家兴旺发达的不竭动力。领导者制定新的发展战略，开拓新的工作局面，必然面临着许多复杂的新矛盾和新问题，面临着许多新的发展机遇和严峻挑战，如新技术革命，世界经济一体化，加入世界贸易组织，西部大开发，进一步深化改革和加快建设步伐等所带来的机遇和挑战。因此，在这些复杂多变的环境下，要制定新的发展战略，开拓工作的新局面，就必须实现思想观念上的不断创新。

而思想观念的创新，又离不开思维方式的创新。虽然说继承是必要的，但是创新则更为重要。一种陈旧而缺乏现代科学性的思维，绝对不能指导完成划时代的新成就。创造性思维就不可能完全套用他人的、以往的经验和方法，而主要是在没有前人思维痕迹的路线去探索。当然这种有创见性思维活动的战略实践不避免地会受到一定的险阻与磨难。只有大公无私、不怕风险、敢于献身的人，才能敢于为了追求真理、追求发展而超越思维常规，突破思维禁区，勇于求异创新，才能使自己的思维不被一种模式、一种思路所束缚，才能敢想、敢说、敢干，有所发现，有所发明，有所创造，有所前进，实现创新思维的突破。

5. 自觉性思维方式

由于战略思维绝不是一种盲目的、下意识的思维活动，而是一种充分发挥领导者主观能动性、积极性和创造性的思维活动，因此，自觉性思维方式便是战略思维的又一个重要类型。领导者的战略思维必须是有意识地、自觉地进行的思维活动。这是因为：首先，领导者只有以一定的发展战略问题作为自己的思维对象，才能自觉地去思考和解决这一问题；其次，领导者只有自觉地把握和运用新的理论、观点、方法和手段，才能把发展战略问题的思考引向深入；第三，领导者只有自觉地遵守一定的科学的思维规则，才能保证在对战略问题的思考不犯逻辑错误。此外，领导者要用形成后的战略思维成果去指导发展实践，也必须自觉地把它转化为实践思路或决策方案，然后才能将其付诸实施，这与单纯的经验思维有很大的不同。经验思维往往可以自发地调节实践活动，但这种调节往往是肤浅的。因此，作为成熟的领导者，其战略思维必须是一种自觉性的思维过程，而不是一种盲目的、下意识的思维活动。战略思维中的自觉性思维方式，又被称作理论思维方式，抽象性是其思维活动的重要特征，概念是领导者进行战略思维的"细胞"，是一系列抽象活动的产物；判断反映了领导者战略思维中概念之间的联系；而推理则进一步揭示了判断之间的内在联系。抽象思维的结果，使领导者在战略思维中对发展战略问题的认识越来越深入，从而有利于提出科学的发展战略目标和规划。

（五）影响战略思维方法的主要因素

深层次影响战略思维方法的因素主要有以下几个方面：一是世界观层次；二是理论层次；三是经验层次；四是知识层次。在战略思维方法中，上述这四个层次的影响因素是辩证统一的，共同作用于战略目的思维、战略判断思维、战略决策思维、战略实施思维、战略总结思维等基本环节，是战略思维结构形式稳定、思维程序流畅、思维线路通顺的基础和保障。

> **感悟** 战略代表着高度和长远，战略思维代表着远见卓识。应运用战略思维谋划关键问题。

二、海洋战略的概念

海洋战略是指导国家海洋事业发展和保障国家海洋利益安全的总体方略，是国家战略在海洋事务中的运用和体现，是一个集指导海洋经济发展、海洋科技进步、海洋环境保护和海上安全保障等于一身的战略体现。

海洋战略是一个国家总体发展战略的重要组成部分，是社会经济发展的根本战略。具体战略任务包括：维护海洋权益、发展海洋经济、加强海域使用和海岛管理、保护海洋生态环境、发展大洋和极地事业、促进海洋科学与教育事业发展等。

第二次世界大战之后，随着科学技术的突飞猛进，以及人口膨胀、资源短缺、环境恶化等世界性问题的凸现，世界各国对海洋的认识逐步深化。海洋越来越明显地显示出在资源、环境、空间和战略方面得天独厚的优势。世界各国普遍认识到，海洋将成为人类生存与发展的新空间，成为沿海各国经济和社会可持续发展的重要保障，成为影响国家战略安全的重要因素。

> **感悟** "人无远虑，必有近忧。"海洋问题事关国家前途命运，必须从长远计。

三、中国海洋战略的提出

我国既面临太平洋，又处在东北亚经济圈及太平洋经济圈的重要位置上，拥有1.8万多千米的海岸线，1.4万千米的岛岸线，拥有广阔的海洋活动空间和丰富的海洋资源，丰富的海洋资源优势转化为强大的经济优势潜能巨大。党的"十六大"报告提出了"实施海洋开发"的战略部署。为推动这一战略的实施，2003 年 5 月 9 日，国务院批准并印发了《全国海洋经济发展规划纲要》， 首次明确提出了 "逐步把我国建设成为海洋经济强国" 的宏伟目标。

党的十八大明确提出 "建设海洋强国" 的战略目标，习近平总书记在党的十九大报告中明确要求 "坚持陆海统筹，加快建设海洋强国"，进一步明确了中国海洋战略的基本内容。坚持可持续发展原则、陆海一体化原则、 质量效益原则、健康协调发展原则、海洋科技先行原则、 搁置争议共同开发原则，经济建设与安全同步原则。

感 悟 目标明确，方针正确，坚持海陆统筹，实现陆海一体发展，加快建设海洋强国。

知识要点二： 中国海洋战略的重要意义及主要内涵

一、海洋战略的重要意义

关于海洋的认识和决策，应当上升到国家战略的高度来思考。当前，世界经济的重心正在向海洋转移，伴随着对海洋资源开发利用的升温，世界各国争夺和控制海洋权益的斗争更趋激烈。美国把控制全球 16 条海上战略通道作为海军战略的重要内容，并不断加强在这些地区的军事存在。日本自卫队也明确提出，要保卫海上 "千里生命线"。印度海军则提出了 "远海歼敌" 的作战思想，以实现 "印度洋控制战略"。海洋与国家建设、社会发展的诸多方面以及重大问题具有密切的战略关系，国家需要明确的海洋战略，并把海洋战略的实施作为一项基本国策。

1. 海洋与经济发展战略

中国的改革开放是从沿海地区起步的，海洋在我国经济发展中占有至关重要的地位。改革开放，首先打开的是海上大门，成功地建立了 5 个经济特区，确立了一批沿海对外开放城市，形成了一个沿海开放带，打破了中国经济与世界经济的彼此分隔，使中国进入世界经济一体化潮流之中，大大促进了中国经济的发展。

发展海洋经济是实现国民经济可持续发展的重要动力源。21 世纪，资源问题将困扰整个世界。我国陆地自然资源人均占有量低于世界平均水平。随着时间的推移和经济的快速发展，资源矛盾将越来越突出。而海洋是个巨大的资源宝库，中国海蕴藏着丰富的生物、旅游、矿产等资源，海洋将为我国经济的发展提供丰富的资源基础和广阔的活动空间。

改革开放以来，全国海洋资源开发速度加快，20 世纪 80 年代海洋经济每年平均以 17% 的速度增长，90 年代以每年 20% 的速度递增，进入 2000 年，海洋经济的增长速度仍保持在 20% 左右，已成为我国经济的重要组成部分。海洋对 21 世纪中国经济发展具有举足轻重的战略地位，开发海洋、利用海洋，将为实现我国经济发展的总体战略目标做出重大贡献。

2016 年全国海洋生产总值为 70 507 亿元，比上年增长 6.8%,全国海洋生产总值占国内生产总值的比重为 9.5%，海洋经济已成为国民经济的重要组成部分。

2. 海洋与可持续发展战略

海洋是人类共同家园，是实现可持续发展的宝贵空间。海洋吸收了人类产生的三分之一左右的二氧化碳，并对减少气候变化产生了很大的影响。

随着我国国民经济的快速发展，土地需求量急剧增加，导致耕地资源流失严重，加剧了我国人口与耕地之间的矛盾。中国陆地资源人均占有量低于世界平均水平，但中国海洋资源丰富。而21世纪，充分利用海岸带的区位优势和海洋资源优势，加速中国海洋事业的发展，能提供相当多的就业机会，提供广阔的生活和生产空间，可有效地缓解人口增长、劳动力过剩带来的就业压力。

联合国秘书长古特雷斯在2017年联合国海洋大会上指出：污染、过度捕捞和气候变化的影响正在严重破坏海洋的健康。他强调，可持续发展目标14为实现清洁和健康的海洋制定了明确的路线图。当务之急是必须结束将经济、社会发展需求同海洋健康之间人为的"一分为二"的错误做法；其次，应在现行国际法律框架的基础上，促进强有力的政治领导力和新的合作伙伴关系，采取扩大海洋保护区、加强渔业管理、减少污染、清理塑料废物等切实行动，并将地方和国家举措转变为协调一致的国际努力；第三，必须把"2030年议程""巴黎气候变化协定"和"亚的斯亚贝巴行动议程"等政治意愿转化为资助承诺；此外，要进一步深化对海洋的认知，加强数据、信息收集和分析工作，并分享最佳做法和经验。

3. 海洋与人口战略

沿海布局整合、海洋产业发展、海岛开发等是合理配置资源、优化人口布局、应对人口增长的有效对策。随着21世纪中国大规模开发海洋，海水增养殖业、远洋渔业、海洋食品工业、海洋药物工业、海洋化工业、海水淡化工业、海洋能工业、海洋油气工业、海洋采矿业、海洋旅游业、海洋交通运输业、船舶和机械制造业、海洋建筑业以及围绕海洋产业发展起来的产前、产中、产后服务业等几十个行业将得到迅猛发展。一大批农业剩余劳动力及贫困地区的人口必将涌向海洋，汇聚成一支庞大的中国海洋产业大军，成百川归海之势，使21世纪中国的就业压力得到缓解。

我国有6 500多个岛屿，目前有人居住的仅有400多个，岛屿开发潜力非常大。从世界人口分布来看，海岸带及海岛是人口最密集的地区之一。目前，我国海岸带总体上人口密度较大，但其中又主要集中在一些沿海大中城市。我国海岛数量多，分布范围广。集中分布的群岛有50多个，岛屿总面积约为8万平方千米。

研究显示，近30亿人依靠海洋和沿海生物多样性来维持生计。

4. 海洋与国家安全战略

海洋是保护国家安全的屏障，是国防前哨和门户，是当今大国竞争的门户。近代以来，随着航海技术的突破，伴随着西方资本主义国家掠夺海外殖民地的步伐，海洋成为连接陆地各大洲的通道。发达的资本主义国家通过海洋控制世界，抢占市场，掠夺资源。一些西方资本主义国家通过海洋基本完成了对整个世界的瓜分和控制。海洋权益日益广泛与重要，而海洋安全则包括了海洋领土（岛屿主权）、领海、海洋资源、海洋运输通道等诸多方面。近年来，中国海洋权益不断受到挑战甚至侵犯，国家海洋安全形势变得越来越复杂，越来越严峻。

海域不仅是一个国家的国土，而且是一个国家的国防前哨和门户，在防止外部敌人从海上入侵、保卫国家领土和海洋主权上具有重要的战略意义。目前，世界海洋军事力量和军事活动的发展已呈现出以海制陆的特点，这日益影响到军事乃至政治战略格局。海洋不再只是战略争夺的途径，而已成为战略争夺的主体，海洋防务日趋重要。

中国地处亚欧大陆东部，太平洋西岸，拥有漫长的海岸线，总长1.8万千米，拥有6500多个岛屿。依据联合国《海洋公约法》，应划归中国管辖的海洋国土共计300多万平方千米，相当于陆地总面积的三分之一，其中有150万~190万平方千米与邻国存在争议。要维护这样一个庞大的海洋国（领）土与海洋权益本身就是一个大挑战。特别是由于历史与国内政治及政策等多种原因，中国海洋权益长期以来不断遭受侵犯，原本属于中国的东海、南海诸多岛屿为他国觊觎，甚至被窃占。如今在美国持续强化亚太战略（即"亚太再平衡"）与国际形势日益复杂的背景下，中国海洋安全环境与形势更趋恶化。

海洋安全，是国家总体安全的重要组成部分，是我国海洋强国建设的基本需求和根本保障。

> **感悟** 海洋战略事关国家安全、经济发展、社会进步和人类的长远发展，意义重大。

二、中国的海洋战略的主要内涵

（一）海洋政治战略

1. 统一思想，拓展海权

我国由于陆上的战略压力，长期以来一直以陆权为主，海权的追求只是陆权的附属战略，服务于陆权。冷战结束以来，我国的周边环境出现了明显的变化，导致了我国战略形势的相应变化，陆上压力明显减轻，陆上边界纠纷出现了通过政治方式逐步解决的趋势。与此相反，由于海洋利益的激烈争夺，我国的海上环境却出现了恶化的趋势，海洋权益的维护必须提到日程上来。

2. 主权立场的坚定性和策略的灵活性

主权问题从来就是一个不容讨论的问题。台湾问题、南海问题、钓鱼岛问题和东海问题，都是涉及我国主权的问题，台湾岛及其周围属于中国的包括钓鱼岛在内的岛屿，既是中国进入太平洋的前沿基地，又是中国东部地区经济黄金地带的前锋拱卫；南沙群岛是护卫中国在马六甲海峡通行自由权利的最前沿的基地，这些我们都要寸土必争，但是要讲究策略的灵活性。

3. 努力提高政府素质建设，理顺海洋管理体制

政府的素质已经成为国力的重要组成部分。为了满足国家海洋战略的需要，我们必须加强各级海洋行政管理机构建设，明确中央和地方、各有关部门在海洋管理中的工作职责，建立适应海洋经济发展要求的行政协调机制，为国内外企业进入海洋经济领域创造良好的投资环境。

4. 努立健全海洋立法，统筹规划海洋管理

走向海洋，要有系统、完善的法律体系作为坚强后盾，"依法制海、依法强海"是国家海洋战略不可少的一环。历史上，西班牙、葡萄牙都是先于英国的强大的世界性海权国家，著名的"教皇子午线"就是当时两国平分地球的见证，但是两国的霸

主地位先后被后起的荷兰、英国等国所取代，其重要原因就是西、葡两国政府把从全世界搜刮来的财富用于统治阶级的奢侈挥霍上，致使国家富强的良性循环体系没有建立起来，最终导致了两国的衰落。历史告诉我们，国家立法的健全是一个国家能否持续发展的关键。

（二）海洋经济战略

1. 海洋经济的现状

20世纪90年代以来，我国把海洋资源开发作为国家发展战略的重要内容，我国海洋渔业和盐业产量连续多年保持世界第一，造船业世界第三，商船拥有量世界第五，港口数量及货物吞吐能力、滨海旅游业收入居世界前列。

2. 海洋经济发展的原则

发展与环保并举；科技带动海洋发展；突出重点，发展支柱；发展与国防统筹兼顾；速度和效益统一。

3. 海洋经济发展的措施

实施科技兴海，提高海洋产业竞争力；拓宽融资渠道，确立企业投资主体地位；发挥沿海自身优势，推动海洋经济发展；加大海洋环保投入，保障可持续发展；加大扶持力度，促进海岛的建设和发展；提高海洋防灾能力，完善海洋服务体系。

（三）海洋军事战略

1. 近海积极防御，逐步走向远洋的军事指导战略

历史上，由于战略侧重点的不同，加之国际海洋法没有确立专属经济区、大陆架等概念，各国的海域比较狭小等原因，我国的海上国防战略实行近岸防御的战略。改革开放以来，我国与海外的利益关系日益密切，各国对海洋的争夺斗争日益激烈，海洋权益的维护也日益迫切，加之我国陆上的严峻形势逐渐趋向缓和，我国的海上国防战略也随之进行了调整，转变为近海防御。随着经济的高速增长以及全球化带来的我国贸易的全球化，也使得我国的海外利益日益扩展，利益边界不断扩大，因此，我国的海上军事战略也应相应地向海外扩展，走向远洋。

2. 海上军事力量的建设

针对我国的具体国情，结合我国的长远发展战略，我国海上军事力量的发展必须能够确保国土、海岸线及海域的安全，有效地维护国家主权的完整和安全；能够有效突破岛链的封锁，解除大国军事力量给我国造成的海上威胁；具备远洋作战的能力，能够控制战略水道，有效地保护我国 海上运输线的安全。

3. 加强国际军事合作

当前，海洋尤其是远洋日益成为我国乃至世界各国发展的生命线，但海洋并不太平，大国的军事竞争再起波澜，国际恐怖主义、国际海盗、贩卖人口等国际犯罪日益猖獗，某些国际海道的掌控能力不足。这些都需要我国加强国际军事合作，积极参与，以维持区域乃至世界的和平与安全。

（四）海洋外交战略

1. 大国外交

拓展我国海权，实现海洋战略方面，我们面临的最大外部阻力来自美、日、印三国。而从近期看，则首推美、日两国。美国与日本分别是我国的第一和第二大贸易伙伴，也是全球经济实力最强、技术最为发达的实体，是与我国利益最为攸关的国家，与它们为敌，不仅是我们所不愿看到的，也是美日两国所不愿看到的。应从沟通与合作层面上解决矛盾问题。加强中国与美日两国政治、经济、文化、安全等多方面的交流与合作，密切利益联系，努力使合作的收益大于对抗的成本，使任何一方都产生一种一荣俱荣，一损俱损的理念。

2. 陆上周边外交

我国与多国接壤，边界情况错综复杂。我国政府从整体和长远利益出发，在实践中提出并遵循了一系列原则诸如坚定地维护国家的主权和领土完整；在平等的基础上友好协商，通过互谅互让求得公平合理的解决，问题解决之前维持现状不变；历史与现实相结合，既照顾历史背景，又照顾已经形成的现实情况；按照国际法的一般原则对待历史上的旧界约，遵循国际惯例划界和勘界。从而使与多国边界纠纷的解决步入了正轨，加快了边界磋商，力争更早地将精力和资源转移到国家海洋战略上来。

3. 海上周边外交

目前，我国存在着与韩国、日本、菲律宾、马来西亚、文莱、印度尼西亚、越南等国家的众多纠纷，这些问题已经远远超出了简单的地理与法律因素，包含着能源争夺、实力抗衡、政治角力、外交掉阖与民族情绪等复杂内容。对我国来说，由于我国对东南亚航道的过分依赖，与他们对抗，其后果也是不可想象的。因此，邓小平同志提出的"主权归我，搁置争议，共同开发"仍是我们处理与上述国家相关问题的重要原则。

4. 与战略资源区的外交

能源区国家多为第三世界国家，与我国在许多国际问题上有共同的呼声，因此在利益协调上比较容易达成一致。我国应该通过合作勘探、合作开发、注资等形式加快步伐参与其中，与之建立利益共同体。同时，加强与石油出口国和消费国外交，协调利益，尤其加强和中亚国家、俄罗斯的能源合作并与东北亚的韩国、日本合作，建设中亚—中国—日本、东西伯利亚—中国—韩国—日本以及西西伯利亚—中国的油气管道，以促进中国油气来源和运输线路的多样化，避免对中东、非洲和海上线路的过分依赖。

（五）海洋文化战略

文化是经过历史的沉淀而内化在一个国家、一个民族内心深处的东西，它是国家"软国力"的重要组成部分。文化一词具有丰富的内涵，从不同的角度，有着不同的界定。就海洋战略层面上来说，主要是指海洋文化，包括对海洋的认知，海洋意识等内容，其中，海洋意识是人们关于海洋的地位、作用和价值的理性认识，对海洋的认知随着海洋意识的增强而得到不断强化。

> **感悟** 　中国的海洋战略组成要素多，涵盖范围广，是一个内涵丰富的综合体。

知识要点三： 中国的海洋强国战略

一、中国海洋强国的基本指标

美国是个海洋经济强国，目前，近海油气业、海运业、海上工程服务业和海洋生物技术产业等高附加值海洋产业构成美国海洋产业的主体，对美国经济的贡献是农业的 2.5 倍。

制定我国 21 世纪海洋战略，必须面向国内外两个市场，坚持以海洋经济建设为中心，牢固树立建设海洋强国的民族意识，把走科教兴海之路、开发和保护海洋、强化海洋的综合管理、增强海防实力、维护国家海洋权益作为历史使命和神圣职责，全面振兴海洋产业，从而保证海洋经济的持续、快速、健康发展，以实现由海洋大国向海洋强国的历史性跨越。

> **感悟** 　建设海洋强国，是时代的要求，是思维的转变，更是必然的选择。

二、 中国海洋强国战略提出的过程

2002 年，中国共产党十六大提出了"实施海洋开发"的任务。

2003 年，国务院印发《全国海洋经济发展规划纲要》第一次明确提出"逐步把中国建设成为海洋强国"的战略目标。

2004 年，《政府工作报告》中提出"应重视海洋资源开发与保护"的政策。

2009 年，《政府工作报告》强调了"合理开发利用海洋资源"的重要性。

2011 年，"十二五"（2011-2015 年）规划纲要指出，我国要坚持陆海统筹，制定和实施海洋发展战略，提高海洋开发、控制、综合管理能力。

2012 年，十八大提出，提高海洋资源开发能力，发展海洋经济，保护生态环境，坚决维护国家海洋权益，建设海洋强国。

2014 年，《政府工作报告》指出"海洋是我们宝贵的蓝色国土，要坚持陆海统筹，全面实施海洋战略，发展海洋经济，保护海洋环境，坚决维护国家海洋权益，大力建设海洋强国。"

2015 年的《政府工作报告》指出："我国是海洋大国，要编制实施海洋战略规划，发展海洋经济，保护海洋生态环境，提高海洋科技水平，强化海洋综合管理，加强海上力量建设，坚决维护国家海洋权益，妥善处理海上纠纷，积极拓展双边和多边海洋合作，向海洋强国的目标迈进。"

建设海洋强国的目标是我国结合当前国际、国内发展形势特别是海洋问题发展态势而提出的，是一项明显具有政治属性的重要任务，现已成为国家层面的重大战略。

党的十八大以来，习近平总书记统筹国内、国际两个大局，高度重视海洋事业发展，就加强国家海洋事务管理，推动我国海洋强国建设，做出一系列重要论述，回应了世界

对我国海洋发展的关切，解决了当前我国海洋领域面临的主权、安全和发展等核心重大现实问题，为把我国建设成为海洋经济发达、海洋科技先进、海洋生态健康、海洋安全稳定、海洋管控强劲有力的新型海洋强国指明了方向、提供了根本遵循。习近平总书记在党的十九大报告中明确要求"坚持陆海统筹，加快建设海洋强国"，为建设海洋强国再一次吹响了号角。

> **感悟** 建设海洋强国的提出，体现了我国重视海洋、开发海洋、经略海洋的探索和实践。

三、中国海洋强国战略的核心内容

中国要在开发海洋、利用海洋、保护海洋、管控海洋方面拥有强大综合实力。首先，提高海洋资源开发能力，着力推动海洋经济向质量效益型转变。优化海洋产业结构，培育壮大海洋战略性新兴产业，努力使海洋产业成为国民经济的支柱产业，让海洋经济成为新的增长点。其次，保护海洋生态环境，着力推动海洋开发方式向循环利用型转变。全力遏制海洋生态环境不断恶化趋势，推进海洋自然保护区建设，科学合理开发利用海洋资源，维护海洋自然再生产能力。第三，发展海洋科学技术，着力推动海洋科技向创新引领型转变。搞好海洋科技创新总体规划，重点在深水、绿色、安全的海洋高技术领域取得突破。在维护国家海洋权益方面，着力推动海洋维权向统筹兼顾型转变。要做好应对各种复杂局面的准备，提高海洋维权能力，坚决维护我国海洋权益。

习近平总书记指出，"建设海洋强国是中国特色社会主义事业的重要组成部分"，推进海洋强国建设，要"坚持走依海富国、以海强国、人海和谐、合作共赢的发展道路"，要求"提高海洋资源开发能力，着力推动海洋经济向质量效益型转变"，"保护海洋生态环境，着力推动海洋开发方式向循环利用型转变"，"发展海洋科学技术，着力推动海洋科技向创新引领型转变"，"维护国家海洋权益，着力推动海洋维权向统筹兼顾型转变"。在"一带一路"重大机遇下，我们要打破传统的海洋发展理念，以"四个转变"为导向，处理好各类矛盾关系，不断实现创新突破。

（一）推动海洋经济向质量效益型转变

海洋经济发达是海洋强国的物质基础。当前我国海洋经济发展不平衡、不协调、不可持续问题依然存在。提高海洋经济增长质量，一方面，要确立多层次、大空间、海陆资源综合开发的现代海洋经济思想，贯彻习近平总书记"海洋经济是陆海一体化经济"的理念，不能就海洋论海洋，要从单一的海洋产业思想转变为开放的多元的大海洋产业；另一方面，对接国内外市场，进一步深化海洋领域供给侧结构性改革，不断培育海洋经济发展新动能，发展海洋新业态、新产品、新技术、新服务，为"21世纪海上丝绸之路"建设注入强大动力，为世界发展带来新的机遇。

（二）推动海洋开发方式向循环利用型转变

秉承以人为本、绿色发展、生态优先的理念，落实习近平总书记提出的"把海洋生态文明建设纳入海洋开发总布局之中"的要求，共抓大保护、不搞大开发，坚持开发和保护并重，像保护眼睛一样保护海洋生态环境，像对待生命一样对待海洋生态环境，全面遏制海洋生态环境恶化趋势，加强海洋资源集约节约利用，建立海洋生态补偿和生态损害赔偿制度，实现习近平总书记提出的"让人民群众吃上绿色、安全、放心的海产品，享受到碧海蓝天、洁净沙滩"的目标。

（三）推动海洋科技向创新引领型转变

早在 2000 年，习近平同志就指出，海洋竞争实质上是高科技的竞争，海洋开发的深度决定于科技研究水平的高度。海洋科技发达，是海洋强国的重要标志。与发达国家相比，当前我国海洋科技发展差距仍然较大，无法满足我国海洋领域发展和安全的需要。我们要按照习近平总书记提出的要求，"搞好海洋科技创新总体规划，坚持有所为有所不为，重点在深水、绿色、安全的海洋高技术领域取得突破"，以增强海洋科技创新能力为核心，以实现海洋科技资源共享为重点，以统筹安排项目、基地、人才为原则，强化海洋科技发展总体布局，研发并掌握海洋领域关键核心技术，完善海洋科技创新体系，不断促进海洋科技成果转化。

（四）推动海洋维权向统筹兼顾型转变

当前我国的海洋维权和海洋安全形势依然复杂，斗争依然激烈。因此，要统筹国内国际两个大局，处理好维稳和维权的关系。在当前形势下，按照习近平总书记的要求，"做好应对各种复杂局面的准备"，建设强大的现代化海军，在维护自身海洋安全和利益的同时，成为维护世界和平与发展的重要力量，在钓鱼岛、南海、航行自由、历史性权利等诸多敏感、重大问题上，坚持和平方针，多措并举、务实推进共同开发，实现海洋维权稳中求进。

古罗马政治家西塞罗说过："谁能控制海洋，谁就能控制世界。"海权论的创始人马汉提出，所有帝国的兴衰，其决定因素，都在于是否拥有强大的海权，能否控制海洋。纵观历史上世界性大国的崛起，都可以说与经略海洋息息相关，葡萄牙、西班牙、荷兰、英国和美国等，无一不是"发轫于海洋"，并最终成为具有强大海洋控制能力的国家。

感 悟 不谋全局者，不足谋一域。不谋一域者，不足以谋一城。谋战略，兴海洋强国。

知识要点四： 中国加快海洋强国建设的战略形势和举措

一、中国海洋强国建设的战略形势

（一）机遇。雄厚的海洋建设人力和财力资源，日益增高的伟大复兴呼声，日益增强的海权观念，睿智进取的海洋权益争端共识给当今中国的海洋强国建设带来了前所未有的机遇。

（二）优势。和谐稳定的国内环境，相对稳定的周边环境；沿海环境，尤其是陆地地理位置的优越；改革开放以来长足发展的海洋经济；日益健全和完善的海洋法规使得当今中国的海洋强国建设占有一定的优势。

（三）劣势。由于历史原因，中国海洋意识成长缓慢和海洋事业开发较迟，我国存在海洋意识普遍缺乏，海权观念严重不足，海洋政治战略滞后，海洋军事力量不够强大等一系列劣势。

（四）挑战。我国的钓鱼岛，南海诸岛等海洋国土已经遭到严重侵犯，我国海洋资源正在遭到邻国的侵蚀，海运安全和海上通道正在或即将面临严正的挑战，同时海洋军事安全也存在潜在威胁。

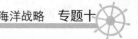

感 悟 泱泱中华，和谐盛世，唯困海洋观，兴海强军，攻坚克难，实现海洋强国目标。

二、加快建设海洋强国的战略举措

习近平总书记在党的十九大报告中明确要求"坚持陆海统筹，加快建设海洋强国"。强调壮大海洋经济、加强海洋资源环境保护、维护海洋权益事关国家安全和长远发展。着眼于中国特色社会主义事业发展全局，统筹国内外两个大局，坚持陆海统筹，坚持走依海富国、以海强国、人海和谐、合作共赢的发展道路，通过和平、发展、合作、共赢方式，扎实推进海洋强国建设。

（一）构建海洋强国良好基础

1. 抓紧完成内部行政体制、外部协同机制建设。在国家海洋委员会的基础上，构建稳健、畅通、有力的军地关系；明确国务院相关部委的协作方式；加强全国与地方人大关于海洋的立法建设；在亚太经合组织、东南亚国家联盟、金砖五国等成果基础上，构建完善区域性海洋发展协同联盟，形成完善的外部协同机制。

2. 增设海洋强国专项资金，支持海洋强国发展政策。从国家层面增设海洋强国专项资金，明确资金来源渠道和使用目的；制定支持海洋强国发展的政策，巩固海洋经济的中心发展地位，促进和保证海洋强国的持续良好发展。

3. 打造海洋人才梯队，保障海洋强国战略有力推进实施。加强海洋人才梯队建设，做好海洋人才储备工作，保证涉及海洋专业的大学生充分就业，打造海洋人才基本队伍；根据海洋强国需要，在工作实践中培养管理人才、技术人才、建设人才；建立高端人才库，加强教育培训，培养海洋高精尖人才；通过师承效应，发挥人才凝聚和带动作用，建设完整人才队伍。

（二）保持海洋强国的有序发展

1. 持续推动海洋经济发展，提高海洋经济效益。优化产业结构，提高海洋资源如海洋渔业、海洋油气、清洁能源、海洋旅游的并发能力，推动海洋经济向质量效益型转变；充分发挥交通先行作用，提高海上通道的交通运输效益，发挥其国际贸易的纽带作用；淘汰老旧船舶，规范水上交通秩序，推动沿海地区经济发展；加强陆海统筹，强化海洋经济向内陆地区的辐射与传导，扩大海洋经济受益区域，促进区域经济协调发展。

2. 推进海洋生态文明建设，保护海洋生态环境。构建遥感卫星、无人机、海面站、岸基站一体的海洋立体生态监控网络体系；加强海洋污染防控与整治，实施海洋排放总量控制，实施陆海一体化污染控制工程，降低海洋污染，发展绿色海洋经济；开展海洋生态修复工程，实现海洋生态系统良性循环；建立海洋生态补偿和生态损害赔偿制度。

3. 发展海洋科学技术，推动海洋科技创新引领。搞好海洋科技创新总体规划；鼓励国内外科研组织广泛联系与合作；针对海洋基础科学，开展自然科学专项计划研究；针对核心技术和关键共性技术，进行联合集中攻关研发；针对海洋行业应用技术，加强成果转化与推广力度。

（三）维护海洋强国的合法权益

习近平总书记指出，我们爱好和平，坚持走和平发展道路，但决不能放弃正当权益，更不能牺牲国家核心利益。要统筹维稳和维权两个大局，坚持维护国家主权、安全、发展利益相统一。要坚持"主权属我、搁置争议、共同开发"的方针，推进互利友好合作，寻求和扩大共同利益的汇合点。要做好应对各种复杂局面的准备，提高海洋维权能力，坚决维护我国海洋权益，为海洋发展提供坚强力量支撑。

（四）树立海洋强国的高大形象

增强国民海洋强国自信，明确海洋强国道路、发展海洋强国理论，建立海洋强国制度，凝练海洋强国文化，积极做好以海洋强国为核心的全面传播与宣传工作，开拓海洋强国信息公开和新闻发布渠道，营造良好舆论环境，激发国民热情，树立海洋强国形象。

"海兴则国强民富，海衰则国弱民穷"。随着我国经济快速发展和对外开放不断扩大，国家战略利益和战略空间不断向海洋拓展和延伸，海洋事业的发展关乎国家兴衰安危与民族生存发展。当前，我们进入中国特色社会主义新时代，意味着中华民族迎来了实现民族伟大复兴的光明前景，我们比历史上任何时期都更有信心和能力实现中华民族伟大复兴的中国梦。我们坚信中国也一定会成为海洋强国，屹立于世界之巅。

感悟 ╎ 兴海强国富民，战略规划伟大复兴，有梦想就有信心，协力齐心，其利断金。

【思考与练习】

1. 阐述中国加快海洋强国建设的战略形势和举措。
2. 试阐述"谁能控制海洋，谁就能控制世界"的霸权思想和其现代适用性？
3. 系统论述现代海洋战略的五个方面及其内涵。

11

专题十一
海洋军事

1. 了解和搜集海洋军事知识，用海洋军事理论分析国际海洋军事发展形势。
2. 陈述中国海洋军事的发展历史，合理分析海洋军事发展的必要条件。
3. 了解海洋军事对国家安全和国家战略的重大影响。
4. 了解世界海洋战争，形成睿智进取的人生观，形成爱国情怀。

引导案例

据不完全统计，自明初以来，海盗、殖民主义和帝国主义在我沿海登陆入侵达百余次之多。1839—1919 年间，在中国沿海地区先后发生了英国侵略中国的第一次鸦片战争、英法联军进攻中国的第二次鸦片战争、法国进攻中国的战争，日本进攻中国的甲午战争、八国联军进攻中国的战争、日俄和日德争夺中国领土的战争等七场大规模的侵略战争。由于清朝政府的腐败无能，科学技术和武器装备落后以及战略指导上的错误，多数反侵略战争中国军队都吃了败仗。帝国主义列强强迫中国签订了许多不平等条约，不仅占领了中国周围的许多原由中国保护的国家，而且强占或"租借"了中国的一部分领土。帝国主义列强采取军事的、政治的、经济的和文化的压迫手段，疯狂地掠夺中国财富，残酷地镇压中国人民革命，使中国由独立的自给自足的自然经济封建国家，一步一步地沦为了半殖民地半封建社会。百年来的帝国主义侵华史，就是一幅"把一个封建的中国变为一个半封建、半殖民地中国的血迹斑斑的图画"。

【思考】

近代中国不能抵御英法联军、日本海军、八国联军的侵袭，这给近代中国的命运带来什么样的后果？从军事观念和军事态势上看，反映了当时中国怎样的国防实力和国防观念？

【启示】

近代中国海军不够强大，在列强面前不堪一击，使得中国陷入落后挨打、备受欺凌的境地，国家主权任人宰割，人民生活陷入水深火热。这归根结底是受长期重陆轻海的传统思维影响，到了明代以后更是走上了实施海禁、闭关锁国的道路。

知识要点一： 海洋军事概念及内涵

一、现代海军

海军指的是一个国家对海上军事和防御的全部军事组织，包括船只、人员和海军机构。在海上作战的军队，通常由水面舰艇部队、潜艇部队、航空兵部队、海军陆战队、海军岸防兵及各专业部队组成。

海军是以舰艇部队为主体，具有在水面、水下和空中作战的军种，其主要任务有：一是消灭敌战斗舰艇和运输舰船，破坏敌海上交通运输；二是袭击敌海军基地、港口和海岸附近的重要目标；三是协同陆军、空军进行反袭击，保卫海军基地、港口和沿海重要目标；四是协同陆军、空军进行登陆作战和抗登陆作战；五是进行海上封锁和反封锁作战；六是保护我海上交通运输、渔业生产、资源开发、科学实验和海洋调查的安全。

二、海军的基本组成和作用

1. 水面舰艇的编成和作用

水面舰艇是现代海军兵力中类型最多、任务最重的一个最大的家族，根据执行战斗任务性质的不同，它通常还划分为战斗舰艇和勤务船两大类。在战斗舰艇类中，通常将排水量大于 500 吨的称为舰，将小于 500 吨的称为艇。

水面战斗舰艇通常包括航空母舰、巡洋舰、驱逐舰、护卫舰、导弹和鱼雷快艇、登陆舰、猎潜艇、扫雷舰等。随着高技术的发展和现代作战需求，现代舰船正向着多用途、多功能方向发展。

2. 海军航空兵的作用

海军航空兵既是海军的一支主要突击力量，又是海军的一支重要保障力量。其作用有：在海上完成消灭敌水面舰艇的任务；布设水雷障碍；实施航空反潜；掩护海军兵力的战斗行动；参与沿海要地防空，保障海军基地和沿海重要目标的安全；实施航空侦察；袭击敌方海军基地、港口等岸上目标；担任空中警戒、空中支援和空中运输等任务。海军航空兵是夺取战区制空权的主要战斗兵力，在现代海战中，航空兵对战斗的胜负，往往可以起到关键性的作用。

3. 潜艇部队的基本任务

潜艇部队是海军的一个主要兵种，是海军一支重要的水下突击力量。潜艇是海军的主要作战兵力之一。它在实际战斗中可用于消灭敌方运输舰船；消灭大、中型战斗舰艇；袭击敌岸上重要目标；实施侦察；担负反潜作战；布雷和执行特种任务。当然战略潜艇还可以对敌方的战略目标实施核打击。

> **感悟** 建现代化海军，是巩固国防和维护海洋权益的重要举措，是国防现代化的重要指标。

三、航空母舰的基本常识

1. 航空母舰上的十大部门

一艘航空母舰，就如同一艘舰艇加上航空兵和机场的融合体，以适应和完成所担负繁重复杂的作战任务。为此，在航母上设有十大部门，来管理日常的行政工作和实施作战指挥。那么，这十个部门和他们各自的任务是什么呢？他们分别是：作战部门、航空部门、飞机中级维修部门、航海部门、武器部门、轮机部门、安全部门、医疗部门、牙医部门、供应部门。

2. 航空母舰需要编队行动的原因

航空母舰的主要任务是将飞机运载到作战地区完成作战任务，这种任务多属战役性的，因此，航母也就成了敌人攻击的对象和己方重点掩护的目标。这主要是因为航母庞大的舰体极易遭到多种兵力的攻击。为此，航母的行动多以编队方式组成航母战斗群，以保证航母的安全。航母编队是以航母为中心，由1~2艘巡洋舰、3~4艘驱逐舰和3~4艘护卫舰等水面舰艇，在航母周围组成环形警戒，以电子与非电子战手段相结合、电子与火力抗击相结合，组成区域性纵深综合防御体系，并形成多道防线。

3. 航空母舰上配备预警飞机的作用

一架 E-2C "鹰眼" 预警机，可在半径数百海里、高度 3 万米以下的广阔空域同时发现、识别跟踪、监视 250 个以上、速度不同的各类目标，在及时向航母提供信息的同时，还可控制 30 架作战飞机进行空战。它在航母前方 370 千米空中警戒时，通过数据链等通信设备，可为航母战斗群及时提供距航母 1 111 千米处来袭的高空轰炸机、833 千米处的低空轰炸机、788 千米处的低空战斗机、639 千米处的低空巡航导弹等目标的坐标、批次及航向、速度，这一点是任何飞机无法和预警飞机相比的。1982 年，英国与阿根廷之间的马岛战争中，英海军舰队就是因为没有预警机，无法发现低空飞行的飞机和导弹，导致多艘舰艇被击沉。

> **感 悟**　　建设航母、发展航母，是增强海军力量、维护海洋权益和国家安全的大国利器。

四、海洋军事关系国家前途命运

中国周边安全形势十分严峻，国防安全面临诸多挑战。在技术落后、交通条件落后的古代，海洋是一道不可逾越的鸿沟，是保护国家安全的天然屏障。秦始皇十分重视边防，但他无须担心来自海上的危险，因而集中国力在陆地上修建了长城，挡住了来自游牧民族的威胁，从而保证了边塞的安全。一直到了明代，中原王朝的主要威胁都是来自陆地，因此重视陆上防御是历朝历代国防安全的重点，来自海洋的威胁并未受到足够的重视。

其实，勤劳勇敢的中国人民较早就重视开发和利用海洋，也较早组建海上军事力量。中国古代的海上军事力量称为舟师和水师。舟师和水师的军事活动构成了中国古代海防的主要内容。两千多年的水师发展史表明，中国古代战船的制造技术和能力，水战兵器的发明和创造，一直居于世界领先地位。中国古代水师和海防建设也是日趋强大，日益完善。特别是到了明代，水师发展的各个方面都达到了中国古代的最高水平。明朝构建起的完善的海防部署和郑和下西洋的壮举就是印证。

露梁海战：

露梁海战为壬辰援朝抗倭战争中的最后一场海战，在朝鲜半岛称之为"露梁大捷"。明朝万历二十六年（1598年）十一月，在明抗倭援朝战争中，中朝两国水师同日本水师在朝鲜半岛露梁以西海域进行了一场大规模海战。中朝联军在露梁海战中大败日军，奠定整个壬辰战争的胜利格局。这次战役给侵朝日军以歼灭性重大打击，对战后朝鲜二百年和平局面的形成，起了重要的作用。

但是，自明代实施禁海政策以来，近代中国的海防开始急剧衰败。几乎在中国古代水师由兴盛走向衰败的同时，西方一些国家却开始了由古代海军向近代海军的过渡。其标志主要表现为战船的结构、动力以及武器、技术等方面所发生的革命性变化。到18世纪下半叶和19世纪上半叶的第一次工业革命时期，海军发生了革命性变革，其表现主要有三个方面：一是战船蒸汽动力的发展，二是火炮的改进，三是木质船逐渐过渡到铁甲舰。这场变革，使海军几乎已经能够到达当时世界的任何一个角落。于是，向海外扩张、争夺殖民地的争斗愈演愈烈。

在几千年的历史长河中，中国都雄踞于世界的领先地位。然而到了近代，伴随大航海时代的到来和西方的殖民扩张，中国开始落后于世界潮流。中国近代史是一部充满耻辱和血泪的历史。外强入侵，国无宁日，大好河山任人宰割。纵观中国近代史上，殖民主义和帝国主义对中国的入侵大多是从海上进行的。从这个意义上说，中国近代史就是一部中国有海无防，帝国主义从海上入侵中国的历史。

我们所熟知的，近代中国遭受列强欺凌，两次鸦片战争，英法联军火烧圆明园，八国联军攻入北京，清朝京城两次失守；甲午海战中，清军战败，北洋水师全军覆没，从此中日两国实力逆转，日本正式开启不断蚕食中国的步伐。

鸦片战争：

1840—1842年的鸦片战争，是中国近代史开端的标志。英军依靠"坚船利炮"，远涉重洋侵略中国，用武力敲开了封建主义中国的大门，击溃了中国封建社会传统的海防思想和旧式水师。清朝旧式水师所面对的敌人是西方已经开始近代化的海上武装，根本不堪与其决战海上。因此，在整个鸦片战争中，中英双方几乎没有发生过一次像样的海战。从此，中国开始一步步变成了半殖民地半封建社会。

在鸦片战争中，英军的"船坚炮利"，给当时的一些中国人留下了深刻的印象，甚至对后来的许多中国人都有很大的刺激。人们开始或逐渐思考这种差距和怎样来消除这种差距。19世纪60年代以后，洋务派及洋务运动兴起，在购买西洋船炮的同时，逐步建立起自己的造船工业，为中国近代海军的诞生奠定了基础。19世纪70年代，由于日本的崛起和海上威胁的日益严重，清政府意识到近代海军的建立已刻不容缓。经过10年的努力，到19世纪80年代初，清政府在中国沿海先后初步建起四支近代化海军舰队。

马江海战：

1884年中法马江战役，是中国近代海军建立后经历的第一次大规模作战，最后以令人痛心的失败而告终。这是一场代价高昂的作战，福建海军损失惨重，除舰船和人员外，福州船厂受到重大损失，精心修筑的沿江岸防炮台和其他防务设施遭到严重破坏，被炮火击毁的各类旧式战船、渔船也有数十艘之多，人员伤亡则无计其数。而孤军履险的法国海军远东舰队仅轻伤两舰、重伤两舰，人员伤亡也不过数十个。

福建海军马江战败，绝不是海军官兵作战不力的结果。他们已竭尽所能，数百名将士为国捐躯，饮恨于滔滔马江。清朝最高当局坚持避战求和，妥协退让，自释战略主动权而于敌先机，是马江战败的最根本原因。前线大吏昏庸无能，株守成命，备战不周，调度失当，甚至临阵脱逃，是马江战败的另一个重要原因。此外，清朝政府内部派系纷争、各自为政，坐视福州孤危而不救，也是马江战败的一个不可忽视的原因。

中法战争福建海军遭到重创，清政府从中认识到海军建设的重要性和紧迫性。1885年10月13日，清政府决定设立海军衙门，由李鸿章"专司其事"，即实际主持一切。李鸿章利用海军衙门，以整顿海防为名，加速北洋海军建设，花费巨款，购置外国军舰大炮，建设旅顺、威海卫军港，聘请外国教官训练官员，建立水师学堂。经过几年经营，作为一个战略体系的北洋海军正式形成。1888年9月，海军衙门正式奏定《北洋海军章程》。9月14日清廷令丁汝昌为北洋海军提督，林泰增为左翼总兵，刘步蟾为右翼总兵。至此，北洋海军正式成军。

甲午海战：

1894年7月25日晨，中国护航巡洋舰"济远"号（指挥舰）、"广乙"号、炮舰"操江"号、运兵船"高升"号，在牙山湾口丰岛西南海域突遭日本联合舰队的袭击，损失惨重。日本蓄意挑起甲午战争，中国被迫于8月1日对日宣战。战争正式爆发。9月17日，中、日海军主力进行黄海海战，互有损伤。10月下旬，日军分陆海两路进攻中国东北，陆军强渡鸭绿江侵占九连城、安东（今丹东），海军在花园口登陆犯金州。11月又陷大连、旅顺等地。1895年1月，日军进犯威海卫（今山东威海市）军港和港内的北洋舰队，出动军舰25艘护送陆军2万人在荣成湾登陆，抄袭威海卫炮台，以舰艇封锁港口。战事以威海卫陷落、北洋舰队全军覆没即中国海军的失败而告终。4月17日，清政府派李鸿章与日本签订屈辱的《马关条约》。

北洋舰队是中国近代史上最大的一支海军舰队，曾扬威海上，雄极一时，成为亚洲一流的强大舰队。然而，北洋海军成军后，仅仅经历了不到7年的短短时光就全军覆没，何其速耶，何其惨也？不能不令人深省。归根结底，落后、脆弱的中国封建社会体制，是北洋舰队最终衰落、灭亡的根本原因。

步入近代以来，海上安全始终是影响中国发展的重要因素。从晚清到民国，中国海军一直未能得到发展壮大，在内忧外患的中国近现代史上没有担负起应有的保家卫国的重任，反而在一次次关系国家前途命运的决战中战败，中国一步步沦为半殖民地半封建社会的深渊。

感悟 回顾历史，勿忘国耻，血洒海疆，避短扬长，国富民强，振兴海洋，兴我海疆。

知识要点二：建设中国现代化海军的历史进程

一、现代化海军的发端

海上武装力量是国家海权中最重要的因素。没有一支强大的海上武装力量，国家的海权是无法正常运转的，不仅国家的海洋权益得不到保障，甚至连国土都要受到侵犯，尤其是在争夺激烈、复杂的海洋斗争中，更是如此。海上武装力量———海军，历来都是国家海权的核心要素，受到各海洋国家和濒海国家的重视。

在近一百多年的欧洲历史上，法国领土曾被外国占领过3次，而英国则有9个世纪没有遭遇到外国的入侵，而且3次借助于强大的海军牢牢地把握住制海权，挽救了英国的命运。第二次世界大战结束后，海军在局部战争和军事冲突中发挥了重要作用，在世界海洋斗争中也起着关键性的作用。海军不仅是保卫国家安全的中坚，而且是维护国家海洋权益的核心。对于海洋国家或濒海国家，任何时候都必须高度重视海军力量的建设和运用。

历史早已反复证明，一个海洋大国或濒海大国必须拥有一支强大的海军力量。在中国，建设一支强大的现代化海军和防止帝国主义者的海上入侵的重任，必然地交给了中国共产党和新生的人民共和国来承担。

感悟　　一定意义上来讲，一部近代史，就是一部重视海权的历史，一部强大海军的征服史。

二、新中国人民海军的创建和发展

人民海军是在解放战争的战火中诞生的，它的成立标志着中国人民百余年来屡遭帝国主义从海上入侵我国历史的终止，是中国有海无防历史的结束、中国人民新的海防事业的开始。

中国人民解放军海军是在人民解放军陆军的基础上组建起来的。1949年3月24日，中国人民革命军事委员会主席毛泽东和中国人民解放军总司令朱德热烈欢迎"重庆"号巡洋舰官兵起义，指出中国人民必须建设自己强大的国防，除了陆军，还必须建立自己的空军和海军。1949年4月4日，人民解放军第三野战军副司令员粟裕、参谋长张震奉中央军委命令，到达江苏省泰县白马庙乡，建立渡江战役指挥部，接受国民党起义投诚舰艇，组建一支保卫沿海沿江的海军部队。1949年4月23日，华东军区海军领导机构在白马庙乡成立，张爱萍任司令员兼政委，人民海军从此诞生。

1950年4月14日，海军领导机关在北京成立，这是中央军事委员会领导和指挥的海军部队最高领导机关，萧劲光任司令员，刘道生任副政委兼政治部主任；同年任命王宏坤为副司令员，罗舜初为参谋长，后相继组建了东海舰队、南海舰队和北海舰队。

1953年2月，毛泽东主席视察海军舰艇部队，为5艘舰艇写下了5张同样的题词："为了反对帝国主义的侵略，我们一定要建立强大的海军！"。在党中央、中央军委的正确领导下，人民海军不断发展壮大。陆续组建了海军水面舰艇部队、海军潜艇部队、海军航空兵、海军岸防部队和海军陆战队五大兵种体系。

在新中国成立前后，为了追歼国民党军残部，解放沿海岛屿，并保障海上交通运输，海上斗争十分频繁。在这些斗争中，人民解放军夺得了一个又一个的胜利，由陆军部队单独攻占海坛岛、南日岛、厦门岛、东山岛、大榭岛、金塘岛、桃花岛等岛屿。

但是，在人民海军和人民空军建成并投入战斗之前，人民解放军在解放沿海岛屿和海防斗争中，也遭到过某些失利和挫折。1949年10月3日，人民解放军登陆登步岛受挫，"登陆部队歼敌3 200多人，但自己也伤亡约400多人，……登陆部队主动撤回桃花岛"。1949年10月24日，登陆金门岛战斗失利，"虽使国民党军付出伤亡约9 000人的代价，但解放军两批登岛部队共3个多团9 086人（内有船工、民夫等350人）大部分壮烈牺牲，一部分被俘"。这是解放战争中人民解放军最大的一次失利。党中央、毛泽东既重视总结海防斗争胜利的经验，更重视失利和受挫的教训。后来在指挥解放舟山岛和海南岛的战役中，十分重视总结以前深刻的教训。

解放一江山岛、大陈岛：

1954 年 8 月，中央军委指示："华东军区应以海空军轰击大陈岛国民党守军，并准备以一部陆军攻占一江山岛，以打击美国和台湾当局的'协防'阴谋，查明美军可能采取的行动，为解放浙东沿海所有岛屿创造良好的条件"。根据这一指示精神，1954 年 11 月 14 日，人民海军鱼雷艇部队 4 艘鱼雷艇，在大陈岛至渔山岛之间海面击沉国民党海军"太平"号护航驱逐舰，1955 年 1 月 10 日又击沉"洞庭"号炮舰，空军、海军航空兵联合轰炸大陈岛，夺得了浙江沿海的制海、制空权。1955 年 1 月 17 日，中央军委批准了华东军区前指张爱萍司令员关于 1 月 18 日对一江山岛发起攻击的作战计划，人民海军舰艇 190 艘、飞机 70 架，协同陆军、空军进行三军联合渡海登陆作战，一举攻克一江山岛，歼敌 1 083 人，迫使国民党军撤离大陈、渔山、披山、南麂等岛，至此浙江沿海岛屿全部获得解放，沉重打击了美国和国民党当局勾结的阴谋。这是充分发挥三军联合作战的威力，发挥海军鱼雷艇部队、水面舰艇部队和海军航空兵的作用所取得的战果，也显示了战略上防御、战术上进攻的作战方针具有较强的生命力。

中越西沙海战

1974 年 1 月，南越西贡当局海军军舰 4 艘在西沙群岛对中国岛屿和渔民挑衅，中国政府提出抗议，并派猎潜艇、扫雷舰各 2 艘进行海上巡逻活动。解放军海军舰艇编队在遭到南越海军舰艇袭击时，奋起进行自卫还击，一举击沉击伤南越海军军舰 4 艘，解放军海军协同陆军登上被侵占的甘泉、珊瑚、金银等岛，最后全部收复西沙群岛，夺得了西沙群岛自卫反击作战的彻底胜利，有效地捍卫了西沙群岛的神圣领土，最后粉碎了西贡当局的侵略野心，在海防斗争中创造了重要的范例，为巩固海防做出了应有的贡献。这是人民海军第一次与外国海军进行的海战。解放军海军高举正义的旗帜，坚持自卫的立场，进行坚决的海防斗争，不仅有效地巩固了海防，而且赢得了全国人民的支持和国外舆论的同情，在政治上、外交上也获得了重大的成功，对南海地区的和平与稳定具有很大的促进，对而后搞好海防建设和海防斗争具有深远的意义。

收复南沙岛礁

1987 年 11 月，国务院和中央军委决定，我国在南沙群岛永暑礁建立海洋观测站。

这是联合国教科文组织政府间海洋委员会 1987 年 3 月第 14 届年会讨论全球海平面联合测量问题时要求中国建立 5 个海洋观测站中的 1 个。在中国科学院、国家海洋局和海军到南沙群岛进行综合考察后，1988 年 2 月开始以海军为主，由国家海洋局和交通部协助，进行海洋观测站建站工作。在建站过程中，受到越南海军的干扰和挑衅。为了保证南沙建站任务的完成，我国海军与越南海军进行了针锋相对的斗争。1988 年 1 月 31 日，我国海军赶走了驶近永暑礁的越南海军 661 号运输船和 712 号武装渔船，同年 2 月 18 日，我国海军又在华阳礁赶走了越南海军的 2 艘舰船，同年 3 月 14 日，我国海军在赤瓜礁海域对向我挑衅的越南海军进行自卫反击作战，一举击沉击伤越南海军 604 号、605 号运输船和 505 号登陆舰，共 3 艘，俘敌 9 人，取得了重大的胜利，沉重地打击了越南海军的嚣张气焰，捍卫了我国领土主权，参战部队受到中央军委邓小平主席的通令嘉奖。这就保证了永暑礁海洋观察站于 1988 年 8 月 2 日胜利完工，五星红旗插上了永暑礁、赤瓜礁、南薰礁、华阳礁、渚碧礁和东门礁。这是继西沙群岛自卫反击作战之后又一次成功的海防斗争的范例。1995年初，中国地方渔政部门在美济礁修建渔船避风设施。

南沙斗争的实践再次表明，中国海防建设和海防斗争已经有了很大的加强，敌人的侵略行径注定是要失败的。同时，这个斗争也表明，中国人民捍卫海防、保卫国防的斗争是长期而艰巨的任务。在新的历史时期里不能有任何的松懈。

> **感悟** 人民海军从艰苦中起步，自力更生、艰苦奋斗，有力地捍卫了国家主权和领土完整。

三、围绕新时代强军目标的现代化海军建设

建设强大的现代化海军是建设世界一流军队的重要标志，是建设海洋强国的战略支撑，是实现中华民族伟大复兴中国梦的重要组成部分。党的十八大以来，习近平着眼于打赢信息化条件下的局部战争，围绕强军目标，进行了一系列军队和国防现代化改革举措，特别要求海军全体指战员要站在历史和时代的高度，担起建设强大的现代化海军历史重任。

习近平指出，要贯彻国家安全战略和军事战略要求，科学统筹和推进海军转型建设。要强化作战需求牵引，坚持实战实训、联战联训，把战斗力标准贯穿海军转型建设全过程和各方面。要坚持体系建设，统筹机械化和信息化建设，统筹近海和远海力量建设，统筹水面和水下、空中等力量建设，统筹作战力量和保障力量建设，确保形成体系作战能力。要坚持创新驱动，抓住科技创新这个牛鼻子，强化创新意识，提高创新能力，激发创新活力，厚植创新潜力，为海军转型建设注入强大动力。要坚持依法治军，加快实现治军方式"三个根本性转变"，确保海军转型建设在法治轨道上有力有序推进。

> **感悟** 人为一口气，佛为一炉香，维护南海岛，不怕穷受伤。睿智强海洋，稳固我国防。

知识要点三：现代海战典型案例

一、世界海战典型战例：马岛战争

1982年4月2日至6月14日，英国和阿根廷为了争夺马尔维纳斯群岛，在南大西洋进行了一场第二次世界大战以后规模较大、陆海空三军联合作战的局部战争，历时74天。英国参战兵力共约28万人，其中地面部队9 000人；各型舰船113艘，约100万余吨；各型飞机268架。阿根廷参战总兵力约65万人，其中地面部队约13万人；参战舰艇22艘，约71万吨，其中作战舰艇17艘，后勤舰船5艘；各型飞机370架。

这次战争分以下三个阶段：

第一阶段（1982年4月2日至1982年4月29日），阿军占领马岛和南乔治亚岛；英军进行战略展开并夺占前进基地。阿方在这一阶段里掌握着战争的主动权。4月2日，阿军在马岛首府斯坦利港登陆，很快占领了由198名英军防守的马岛。4月3日阿军60人特混部队在南乔治亚岛登陆，驻岛英军22人稍事抵抗后被俘，于是南乔治亚岛亦被阿

军占领。尔后转入防御，加紧向马岛增派部队和运送作战物资，使马岛兵力增至 13 000余人。调整部署，加强岛上防御和对空防御。为了扭转局势，摆脱被动，英成立了战时内阁，调集三军兵力，征用商船，组建特混舰队，远程奔袭，直指马岛。25 日，英军先头部队在南乔治亚岛登陆，顺利夺回该岛，抢占了前进基地。28 日，特混舰队进入马岛水域并进行展开。30 日，完成海空封锁部署。

第二阶段（1982 年 4 月 30 日至 1982 年 5 月 20 日），英扩大海空封锁，阿进行反封锁，双方争夺战区的制海权与制空权。这一阶段，战场形式发生急剧变化，封锁与反封锁斗争较为激烈。英军对马岛阿军机场、雷达站和防空导弹阵地进行空袭，炸毁机场上的飞机，夺取马岛地区的局部制空权；袭击阿军舰船，切断其海上补给线，先后击沉击伤阿多艘舰船。由于加强了海空封锁，英军逐步取得了战争的主动权，并完成了登陆的一系列准备。阿军在这一阶段里以航空兵袭击英军舰只，用水面舰艇和潜艇牵制英舰行动，并利用英军封锁空隙，强行向马岛进行海空补给。然而由于海军力量弱小，空军攻击力量有限，阿军始终未能打破英军的封锁，逐步丧失了马岛地区的制海权和制空权。

第三阶段（1982 年 5 月 21 日至 1982 年 6 月 14 日），英军重占马岛和南桑德韦奇群岛，阿军战败。5 月 21 日，英军在马岛北部圣卡洛斯港登陆，先头部队约 1000 人在登陆后 4 小时内建立了 25 平方千米的登陆场。5 月 27 日陆上战斗开始。登陆后的英军兵分两路，向斯坦利港推进。后续部队继续登陆。13 日英军向斯坦利港发起总攻，14 日 21 时，阿军全面停止抵抗。马岛战争基本结束。19 日英军又用少量部队在南桑德韦奇群岛实施垂直登陆，解除了阿海军科学考察站人员的武装。在这一阶段里，阿守岛部队进行了抗登陆作战和岛上防御作战，阿海军和空军的飞机袭击了英军登陆地域的舰艇并取得了一定战果。但由于阿军驻岛部队是孤军作战，海空无援，最后战败。

感悟　若无强大海军，领土虽近在咫尺，缺乏有力捍卫，得而复失。

二、世界海战典型战例：海湾战争

1990 年 8 月 2 日凌晨，伊拉克悍然出兵侵吞科威特，从而揭开海湾危机的序幕，到 1991 年 2 月 28 日海湾战争结束之日止持续了 7 个月。综观 7 个月的海湾风云，大致可分为以下三个阶段：第一阶段，从 1990 年 8 月 2 日伊拉克入侵科威特到 8 月 7 日美国总统布什签署"沙漠盾牌"行动计划，总共持续了 6 天；第二阶段，从 1990 年 8 月 7 日开始"沙漠盾牌"行动，到 1991 年 1 月 17 日实施"沙漠风暴"作战行动，历时长达 5 个多月；第三阶段，从 1991 年 1 月 17 日海湾战争爆发。到 1991 年 2 月 28 日海湾战争结束，历时 42 天。

第一阶段：1990 年 8 月 2 日伊拉克入侵科威特，科全国沦陷之后，美、英、法三国率先进行快速兵力部署。美国"独立"号航空母舰战斗群从印度洋驶往阿曼湾，停泊在巴林麦纳麦港的美国中东特遣部队的 8 艘中型舰艇立即驶离港口，游弋于海湾待命。英国 2 艘、法国 3 艘护卫舰驶往海湾。几天内，美、英、法等国协调行动，快速反应，及时将海军部队紧急部署于地中海、阿曼湾、波斯湾，初步形成了对伊海空遏制、包围和威慑的军事态势，阐明了西方大国的军事立场，支持了外交活动，也遏制了伊拉克企图继续向沙特进军的可能军事行动。

第二阶段：1990 年 8 月 7 日凌晨，美国总统布什签署了遏制海湾危机的"沙漠盾牌"行动计划。"沙漠盾牌"行动有三个步骤：第一步是集结兵力、封锁海洋、遏制危机。

根据"沙漠盾牌"行动计划，美参谋长联席会议和国防部有条不紊地向海湾大规模集结兵力，调运武器装备和有关物资。在危机爆发一周内，美海军已调集舰船 30 余艘，舰载机 170 架，迅速形成一支以航空母舰战斗群为核心的海空威慑力量，完成了初步的应急部署。同时，英法等十几个西方海军国家纷纷出兵海湾，形成多国联合部队，对伊构成巨大军事压力。多国部队联合实施海上封锁。通过无线电询问、拦截、登船临检等方式严密监视海面和港口，严禁一切载有食物、货物和石油的船只进出伊、科港口，使伊拉克海上交通线全部瘫痪。第二步大举增兵，海空封锁，武力威慑。到 11 月底，美海军已有 6 艘航空母舰、2 艘战列舰和其他各类战舰共约 100 艘部署于海湾，占海军总兵力的 40% 以上，海军陆战队派出了 75% 的作战部队，兵力总数已达 43 万人，还有多国部队的 10 万人。10 月至 11 月间，多国部队进行了多次军事演习，实战练兵。第三步，恐怖对峙，实战演练，走向决战。这一阶段历时 49 天，其间美国及其他国家加紧兵力运送，到 1 月 15 日，多国部队总兵力已达 69 万人，舰船 247 艘，坦克 3673 辆，飞机 1750 架，在兵力规模、武器装备上居明显优势。

第三阶段：1991 年 1 月 17 日，以美国为首的多国部队开始实施代号为"沙漠风暴"的大规模空袭行动，美军各型飞机频频升空，协同由沙特和土耳其起飞的空军飞机对伊科境内战略和战术目标进行了多波次的轮番轰炸，给伊拉克造成巨大损失。同时从海上向伊科境内战略目标发射"战斧"巡航导弹。在海上战场，多国部队海军和海军陆战队飞机继续对伊海军基地、港口、岛屿、岸舰导弹发射阵地和岸防工事等进行猛烈轰击，经过 38 天的海上战斗，伊海军舰艇全部被击沉和重创，海军已完全丧失了战斗力。

2 月 24 日凌晨 4 时，以美国为首的多国部队在对伊科境内进行了长达 38 天，近 10 万架次的狂轰滥炸之后，突然发起大规模海陆空立体化闪电战，拉开了海湾地面战争的序幕。战斗打响后，美国等 11 个国家出动 40 多万地面部队，在海、空军作战飞机、地面攻击机和武装直升机支援下，以坦克和装甲车为先导，分别从科沙边境正面和伊拉克南部伊沙边境方向，兵分四路，同时对伊军发起大规模地面进攻。美国海军由"拉萨尔"号指挥舰指挥，以战列舰、巡洋舰和驱逐舰等 19 艘水面战斗舰艇为突击兵力的战斗群驶近科威特海域，与 30 余艘两栖战舰艇进行协同，实施登陆前的火力准备和火力压制。26 日上午，海军陆战队包围了科国际机场及其周围的伊军，双方展开激烈的坦克战。位于波斯湾的 2 艘航空母舰出动数百架次舰载机对伊边境以北的重要公路上撤退中的坦克和装甲车进行轰炸。成百上千辆被毁军车在两条主要公路上排出至少 35 千米，损失惨重。海军陆战队在波斯湾北部集结佯动，牵制伊军。24 日上午 7 时 50 分，海军陆战队第二师六路纵队的坦克和装甲车突破科境内 55 千米处的伊军第二道防线和乌姆贾迪尔油田附近的防线。同时，向岸上增派了大批反坦克装甲战车和其他装备，以支持已经在科威特南部登陆的海军陆战队和多国部队。26 日，海军陆战队进入位于科市中心的美国大使馆。

经过 100 个小时的地面战斗，海湾战争于当地时间 28 日上午 11 时宣布正式停火。

多国部队摧毁和缴获伊军坦克 3500 辆，装甲车 2 000 余辆，火炮 2 140 门，飞机和直升机 103 架；共抓获伊军战俘 8.6 万人。战后，伊陆军实力只有 20 ~ 25 个师，空军只剩 200 余架飞机，海军已全军覆没。

总体来说，伴随着新科技革命和新军事变革，新时代的战争形式给国防安全带来全新的挑战，面向海洋的防卫和海上军事力量的建设成为 21 世纪国防建设的重中之重。中国要汲取近代史上忽视海权、海军衰弱带来的深刻教训，要着眼于中华民族伟大复兴中国梦的实现，把握海洋发展新形势，建设一支现代化的强大海军。

感 悟　　　现代化战争，不再是大刀长矛，快马长枪，而是陆海空天协同一体的信息化战争。

【思考与练习】

1. 世界历史上曾经影响了一个国家重大命运的海洋战争案例有哪些？
2. 近代中国的国家安全和民族命运与海洋战争有着怎样的关联？
3. 中国的海军建设经历了怎样的过程，近年来取得了哪些历史性成就？

专题十二
现代海洋防卫观

任务介绍

1. 理解现代海洋防卫观的概念和内涵，形成海洋防卫意识。
2. 了解中国现代海洋防卫观念的演变，形成奉献海洋的意识。
3. 了解中国海洋防卫的新举措，形成民族荣誉感和责任感。
4. 正确理解海洋防卫的理念和战略，建立国家核心利益理念。
5. 合理分析中国海洋防卫形势，增强危机意识和时代责任感。
6. 掌握目前我国海洋防卫的威胁，关注国家海洋安全，增强海洋安全意识。

引导案例

2018 年 3 月 23 日，美国海军"马斯廷"号导弹驱逐舰擅自进入中国南海有关岛礁邻近海域。中国海军 570 舰、514 舰迅速行动，依法依规对美舰进行识别查证，并予以警告驱离。中国国防部新闻发言人任国强就美国军舰进入中国南海岛礁邻近海域发表谈话：

"中国对南海诸岛及其附近海域拥有无可争辩的主权，美方一再派军舰擅自进入中国南海岛礁邻近海域，其行为严重损害中国的主权和安全，违背国际关系基本准则，危害地区和平稳定。美方这种做法破坏中美两国两军关系氛围，造成双方海空兵力近距离接触，极易引发误判甚至海空意外事件，这是对中方的严重政治和军事挑衅。中国军队对此坚决反对。"

"中国一贯尊重并致力于维护各国依据国际法在南海享有的航行和飞越自由，但坚决反对任何人借"航行自由"之名行违法挑衅之实，损害沿岸国主权和安全，危害地区和平与稳定。我们要求美方切实尊重中国的主权和安全，尊重地区国家维护和平、稳定与安宁的强烈共同愿望，不要无事生非、兴风作浪。美方的挑衅行动只会促使中国军队进一步加强各项防卫能力建设，坚定捍卫国家主权和安全，坚定维护地区和平稳定。"

【启示】

武力威胁和挑衅是世界霸权在和平年代的集中体现。国家的可持续发展环境和利益是各国的最根本利益。超级大国霸权的维护往往通过抑制他国和地区的发展为主要手段。

知识要点一： 海洋防卫的概念与中国现代海洋防卫观的演变

一、现代海洋防卫观的概念

海洋防卫概念，是指海上安全防御，以及体现防御主体的海军建设。面对新的国际形势，面对 21 世纪这个人类开发利用海洋的新世纪，霸权反霸权、侵略反侵略的海洋之争势必成为热点和焦点，成为维护世界海洋新秩序的关键。鉴于我国 1996 年制定的《中国海洋 21 世纪议程》的基本思路：有效维护国家海洋权益，合理开发利用海洋资源。切实保护海洋生态环境，实现海洋资源、环境的可持续利用和海洋事业的协调发展，我国的海洋防卫将面临新的挑战和肩负新的历史使命。

海洋防卫观是指一个民族或国家要将所管辖或所拥有权益的海域纳入国家防卫体系当中形成的对海、陆、空全方位一体的国家防御体系的认知。随着中国战略的推进，现代海洋防卫观的内涵得到了有力的拓展，主要表现在维权巡航，北极航线研究，航母编队的出海演练。

现代海洋防卫观要求国家的每一位公民都清楚地知道海防线与海洋防卫的区别。在现代环境下，海防线是指一个国家在海洋方向建立起来的立体防卫体系。而海洋防卫是指一个国家的防卫不仅仅限于国家管辖的海洋国土，它还可以延伸到国际公海等任何一处辽阔的空间之中。同时，海洋防卫观的内涵从海洋军事防卫拓展成为军事、经济、人力和资源等多维度的国家可持续发展的安全防卫。

现代海洋防卫观在充分考虑现代海洋战争的实际情况下，增添了更深层次的人力、资源、经济、文化等多维一体的防卫因素，并充分考虑到各因素的相互作用和影响，是一种战略性防卫意识。这种意识可以为广大民众应用于生活中维护权益当中，增添了更广泛的内涵。

> **感 悟** 曾经重陆轻海的中华民族，近代以来海洋防卫在整个国土防卫中的地位不断提高。

二、中国海洋防卫理念的演变

1. 近海防卫思想的提出

我国传统的国防观集中体现在"屯兵边关"、拒敌于陆疆之外，而将海洋视为天然的"长城"。随着时代的发展，国防观又延伸到空域和海域，但我国的海域防卫也仅限于近岸海区防御。无疑，这种国防观所伴生的海洋防卫观念显然已经不能再适应新的国际形势。一种新的适应国际国内形势的海上安全（即海洋防卫）战略思想，早在 20 世纪 70 年代末就由我国改革开放的总设计师邓小平同志提了出来。他指出："我们的战略是近海作战。我们不像霸权主义那样到处伸手。我们建设海军基本上是防御。""我们的战略始终是防御。"他指明了我国在海洋方向实施"近海防御"的战略思想。同时指出我国面对霸权主义强大的海军，要有"适当的力量"，"这个力量要顶用、要精"，"中国永远不称霸，即使核动力战略导弹潜艇也是战略防御武器。"

邓小平同志的近海防御战略思想，是邓小平理论的组成部分，也是毛泽东军事思想在国家海上防御中的发展和运用。它丰富了积极防御战略思想，是我军新时期建军思想的重要内容，是统揽国际形势和海洋形势发展的正确决策。近海防御战略思想的提出、发展和确定，为海洋防卫指明了方向，提出了一个新思路，从而使我国海洋防卫从时刻准备打一场旷日持久的反霸权主义入侵式的战争，转向打赢一场高技术条件下的海上局部战争；由近岸海区防御走向近海防御；从依托岛岸护渔护航，转向在近海保卫海洋领土主权完整、维护海洋权益。

近海和防御是个整体概念，准确理解它们的含义是正确理解近海防御战略思想的基础。邓小平同志指出：“近海不是岸边，我们不能到处伸手。”这从战略高度为我们大致指明了近海的近界与远界。这里的近海是对海域的泛称，不是确定的地理概念，而是战略概念。近海究竟有多大范围，从学术观点看，在自然地理中并没有一个确定的界定。我军最新的1997年版《军语》对近海的释义是：“靠近陆地的海区。中华人民共和国的近海包括渤海、黄海、东海、南海和台湾以东的部分海域。”可以认为，前一句是对近海的泛指，后一句是对我国近海的特指。我国在军事上对近海的范围也是变化的，因此说近海范围无论从自然地理角度、习惯用法，还是在军事上，从宏观看它都不是严格界定的，只有在为某种需要特指时它才有一个相对的大致海区范围。作为地理概念，它应是具体界定的，因而就存在不适应军事需要的可能。作为战略概念，是从战略需要出发界定的，它是可变的。回顾我国近海范围的变化，正是这样。随着《公约》的通过和生效，围绕海洋领土主权和海洋权益的斗争日益尖锐。同时随着香港、澳门的回归，统一台湾大业就更现实地摆在中国人民面前。中国海区成为中国国家利益的所在，近海的范围就现实地成为中国海区，而不是距海岸200海里。可见，近海防御战略思想中的近海，并不是一个范围固定不变的地理概念，而是一个随着海上战略形势变化、随着战略防御任务需要而变化的“弹性”战略概念，是一个具体而又抽象的海上战略防御范围。它在一定时间内固定不变，保持着相对稳定性。一旦战略条件变化，它将随着战略环境、任务、目标的变化而改变具体的海区范围。

邓小平同志在阐述近海防御海上战略思想时，十分强调近海防御的反侵略性质。他说，我们“不搞全球战略”“永远不称霸”。这与我国政府坚持独立自主的和平外交政策，坚持和平共处五项原则，建立、保持和发展同各国的关系，加强同世界各国人民的团结，反对帝国主义、霸权主义，保卫领土主权的完整，维护海洋权益，维护世界和平的外交方针政策是一致的。这是我国军事战略的政治基础。20世纪80年代、90年代是这样，进入21世纪仍将坚持不称霸、不侵略，才能配合独立自主的和平外交政策，为实现党在社会主义初级阶段的基本路线和目标服务。

随着时代的发展，高新技术越来越在战争中发挥不可估量的作用。武器装备的战术技术性能决定战术和战役的样式，“有什么样的武器打什么样的仗”，便是这种逻辑的最佳诠释。冷兵器时代的海战，主要武器是刀枪剑戟和桨帆战船，规模虽盛大无比，作战效能却很低下，两军交战多短兵相接和接舷作战，基本没有什么作战距离可言，通常是近战接敌，靠高强的武艺和独特的水战战术来夺取海战的胜利。热兵器的发展使海上作战距离从短兵相接一直扩展到十几千米，谁的舰艇能够装备数量众多、口径巨大的火炮，谁就拥有海上作战的主动权。就这样，一艘舰艇携载的火炮数量从几门发展到十几门，甚至上百门，舰艇钢铁装甲厚度从几十毫米猛增到近几百毫米，从而导致舰艇吨位越来越大，千吨级、万吨级舰艇司空见惯，到第二次世界大战末期，六七万吨的主战舰艇已不在少数。把数量众多的“巨舰大炮”排成战列线，在海上组成堂堂之阵是19世纪和20世纪中期以前的典型作战样式。

信息技术和精确制导武器的发展，使海战规模和样式产生了前所未有的重大变化。

在过去的近战、接舷战、战列线式作战等传统的海战样式中，规模庞大的海上编队、巧妙的战术动作、多变的攻击阵位、利用夜幕掩护进行勇敢拼杀等往往成为夺取海战胜利的重要保证。现在，远程侦察、监视、导航和指挥控制系统可以确保巡航导弹等远程武器在敌人防区外进行发射。武器实现精确制导以后，摧毁既定目标，没有必要再像以前那样运送大量的弹药，或进行狂轰滥炸。新一代灵巧型武器和精确制导武器的使用，可对目标进行"外科手术式"的精确打击，从而减少大规模毁灭性攻击和附带损伤。

受现代海洋观和新安全观的影响，海上非正规作战和非军事行动将成为未来海上军事斗争中不可忽视的一个重要方面。战则两伤，和则两利。海洋虽仍然是屯兵、机动和交战的场所，但再依赖传统的军事威慑和炮舰政策来维持地区和平与安宁则越来越不得人心。所谓非正规作战和非军事行动是相对正规作战而言的，通常泛指国际维和行动、海上危机控制、海上军事威慑、国际人道主义救助、多国联合海上军事演习及配合海上封锁进行的海上拦截、临检等军事行动。这些行动的主要特点是显示国家威力、尊严和军事实力，支持国家的外交政策，维护国家利益和海洋权益。

无论怎样，海洋防卫的直接结果是要有一支与之相适应的防御力量。我国海军是担负海洋防卫任务的主要承担者，必须随着海洋时势的发展而加强其战术装备建设，切实增强海军在现代化特别是高技术条件下的整体作战能力。海军要加强综合，减少分散；优化结构，理顺关系，并正确认识和处理好以下几个关系。

一是数量与质量的关系。"兵不在多而在精"，海湾战争证明了这一点。近年来，许多国家都认识到，在广泛使用高技术兵器的未来战场上，军队的数量、质量与战斗力的关系将进一步发生根本性的变化，在未来军队建设中应走"精兵、高质、高效"之路。要建设一支面向21世纪的革命化、现代化、正规化的海军，"数量充足、质量较高、动员快速、机制完善"应该是未来海洋防卫的基本特征。二是"硬件"与"软件"的关系。海军现代化建设都离不开"硬件"，也离不开"软件"，这两者是有机的结合和统一。"硬件"主要指武器装备等物质形态的东西。因为武器装备是军队作战能力的物质基础。它对"软件"具有制约和产生重大影响的作用，是海军现代化建设和做好海上军事斗争准备的主要物质条件。

"软件"包括军事理论和人的精神等意识形态的东西。"软件"建设有相对的独立性，对于加强海军现代化建设准备有重大作用。

三是近期与长期之间的关系。建设一支强大的海军，是我党三代领导人既定的海军建设坚定不移的长期目标，是海军在新的历史时期建设的方向。我们需要建设一支强大的具有现代战斗能力的海军，这支海军要与我国的社会主义的大国地位相适应，在反对世界霸权、保卫世界和平中发挥重要作用。特别是在21世纪海洋发展方向上，遏制帝国主义从海上来的侵略，完成祖国的统一，维护海洋权益，从而使我国海洋防卫有更加安全可行的保障。

2. 坚持走和平发展道路

走和平发展道路是中国坚定不移的决心，维护国家的主权和领土完整，也是中国不可动摇的意志。这两条原则并行不悖，也符合维护地区稳定和世界和平秩序的准则。中国愿意同世界各国一道，携手努力，守住21世纪的全球和平与繁荣。

中国广泛参与联合国维和行动，累计派出维和军事人员2.5万余人次，是派遣维和人员最多的联合国安理会常任理事国。截至2014年5月，中国共派出20批51艘次舰船赴亚丁湾、索马里海域执行护航任务，为6000多艘船只提供护航，其中一半是外国船只。

习近平总书记指出，"我们爱好和平，坚持走和平发展道路"，我们坚持"通过和平、发展、合作、共赢方式，扎实推进海洋强国建设"。我国的海洋强国建设，绝不追求和形成新的海上霸权，而是要在平等的基础上，传承和弘扬开放包容的传统，将海洋打造为我们同世界交流合作的大平台，为世界和平和友谊添砖加瓦。

我国"始终是维护地区和世界和平、促进共同发展的坚定力量"，我们坚持"和平合作、开放包容、互学互鉴、互利共赢为核心的丝路精神"，"帮助各国打破发展瓶颈，缩小发展差距，共享发展成果，打造甘苦与共、命运相连的发展共同体"。"21世纪海上丝绸之路"是海洋共同发展的具体实践和重大举措。沿线国家和地区对于加快融入全球经济、拓展发展空间具有迫切的需求，与我国在经济、资源、能源等诸多领域形成互补，是我国海洋经济走出去的重要方向。尤其是在争端突出的南海，我国仍要坚持"共同开发"，用行动诠释我国的海洋发展是合作的、非对抗的，着力深化互利共赢格局，努力使我国自身的海洋发展更好惠及亚洲国家及世界各国。

在促进海洋共同发展中，我国也将积极参与全球海洋治理，在维护海上航行自由、保障海上通道安全、应对气候变化和海洋环境污染等领域，积极承担与我国国力相适应的大国责任，提升我国海洋强国软实力，推动国际海洋秩序向着公平、公正、合理的方向发展，推动全人类海洋事业的持续发展。

3. 实施积极防御策略

积极防御战略思想是中国共产党军事战略思想的基本点。在长期革命战争实践中，人民军队形成了一整套积极防御战略思想，坚持战略上防御与战役战斗上进攻的统一，坚持防御、自卫、后发制人的原则，坚持"人不犯我，我不犯人；人若犯我，我必犯人"。

新中国成立后，中央军委确立积极防御军事战略方针，并根据国家安全形势发展变化对积极防御军事战略方针的内容进行了多次调整。1993年，制定新时期军事战略方针，以打赢现代技术特别是高技术条件下局部战争为军事斗争准备基点。2004年，充实完善新时期军事战略方针，把军事斗争准备基点进一步调整为打赢信息化条件下的局部战争。

2015《中国的军事战略》白皮书指出，中国一贯坚持防御性的国防政策和积极防御的军事战略，将军事斗争基点放在打赢信息化局部战争上，突出海上军事斗争和军事斗争准备，有效控制重大危机，妥善应对连锁反应，坚决捍卫国家领土主权统一和安全。

实行新形势下积极防御军事战略方针，坚持以下原则：服从服务于国家战略目标，贯彻总休国家安全观，加强军事斗争准备，预防危机、遏制战争、打赢战争；营造有利于国家和平发展的战略态势，坚持防御性国防政策，坚持政治、军事、经济、外交等领域斗争密切配合，积极应对国家可能面临的综合安全威胁；保持维权维稳平衡，统筹维权和维稳两个大局，维护国家领土主权和海洋权益，维护周边安全稳定；努力争取军事斗争战略主动，积极运筹谋划各方向各领域军事斗争，抓住机遇加快推进军队建设、改革和发展；运用灵活机动的战略战术，发挥联合作战整体效能，集中优势力量，综合运用战法手段；立足应对最复杂最困难情况，坚持底线思维，扎实做好各项准备工作，确保妥善应对、措置裕如；充分发挥人民军队特有的政治优势，坚持党对军队的绝对领导，重视战斗精神培育，严格部队组织纪律性，纯洁巩固部队，密切军政军民关系，鼓舞军心士气；发挥人民战争的整体威力，坚持把人民战争作为克敌制胜的重要法宝，拓展人民战争的内容和方式方法，推动战争动员以人力动员为主向以科技动员为主转变；积极拓展军事安全合作空间，深化与大国、周边、发展中国家的军事关系，促进建立地区安全和合作架构。

4. 突破重陆轻海的传统思维

海洋是人类生存和可持续发展的重要物质保障，中华民族是最早利用海洋的民族之一。但是，受农耕文明影响，我国历史上海洋意识长期薄弱，重陆轻海，使中华民族错失海洋大发展的机遇。长期以来，中国人"只知领土，不知领海"，"只知陆地，不知海洋"。中国人对祖祖辈辈用汗水和生命开垦和保卫的每一寸土地有着深厚的感情，守土意识非常强烈。而对海洋和海洋权益则缺乏应有的关注，对海洋国土的丢失和海洋资源被掠夺，缺少应有的"疼痛感"，与西方发达的资本主义国家相比，反差相当明显。

海洋关系国家长治久安和可持续发展。必须突破重陆轻海的传统思维，高度重视经略海洋、维护海权。建设与国家安全和发展利益相适应的现代海上军事力量体系，维护国家主权和海洋权益，维护战略通道和海外利益安全，参与海洋国际合作，为建设海洋强国提供战略支撑。（2015《中国的军事战略》白皮书）

2002年，习近平同志在福建工作时就对提高海洋意识、深化海洋国土观念做重要论述，指出要使海洋国土观念深植在全体公民尤其是各级决策者的意识之中，实现从狭隘的陆域国土空间思想转变为海陆一体的国土空间思想。2013年，习近平总书记进一步强调，"我国既是陆地大国，也是海洋大国"。海陆一体的国土意识，将蓝色国土与陆地领土视为平等且不可分割的统一整体，这是我国几千年来国土观念未有之变革，是中华民族寻求新的发展路径的重大战略选择。

坚持陆海统筹，扎实推进海洋强国建设，不仅在于协调陆地发展与海洋发展的关系，关键还在于把海洋事务纳入国家发展全局加以安排和部署。习近平总书记深刻指出，"海洋在国家经济发展格局和对外开放中的作用更加重要，在维护国家主权、安全、发展利益中的地位更加突出，在国家生态文明建设中的角色更加显著，在国际政治、经济、军事、科技竞争中的战略地位也明显上升。"实施海洋强国战略，对于实现全面建成小康社会目标，实现中华民族伟大复兴具有重大而深远的意义。

5. 切实重视海权

1904年，美国海军战略理论家马汉提出"海权论"：一是世界7大洋占地表百分之七十；二是七峡锁大洋：曼德海峡，直布罗陀海峡，马六甲海峡，霍霍目斯海峡，白令海峡；三是开挖巴拿马、苏尹士运河；四是建立强大的海军，才能称霸全球。

在海权问题凸显的背景下，习近平首先视察南海舰队，体现出他对战略力量建设的重视。2015《中国的军事战略》白皮书指出，个别海上邻国在涉及中国领土主权和海洋权益问题上采取挑衅性举动，一些域外国家也极力插手南海事务，海上方向维权斗争将长期存在。要坚持统筹维权和维稳两个大局，维护国家领土主权和海洋权益。海军逐步实现向近海防御与远海护卫型结合转变，构建合成、多能、高效的海上作战力量体系，提高海上机动作战、海上联合作战等能力。

中国政府维护国家领土主权和海洋权益的意志坚定不移。中方坚持在钓鱼岛领海进行巡航执法，坚持根据国际法、相关国内法规及自身国防需要开展正常的海空活动，在南沙群岛部分岛礁进行必要和适度的设施建设。中国与东盟国家正聚焦加强合作，推动全面有效落实《南海各方行为宣言》，共同制定地区规则。

> **感悟** 　树立海洋防卫观念是一个系统工程，既要转变思维观念，更要因势而动地调整战略。

知识要点二： 我国海洋防卫形势严峻

一、中国海洋防卫形式概况

目前，我国周边安全形势呈现出"陆稳海动、陆缓海急"的状态，其中东部、南部海域一带局势紧张，动荡频繁。

由于我国大量海岸线基点未最后确定，导致领海基线尚未确定，所以无法准确地计算出内海和领海的面积，因此我国的海洋国土面积不好确定。

两大岛链的封锁制约中国海洋战略的实施。中国缺乏自海入洋的前出通道。从中国大陆前出太平洋，受到了第一岛链和第二岛链的双重军事遏制，导致中国"有海无洋"，使中国的海洋政治版图局限在近海。这两个岛链不但缩小了我国海上方向的防御纵深，而且也严重制约了我国海洋发展战略的实施。从中国大陆前出印度洋，则因南海复杂的形势而不容乐观，同时也受到马六甲海峡"卡脖"制约。

二、中国海洋防卫形式发展

随着"一带一路"国际战略布局的全面推进，中国发展的战略重心进一步向海上方向倾斜，国家战略利益向海上方向迅速拓展，海洋方向面临的战略形势正在发生复杂而深刻的变化。中国维护海洋权益、建设海洋强国面临新的挑战。

1. 美日海上遏制围堵不断强化

近年来，出于对中国迅速崛起和自身全球霸权衰退的焦虑，美国奥巴马政府提出"亚太再平衡"战略，不断强化美日、美韩、美澳新军事同盟，把军事重心移至东亚，通过直接插手南海、东海问题全面加强对中国战略围堵，企图迟滞和遏制中国发展进程。特朗普上台后，虽然抛弃了奥巴马的"亚太再平衡"战略，但是进一步加强了美国在亚太地区的军事存在。日本明确提出以中国为主要战略对手，政治右倾化加剧，国家安全战略和军事战略的进攻性、扩张性、冒险性进一步凸显，并以西南方向为战略重心加紧兵力部署调整，着力打造新型"动态威慑"力量。特别是在美国的纵容和支持下，日本加快修宪步伐，解禁集体自卫权，强行通过新安保法，公然挑战世界反法西斯战争胜利成果，对中国海上军事安全威胁的现实性、严重性明显上升。

2. 岛屿主权和海洋权益争端错综复杂

中国主张管辖海域约 300 万平方千米，其中一半以上与周边国家存在争议，海域内大量资源被掠夺、部分岛礁被占领。美、日、印等域外国家的介入，使地区海上争端与大国博弈更加紧密地交织在一起，中国解决海上争端局面更加复杂。日本利用钓鱼岛制造事端，使得擦枪走火引发海上冲突甚至逐步升级为海上局部战争的可能性大大增加。南海周边国家不断加强军备建设，加紧购买先进战机和舰艇，海上军事力量快速发展，对中国构成实质性威胁。

3. 台海局势充满变数

民进党上台后，不但拒不承认"九二共识"，反而加紧推进"台独"路线，竭力煽动两岸的敌意和对立，严重威胁国家主权和领土完整。美国坚持"以台制华"战略，近期又悍然提出对台军售和美台军舰相互停靠对方港口。围绕台湾问题的斗争将是长期的、复杂的、艰巨的。台湾问题事关国家统一和长远发展，是实现中华民族伟大复兴的关键所在，是必须迈过的一道槛、必须经受的一场大考。

4. 海上战略通道安全风险增大

中国拥有世界上最大的海运船队，沿海港口货物吞吐量居世界第一，海上航线连通着100多个国家和地区的1 200多个港口。但世界上诸多海上战略通道大部分不为中国所有和控制，一旦发生危机或战事，海上运输将面临严重威胁。特别是马六甲海峡，它是中国海上石油运输必经之地，但中国对马六甲海峡的控制能力极其有限，安全问题不容忽视。

5. 海外利益安全问题日益突显

随着中国改革开放的不断深入和世界经济全球化的迅猛发展，特别是推进"一带一路"建设以来，中国的国家利益已经远远超出国境，拓展到更广阔的领域和更深的层次。目前，中国已成为世界第一大货物贸易国、第一大石油进口国、第二大对外投资国，经济对外依存度长期保持在60%左右，中国经济已深度融入世界经济体系当中，是典型的经济外向型国家。2016年中国货物贸易进出口总值3.7万亿美元；中国对外直接投资1 701.1亿美元，同比增长44.1%；对外承包工程完成营业额1 594.2亿美元；有3万多家企业遍布世界各地；几百万中国公民工作学习生活在全球各个角落，全年出境旅游人数达1.22亿人次，年末各类在外劳务人员约97万；全年进口石油3.8亿吨，进口铁矿石10.24亿吨。未来五年，中国对外投资总额将达到7 500亿美元，出境旅游将达到7亿人次。在此大背景下，海外利益已成为国家利益的重要组成部分，维护国家海外利益安全问题日益突显。

> **感悟**　游子期归，日益复杂的世界海洋环境和周边海权争端，需要统筹决策、灵活应对。

知识要点三：　中国海上防卫新举措

一、从近海到深蓝：大力发展海军

维护海洋权益、建设海洋强国是希望工程、战略工程、系统工程，立意高远，目标宏伟，涉及领域广，建设内容多，可预见和不可预见的矛盾、困难、问题、风险十分复杂。因此，海军建设是重中之重，它不但是维护海洋权益的中坚力量，而且是建设海洋强国的战略支撑，更是开展海上维权斗争和海上军事斗争的兜底工具和保底手段。

中国历代领导人都对海军建设十分关注。早在1953年2月，毛泽东同志视察海军舰艇部队时就连续五次题词："为了反对帝国主义的侵略，中国一定要建立强大的海军。"此后，建设一支强大的海军始终是人民海军建设发展的奋斗目标。在改革开放初期，邓小平同志提出："建设一支强大的具有现代战斗能力的海军。"在庆祝人民海军成立50周年的时候，江泽民同志提出："为建设具有强大综合作战能力的现代化海军而奋斗。"进入新世纪新阶段，胡锦涛同志再次提出："努力锻造一支与履行新世纪新阶段中国军队历史使命要求相适应的强大的人民海军。"

近年来中国经济发展对海洋运输、海外安全保障的依赖日益增大，必须拥有一只强大远洋武装力量来保障。也围绕加快推进海军装备现代化、密集赴远洋海域训练、常态化护航亚丁湾海域、开展国际军事交流与合作等采取了一系列大举措。

近些年来，中国军队转型建设不断深入，尤其是海军建设逐步向远洋海军转变。一大批新型装备陆续服役部队，人才队伍建设水平不断提升，体制编制不断优化，海军战斗力建设得到了实质性增长，战略性、综合性、国际性军种的特征逐步显现。海军主战武器装备呈现快速发展势头，中国首艘航母辽宁舰正处于形成战斗力的过程之中，首艘自主研制生产的航母、万吨级驱逐舰也先后下水，新型核潜艇、052D型驱逐舰以及轻型护卫舰、大型护卫舰、大型船坞登陆舰、新型综合补给舰等一大批新型武器装备相继列装服役，海军作战平台向大型化、远程化方向迈出了坚实步伐；随着新一轮国防和军队建设改革的深入推进，海军的兵力结构和整体布局得到进一步优化，体系重塑迈出重要步伐；抢抓亚丁湾、索马里海域护航机遇，实现了水面舰艇编队、海军航空兵、核潜艇和常规潜艇走出去常态化，在吉布提成立了首个海外保障基地；走向深蓝、走向世界的步伐明显加快，先后完成了环球航行访问、亚丁湾护航、利比亚撤侨、叙利亚化武护航、马航客机搜寻、马尔代夫紧急供水、也门战火中撤侨等重大远海任务，彰显了大国担当，赢得了国内外各界的广泛好评和高度赞誉。

2015年5月发布的国防白皮书《中国的军事战略》明确提出"根据战争形态演变和国家安全形势，将军事斗争准备基点放在打赢信息化局部战争上，突出海上军事斗争和军事斗争准备，有效控制重大危机，妥善应对连锁反应，坚决捍卫国家领土主权、统一和安全"，要求"海军按照近海防御、远海护卫的战略要求，逐步实现近海防御型向近海防御与远海护卫型结合转变，构建合成、多能、高效的海上作战力量体系，提高战略威慑与反击、海上机动作战、海上联合作战、综合防御作战和综合保障能力"。

习近平同志先后多次到海军部队视察调研，对海军建设和海上军事斗争予以悉心指导，倾注了大量心血。2017年5月24日，习近平同志在视察海军机关时强调指出，"建设强大的现代化海军是建设世界一流军队的重要标志，是建设海洋强国的战略支撑，是实现中华民族伟大复兴中国梦的重要组成部分。"习近平同志的重要指示，站在实现中国梦强军梦的战略高度，科学地回答了在新的历史起点上加快推进海军建设发展带有根本性、全局性、方向性的重大问题，为建设具有世界一流水平的战略性军种指明了前进方向。

习近平同志关于建设一支强大的现代化海军的战略思想，与历代党和国家领导人一贯强调的"建设强大的现代化海军"的重大战略思想，既一脉相承，又与时俱进，为新形势下加强海军现代化建设提供了根本遵循、注入了强大动力、开辟了广阔空间。海军部队要站在国家战略的高度和长远发展的角度，深入贯彻习近平同志经略海洋、维护海权、建设海军的重大战略思想，以党在新形势下的强军目标为引领，以新形势下军事战略方针为指导，坚持政治建军、改革强军、科技兴军、依法治军，瞄准世界一流，紧紧抓住当前世界海军信息化、智能化、远洋化、核动力化的发展潮流，切实采取超常措施，在战略决策上重点关注，在建设经费上重点投入，在力量建设上重点倾斜，在技术发展上重点扶持，在发展环境上重点优化，深入推进战略转型，促进中国海军由近海型向远海型、由机械化向信息化、由常规动力向核动力、由数量规模型向质量效能型整体转型、加速发展，不断提高基于网络信息系统的体系作战能力，促进海军现代化水平和综合作战能力跃上一个新高度，为打赢信息化条件下海上局部战争、高标准履行新形势下中国军队历史使命，为维护海洋权益、建设海洋强国，为实现中华民族伟大复兴的"中国梦"，为维护世界和平、促进共同发展提供坚强力量支撑。

感悟　　加强海上防卫，海军建设是重中之重，实现军队和国防现代化，必须建设强大海军。

二、整合海上执法力量，维护国家海洋权益

事实上，很多国家的海上执法力量，比如日本的海上保安厅、美国海岸警卫队，都被称为第二海军，从他们的装备情况来看，已经具备准海军特点，一定时期内可以承担部分军事职能。

根据国务院机构改革和职能转变方案，重新组建的国家海洋局统一推进海上统一执法。将原国家海洋局及中国海监、公安部边防海警、农业部中国渔政、海关总署海上缉私警察的队伍和职责整合，重新组建国家海洋局，由国土资源部管理。主要职责是，拟订海洋发展规划，实施海上维权执法，监督管理海域使用、海洋环境保护等。国家海洋局以中国海警局名义开展海上维权执法，接受公安部业务指导。此外，设立高层次议事协调机构国家海洋委员会，负责研究制定国家海洋发展战略，统筹协调海洋重大事项。国家海洋委员会的具体工作由国家海洋局承担。

感悟　　加强海上防卫离不开海上执法力量的整合和建设，这是世界上海洋强国的普遍经验。

三、积极进取：稳步推进南海岛礁建设

自 2013 年开始南海岛礁扩建工程以来，短短四年时间，南海诸岛礁发生翻天覆地的巨变，岛礁生活设施日益完善，海军战士在南海落地生根。各岛建筑工程已陆续完工，美济礁、渚碧礁、永暑礁三岛机场已建成，其中永暑礁机场已经实现与大陆的民用通航。

南沙岛礁建设一方面既要满足必要的军事防卫功能，另一方面也要为各类民事需求服务，特别是有助于更好地履行中方在海上搜寻与救助、防灾减灾、海洋科研、气象观察、环境保护、航行安全、渔业生产服务等方面承担的国际责任和义务，应该说这件事不仅仅有利于中方，而且是有利于整个国际社会。

外交部发言人洪磊在在 2016 年 5 月 6 日表示，南海岛礁建设过程中，我们始终坚持"绿色工程、生态岛礁"的生态环境保护理念，经过深入研究、严谨论证，采取了全程动态保护措施，切实将工程与生态环境保护紧密结合起来，实现岛礁可持续发展。具体来讲，我们采用"自然仿真"思路，模拟海洋中暴风浪吹移，搬运有关生物碎屑，逐渐进化为海上绿洲的自然过程。这种做法对珊瑚礁生态环境体系的影响很小。中方有关建设活动完成后，将大幅提升有关岛礁的生态环境保护能力，有关做法经得起时间的考验。

感悟　　加强海上防卫，维护南海主权，坚定不移推进岛礁建设，捍卫主权的决心和意志。

四、划设防空识别区

中华人民共和国国防部 2013 年 11 月 23 日发布：中华人民共和国政府根据一九九七

年三月十四日《中华人民共和国国防法》、一九九五年十月三十日《中华人民共和国民用航空法》和二〇〇一年七月二十七日《中华人民共和国飞行基本规则》，宣布划设中华人民共和国东海防空识别区。

东海防空识别区涵盖了钓鱼岛区域等中国东海空域。具体范围为以下六点连线与中国领海线之间空域范围：北纬33度11分、东经121度47分，北纬33度11分、东经125度00分，北纬31度00分、东经128度20分，北纬25度38分、东经125度00分，北纬24度45分、东经123度00分，北纬26度44分、东经120度58分。

划设东海防空识别区后，要求位于东海防空识别区飞行的航空器，应当服从东海防空识别区管理机构或其授权单位的指令。对不配合识别或者拒不服从指令的航空器，中国武装力量将采取防御性紧急处置措施。

防空识别区是濒海国家为防范可能面临的空中威胁，在领空外划设的空域范围，用于及时识别、监视、管制和处置进入该空域的航空器，留出预警时间，保卫空防安全。这是中国有效行使自卫权的必要措施，不针对任何特定国家和目标，不影响有关空域的飞越自由。中国政府划设东海防空识别区有充分法律依据，也符合国际通行做法。

感悟　　树陆海统筹、海空协调理念，划设海上防空识别区，有效维护国家安全和海洋权益。

【思考与练习】

1. 党的十八大以来，中国海洋防卫形势和防卫理念有了怎样的转变？
2. 试回顾和分析我国海洋防卫观念的发展进程和发展趋势。
3. 关注我国海洋军事发展，探讨我国维护国家海洋权益的军事防卫战略进程。
4. 中国周边复杂的海洋争端，我们从观念上和举措上做好哪些工作和应对策略？

专题十三
现代海洋文化

任务介绍

1. 理解海洋文化与海洋文明的含义、特征和特点。
2. 了解海洋文化的起源和历史发展。
3. 总结海洋文化的主要内容与形式，分析和构建当代中国海洋文化的底蕴。
4. 通过逻辑分析和推理，辨析海洋文化与海洋文明的不同内涵。
5. 演绎由自然到文化，由实践到真知，由物质到精神的逻辑转化过程。

引导案例

　　1642 年，荷兰军队打败西班牙殖民者，夺占了中国台湾的西南部和北部。

　　1656 年，荷兰使团到北京，毫不犹豫地向中国皇帝行了三跪九叩大礼。顺治皇帝接见了荷兰使团，并高兴的赏赐给这个来自世界上"最富庶"国家的使团大量的"礼物"。1662 年，民族英雄郑成功率军，结束了荷兰在台湾的三十八年的殖民统治。

　　一个叫约翰·尼霍夫的使团成员写下了他们答应跪拜条件的原因："我们只是不想为了所谓的尊严，而丧失重大的利益。"

> **感　悟**　　文化与文明，物质与精神，生理与心理，文化与意识形态引导着人类的发展。

【思考】感悟海洋文化内涵

　　海洋，地球生命的摇篮，风雨的温床，大气的襁褓，资源的宝藏，商贸的窗口，国防的前哨。历史证明，谁控制了海洋，谁征服了海洋，谁就能领航人类文明的"快船"。因此，海洋文化始终引领着人们"向海洋进军"的风雨历程，并给予最及时、最粗犷、最公正的褒贬奖惩。

　　海纳百川，有容乃大。博大包容是海洋的第一品格，也是海洋文化的精髓。神州大地自古天倾西北，地陷东南，故一江春水向东流，条条江河归大海。即便鱼龙混杂，泥沙俱下，海洋来者不拒，包容万物。这就是"大海的胸怀"和"大洋的气魄"。

　　上善若水，无私奉献。至善无私是海洋的第二品格，也是海洋文化的底蕴。利万物而不争，趋低洼而不怨，纳污垢而不嫌。海洋不仅以慈母般的胸襟养育了水族世界的芸芸众生，而且以巨人般的臂膀托起了海面上的百舸争流，更加之把不尽的空间和资源无私地奉献给当今人类。

生生不息，运动不止。生机活力是海洋的第三品格，也是海洋文化的内涵。一座万仞高山不过三五亿年就会衰老成一堆黄土，而四十亿年的海洋却青春永驻，生机盎然。君不见潮涨潮落，浪奔浪流，日复一日，年复一年；可曾想大洋环流、海底潜流，循环往复，活力无穷。

知识要点一： 海洋文化的定义与表现形式

一、文化的含义

狭义文化指社会的意识形态以及与之相适应的制度和组织机构。广义文化指人类在社会历史发展过程中所创造的物质财富和精神财富的总和。文化是人类在不断认识自我、改造自我的过程中，在不断认识自然、改造自然的过程中，所创造的并获得人们共同认可和使用的符号与声音的体系总和。

笼统地说，文化是一种社会现象，是人们长期创造形成的产物，同时又是一种历史现象，是社会历史的积淀物。

确切地说，文化是凝结在物质之中又游离于物质之外的，能够被传承的国家或民族的历史、地理、风土人情、传统习俗、生活方式、文学艺术、行为规范、思维方式、价值观念等，是人类之间进行交流的普遍认可的一种能够传承的意识形态。

简单地说，人类在适应、改变和对抗自然与现实的行为、过程和成果，便是"文化"。

辩证地说，文化来自自然，并且超越自然，但又不能脱离自然。文化与自然之间存在着"既互相对立又互相影响和制约的辩证关系，局促的环境激发人类去适应、改变或对抗，从而形成文化，对应的文化又作用于环境使其符合人类环境的期待。

准确地说，人类在自然环境中创造文化，环境必然赋予其文化一定的个性，环境与文化形态存在一定的对应关系。

人类文化从形成的地域结构上可分为内陆文化和海洋文化。

感悟　面对生存环境，没有适应、抗争和改进就没有人类的文明和发展。

二、海洋文化的含义

海洋文化就是涉及海洋的文化现象，而海洋的交涉多以国家或民族为主体，区别于内陆文化的区域性和个体性。如果说按陆地的自然属性或行政区域划分出来的"文化区"是一种地域文化的话，那么，海洋文化所代表的是一种"超地域文化""跨地域文化"。

在海洋正逐步把人类连成一体的当代世界，这些在政策上、地理上面向海洋、面向世界的沿海国、岛国被称为海洋国家。而这些海洋区域大多地处各洲际或区域之间海空交通的通道之上，都是重要的战略要地，其一得一失关系全球战略局势。它们又都是世界的重要组成部分，在世界上发挥着不可估量的作用。而这些海洋国家在悠长的海洋发展历史中演绎着饱经沧桑的和谐与竞争的海洋文化值得深入研究。

感　悟　　成功和失败，正确与错误都属于文化，正能量文化才是引领时代进步的动力。

三、海洋文化与海洋文明的辨析

海洋文明，是人类历史上领先于人类发展的社会文化。文明，是指人类社会进步状态，与"野蛮"相对。海洋文明是人类历史上主要因特有的海洋文化而在经济发展、社会制度、思想、精神和艺术领域等方面领先于人类发展的社会文化。所以，一种海洋文明之所以能称之为海洋文明，一是它要领先于人类社会的发展，二是这种领先主要得益于海洋文化，两者缺一不可。也就是说海洋文明是指在人类历上诸多方面领先人类社会发展的文化。

海洋文化与海洋文明有着很大的区别。文化不是文明，文明和野蛮对立并冲突。海洋文化的本质，就是人类与海洋的互动关系及其产物。互动形式上有海洋对人类的制约与灾难，也有人类对海洋的适应与改造；互动方式上有文明，也有野蛮；互动产物有成就，也有伤害。

感　悟　　人类社会的发展过程就是文明和野蛮对战的过程。大浪淘沙，最终留下文明。

四、海洋文化的内容与形式

（一）地名与文字

海洋与世界各民族文明发展的关系十分紧密且影响深远。以一些国家和地区的名称为例就可见一斑。如南美的哥伦比亚，就是为纪念哥伦布发现美洲而命名的。原意为"哥伦布之国"。

在我国汉文字的产生上，海洋生活的影响也不少。甲骨文字中，已有了"帆"字，在甲骨文中是"凡"字，是由两根木棍中间张挂一块植物纤维编织物或兽皮组成的象形文字。这说明，海洋生活与汉民族文化的关系十分紧密。

（二）建桥、造船与航海

建设桥梁的愿望表达了沿海人们文化沟通的愿望，建设桥梁的行为带动了人力、物力的流通和涉海技术研究的提升，桥梁就是海洋文化沟通交流的通道，桥梁本身就是海洋文化的内容和表达。正是这种近距离桥梁沟通交流，扩大了先进的海洋文化影响，同时也为其跨洋交流提供了牧马练兵的时空。所以，建桥文化也是海洋文化的内容和海洋文化的表达。江浙跨海大桥的建成，形成了海洋文化向内陆文化的深度交流，同时也优化了当代海洋文化；尤其是刚刚建成的港珠澳大桥，实现了两岸三地海洋文化的实时交流，是中华民族海洋文化的里程碑，是中国航海文化中浓墨重彩的一笔。

船舶作为海洋文化海上交流的独特交通工具。由于建设桥梁环境要求的局限性，舟楫的发明是人们由陆地向海洋愿望的突破，是海洋文化的启航。造船行为和技术历练了协作奋进和敢于探索的海洋精神，锻炼了不畏艰难险阻的海洋意志。高超的造船技术，提高了行驶速度，降低了航海风险，增加了航船载重，为海洋文化交流的形成与发展提供了重要工具；同时带动多行业技术文化的交流和提升，寻找新大陆的大航海运动由此孕育。尤其是现代舰船文化的发展，形成了蓬勃向上的蓝色文明。

航海是一种海洋愿望实现的航程，恶劣而神秘的海洋环境历练着航海者坚忍顽强的意志，勇于探索、团结协作的精神。航海实践为海船建造提供了实践资料，促进了造船技术的提高，同时也实现了对海洋的认知。航海实现了海洋文化的交流，新大陆的发现，新航线的开辟，环球航程的完成。这些航海技术的伟大成就无不证明了航海是海洋文明发展的重要组成部分。同时航海文化也是海洋文化不可或缺的重要组成部分。

（三）文学

海洋文学，是一个比较宽泛的概念，是人类在与海洋发生关系的过程中创造的专题性的文学作品。它的内容以涉及航海生活、海岛生活、沿海人类生活等一切与海洋有关的生活为素材创作出的文学作品。它反映了人类对海洋的认识和人与海洋的关系，反映了人类社会各种各样的海洋生活。其内涵是人对海洋的认知。

海洋文学有其鲜明的特点，它具有浪漫而富于冒险的进取精神；用人与海洋斗争的情节表达了对力量和先进技术的崇尚；利用优厚的海洋经济条件、海上贸易、掠夺、殖民等活动表达了对财富的追求；利用人文斗争表达了对政治和平和自由美好生活的向往。

（四）音乐与建筑

中国东方的海洋上就有过古老的乐声。汉乐府中《棹歌行》，就是一首古老的船歌。意大利 16、17 世纪作曲家维瓦尔第的小提琴协奏曲《大海》、钢琴曲《欢乐岛》无不演绎着海之声，洋之韵，唱响着千古海洋文明。

在人类的建筑艺术中，号称世界七大奇迹之一的亚历山大灯塔像巨大的白色惊叹号一样，矗立在建筑史的苍茫云海中。还有葡萄牙航海纪念碑，无不彰显着航海文化深邃的内涵。

（五）美术

早在一万多年前我国的山顶洞人，就已经懂得把贝壳磨制成原始的装饰物，挂在身上。英国的特纳以海洋为背景的历史风景画《战舰天晨号》《纳尔逊之死》、德国弗里德里希的《海洋上的月亮初生》、瑞士勃克林的《死亡岛》等都是海洋题材绘画中的精品。以海洋为题材的美术作品给我们留下了历史之海的直观形象，它给人深刻的精神感召力，对世界海洋文化的发展和进步产生了深远的影响。

（六）习俗与宗教

丹麦的法罗群岛每年 6 月初举行"捕豚节"，德国每年 6 月举行"基尔周"狂欢，菲律宾 4 月底 5 月初举行"捕鱼节"，中国青岛每年兴办"帆船节"，这些都是世界各地举行的与海洋有关的习俗活动。海洋在沿海人民生活习惯，民间习俗乃至经济、文化等各方面的影响都非常深远而广泛，形成了丰富多彩的海洋习俗。

最具海洋文化特点的宗教莫过于中国的"妈祖神信仰"。每年农历三月廿三日是妈祖神生日，九月初九是妈祖神祭坛，湄洲一带人如潮涌，万头攒动，妈祖庙前热闹非凡。上香者不但遍及东南沿海，来自港、台、澳、东南亚乃至日本、美国、加拿大等地区和国家的大有人在，其历史悠久，影响深远，具有浓厚的海洋文化色彩。

（七）心理与观念

对于海洋，不同的心理和观念承载着不同的海洋文化，而且随着时代的发展和科学的进步海洋心理与海洋观念也会发生深层次的优化和改变。

在带有浓厚陆岸文化的古中国里，人们对海洋充满茫然，抱着敬畏恐怖的心理。认为海洋是一片阴森可怖，荒蛮无际，昏晦凶险、暗昧幽冥的地域。把海与苦难、荒蛮联系起来。把深重的灾难称之为苦海；对北方西伯利亚的荒凉苦寒的不毛之地泛称北海。这种海洋地域观，实际上对中华民族海洋文化的发展是具有阻碍和限制的作用。这导致我国传统的经济思想中，重农而轻商，从而阻碍、抑制着航海活动特别是航海贸易的发展，对非贸易性的海洋文化基调的形成和海洋文明自身的发展走向都产生了影响。

在海洋文化先进的欧洲，海洋浪漫的、温和的、诗意的蓝色世界。海洋文化心理是根植于民族经济生活和文化传统土壤中的因，而面对海洋事务的观念，则是这棵树上的果实。正确的海洋心理形成先进的海洋观念，成就了早期欧洲国家伟大的海洋事业。

海洋文化震撼着民族心理，推进着海洋观念的更新。在中国，无数中华民族的优秀子孙，为拯救中华民族海洋文明付出了力量与智慧、汗水与鲜血，在中华民族海洋文化发展史上写下了可歌可泣的诗篇。直到新中国成立以后，在中国共产党的正确领导下，制定了合理的"海洋战略"，建立了正确的"现代海洋观"，并取得了海洋强国建设的伟大成就。中国海洋文化才获得了良好的发展条件和契机，从而再次振兴，引导着中华民族向着伟大复兴挺进。

（八）体育与旅游

体育运动中的"帆船竞赛"完全是追慕古代先民航海奇迹的运动。帆船运动是在风浪的博击中体味古代水手惊心动魄的生活。水下旅游，环球航海旅游，南北极旅游、荒岛旅游，模拟海滩旅游等海上旅游，早已成为人们接受海洋文化教育的得力途径。

（九）其他

海洋文化表现形式丰富多彩，途径无处不在。涵盖了服装、货币、邮票等。正如海洋的深广莫测，风云变幻，五彩缤纷一样，海洋文化无处不在。作为当代青年，沐浴在浓厚的海洋文化氛围当中，更应该扬起人生的风帆，携手一起开拓中国美好的蔚蓝世界。

> **感悟**　文化是始终存在的，只是依据人类的发现、总结、分析来表现和实现其价值。

知识要点二：　海洋文化的发展轨迹和典型代表

一、海洋文化的发展轨迹

海洋对地球来说几乎是与生俱来的，人类作为"万物之灵"的出现充其量不过几百万年，相对古老的海洋来说不过"弹指一挥间"。人类的海洋文化起源于人类对海洋的认知、利用和开发；而海洋文化的发展是人类对海洋的诉求和海洋环境局限性相互矛盾、对立、斗争然后融合提升的过程。

（一）"靠海吃海"的原始滨海求生理念下的海洋文化

在茹毛饮血的荒蛮时代，人们就知道捡拾海边河畔的贝类和海藻充饥。海洋生物相对陆地生物来说，给人类提供了更加优质的蛋白，促进了人类的健康和大脑发育。同时抓鱼拾贝比起陆地上狩猎搏杀来说容易得多，收获也多。这也标志着人类曾经度过一个"靠海吃海"的史前以求生为目的海洋文化阶段。其本质特点是人类受到落后的认知和生产能力限制，为求生而被动激发了开拓海洋资源的原始利用，从而形成了人类海洋文化的起源。

（二）"渔盐之利"的远古生存理念下的海洋文化

进入新石器时代，人类的捕鱼技术和海洋资源利用能力有了相当的发展，如骨制的鱼镖、鱼叉、鱼钩等各种捕鱼工具的发明和应用。渔业生产能力基本满足人类谋求生存的基本需要。海水是咸的，因为其含有盐分。盐是生命的重要组成部分的发现，激发了人类谋求长期生存的初始探索，并形成了初期朴实的"制盐"文化。其本质特点是以人类生理需求为动力，人类对生存资源的进一步认知为激发点，促进了海洋文化的雏形。

（三）"舟楫之便"的古代生活理念下的海洋文化

进入农牧业较为发展的古代，人类的食物资源基本满足生存需要。人类为了探索更多的海洋空间和资源，逐步向海洋迈进，从而形成了探索和利用海洋的古代海洋文化。例如：用独木舟之类的漂浮物渡河，甚至用其来进行渔猎活动。其基本特点是人类对生活质量的较高需求为动力，人类探索和开发海洋资源为目的，船只的发明和使用为表现形式。

（四）"大国崛起"的近代"谋生"理念下的霸权控制海洋文化

从古罗马宣布拥有世界海洋，到1494年"地理大发现"后"教皇子午线"使葡萄牙和西班牙两国瓜分世界。再接下来，西欧小国荷兰、英国、法国、德国、俄罗斯、日本、美国在海洋这个广袤无比的竞争舞台上各显其能，你方唱罢我登场，不断弹唱着一曲曲"劈波斩浪"的近代海洋文化主题曲。究其根本是人类急速发展的谋求生存理念激发着人们占据和控制有限的资源并进行全新的探索，期待资源的积累和地位的巩固。是人类思维意识前瞻性的初步体现，是人类发展从焦虑走向实践。这种野蛮与暴力的沧桑历程，同样也是人类海洋文化浓墨重彩的一笔，对人类海洋文化产生了深远的影响。

（五）"经略海洋"的现代"生计"理念下的海洋文化

随着联合国海洋法公约的实施，海洋竞争逐渐进入了有序化阶段。但近岸污染的加重和海洋资源的失衡，使全世界不约而同地跨入了一个保护海洋的新阶段。如何使"同一个海洋"进入可持续发展的良性循环，于是耕海种洋、资源修复、海洋农牧化等新举措应运而生，带来了拓展蓝色空间的新一轮"海洋文化"运动。同时，进入21世纪以来，人们的视野不断向深海拓展。来自深海的科学探索不断传来令人耳目一新的科学发现，深海油气田、海底可燃冰、海底热液硫化物、洋底多金属结核、海山富钴结壳、海底热泉黑烟筒、海底冷泉沉积物、深海极端环境生物基因、海洋药物资源等新的蓝色经济信息从海上传来。这一切表明，随着海洋世纪的到来，全人类正在大踏步迈进以科技创新为支撑的现代海洋文化新阶段。此时，人类在处理海洋分割、开发和利用的权益上形成了新的认识，拓展了新的处理方式，在谋求国家长期发展上所探索出来的法律、法规以及方针战略都将是现代海洋文化的丰富内涵。

> **感 悟** 中国将很长一段时间处在社会主义初级阶段，但共产主义必将在全人类实现。

二、海洋文化发展的典型代表

古希腊是现代海洋文化之母，古希腊紧邻地中海和爱琴海，是现代海洋文明的源头，所以古希腊文明又称为海洋文明。古希腊文明有三段文明欣欣向荣，统称爱琴海文明。它们是青铜时代早期的基克拉迪文明、中后期的克里特文明和后期的迈锡尼文明。三者不是继承关系而是并存的一个关系。

希腊本土原是一个半岛，这个半岛被海湾、狭地和高山分隔为彼此几乎隔绝的小区域，贫瘠的陆地资源和帝国的统治逼迫古希腊人向海上去谋生存和发展，引导着古希腊人开拓广阔的海洋生存空间。刚好悠长的海岸线，众多的港口和海湾，将爱琴海和爱奥尼亚、海上希腊两边诸岛屿把希腊半岛和小亚细亚、意大利连接起来，为在海船上航行的人提供了前后都可以用肉眼望得见的岛屿来指示航程。为古希腊爱琴文明提供了得天独厚的地理条件。希腊的东南部与东方古代文明的埃及和西亚隔海相望，古代希腊人利用航海交流吸收了埃及与西亚的先进文化，创造了爱琴文明的辉煌。

远古的时候，希腊的冒险家们以海盗为生，他们劫掠海洋中的船只，也劫掠岛屿和大陆海滨的村镇，并以此为荣。正因为如此，公元前2000多年的时候，"克里特"这个小岛已经建立了爱琴海的海上霸权。某种意义上说，"文明"是从克里特漂海过去的。

此后，比较落后的古罗马人积极学习古希腊爱琴文明，但学的不是很好。古罗马凭借雄厚的陆地资源和强大的武装战斗力征服了古希腊地区，野蛮而残酷地用古罗马代替了古希腊，爱琴文明被摧毁，但爱琴文明的一些事迹被流传下来成为现在的神话传说。

随着西方民族大迁徙的进行，古罗马被摧毁，新的蛮族日耳曼人汲取了古罗马废墟的文明，在犹太人创造的基督教的基础上，依照原来本民族的各自传统，重新构建了新的文明，也就是古希腊文明，古希腊文明的源头与爱琴文明有一定的关系，但也不是继承关系。早期的海外殖民扩张，是爱琴文明在海洋文化特征上的重要体现和证明。

公元前8世纪之后希腊雅典人建立城邦时，古代亚非文明古国已存在了2000多年，地中海地区的贸易联系和经济交流已比较发达，古代亚非各国以农业为主较为封闭的经济也为其保持开放局面提供了天时地利的条件。从公元前5世纪初起，希腊本土成为当时世界经济和文化发展的中心，充分借鉴和融合了文明古国的陆岸文明，形成了独特融合性的"海洋文明"，其中以雅典最为强盛，一直处于文化发展方面的领先地位。

希腊人很早便与东方各国有贸易的往来。充分借鉴和继承了先进的东方文化，历史悠久而又丰富多彩的埃及和巴比伦文化。希腊古典文化无可争辩地是一种典型的海洋文化。

> **感 悟** 逆水行舟，不进则退。你不出来，我就攻进去。历史浪潮，淘出海洋文明。

三、海洋文化发展的特点

综观世界海洋文化的发展，无不经历一个个冲突与融合的过程。其在形式上大多体现为外来文化与本土文化的冲突与融合。由于外来文化往往在先进性上超过原有的本土文化，而本土文化具有深厚的根基，这样就会产生新旧文化的冲突，然后融合的现象。海洋文化的冲突和融合有其独有的特点。

（一）在时间和空间上往往较为紧迫

陆岸两种文化相遇时，任何一方在地理上具有广阔的规避时空，可以通过迁往他地，减少两种文化接触的方法使文化冲突和融合的程度有所降低。但是，海洋文化大多数没有这种回避的时空。尤其岛国地域狭小，四周都是海洋，面对外来文化的进入或侵入，它通常无路可退，无法拒绝，无暇周全。只能在有限的时间和既定的区域完成这种冲突与融合。

（二）在程度上通常较为深刻

一种先进文化经过跨越海洋的历练，其拥有的巨大势能将在抵达落后的海洋文化区域登岸的短暂时间内进行释放，犹如洪水猛兽一般冲击原有文化，声势浩大，势如破竹。犹如帝国列强进入被殖民国家、八国联军进入旧中国，使得陈旧的海洋文化被迫接受血雨腥风的洗礼，改头换面的巨变。激烈的文化冲突形成极为深刻的文化融合。

（三）在时空上跨度较大

海洋文化深厚的底蕴，旧文化拥有历史悠久的积累，新文化具有强大的势能，这种剧烈的冲突和深度地融合需要足够的时间才能彻底完成，并形成新的海洋文化。犹如帝国主义殖民的实施和消亡，跨越了近几个世纪。

（四）原有文化往往处于一个被动者的地位

在海洋文化的冲突与融合过程中，海洋岛国文化与登录的新文化并不是处在平等的位置上，登陆的新文化往往占据主导位置，主动出击。这种文化冲突和融合的对象、因素、形式、发生的时间等等往往都不是岛国所能解决的。它只是一个被动的接受者。

（五）融合是主流，优化是必然

在海洋文化的发展道路上，冲突是短暂的，融合才是大趋势。也可以说，新海洋文化的形成，带有必然性。因为外来文化完全同化海洋国家原有文化的企图大多数以失效告终，而是融合形成新的更先进的"海洋文化"。同时，外来文化与海洋国家原有文化之间隔绝对峙的状态，也必然会为文化之间的相互浸透，相互吸收所代替。世界各地海洋国家文化历史表明，从各种文化的冲突到各种文化的互相吸收、适应、融合而形成的海洋文化，是大势所趋的必然结局。

文化的冲突和融合，形成了海洋文化的多种形式和丰富内容，揭示了海洋文化发展的基本特点。海洋文化的发展就是推陈出新，扬长避短，螺旋向上渐进式优化发展的冲突和融合过程。

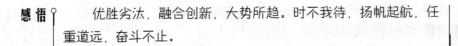

感悟 优胜劣汰，融合创新，大势所趋。时不我待，扬帆起航，任重道远，奋斗不止。

四、海洋文化的基本特征

（一）开放性和包容性

海洋生活具有更多的不确定因素和风险，理智接受现实，拼命攻坚克难解决问题，或许最初是为了生存和保命的需要，但最终形成了乐于接受现实、勇于改变和和谐共处的开放性和包容性的海洋文化特征。同时，造就了海洋文化含有不畏艰险、勇于拼搏的进取精神。

（二）创造性和实践性

海洋文化的主体就是创造和受用海洋文化的海洋人。正是这群素质高、创造力强而又富有勇敢精神的海洋人绕过好望角，发现了印度；横渡大西洋，发现了美洲；从某种意义上说，正是这群人发现了世界，发现了地球上的民族和国家；而其他文化的人，正是通过海洋人送上门去的海洋文化才完整地知道了地球上的东西南北。

（三）协作性和融通性

沧海航行，克服孤独和恐惧，要求人们精诚团结，通力协作，同甘共苦，同舟共济，这就是人们常说的团队精神。没有团结协作，同舟共济，人们就不能战胜海上的惊涛骇浪，海洋文化的这一特征反映了一种组织纪律性，突出的是同舟共济，命运相连。郑和下西洋，每次出航有 2 万余人，200 多条船，是多种船组成的庞大船队，需要首尾相顾，前后呼应，精诚团结，同心同德。这些就是海洋文化的船队精神的最好写照。现代航母舰队更需要这种海洋文化的支撑。

（四）互助性和乐观性

征服海洋是一项集体活动。面对凶险莫测的大海，全体船员只有团结一心、互相帮助才有可能幸存下来并达到目的，任何内部斗争都有可能造成灾难性的后果。所以，当船员之间发生矛盾时比较安全的解决办法，一是协商，二是绝对服从约定的习俗或船长的权威，前者可以孕育民主意识，后者能够培养忠诚心。

（五）自主性和民主性

自主精神就是自己的事情自己做主，民主精神就是大家的事情大家做主。在海洋文化中，自主精神是首要的，第一位的，民主精神是摆在第二位的。海洋文化产生于海洋事业，海洋事业的最大特点便是"变化不定"，不可常规守旧。谁要是循规蹈矩，谁就会在海洋事业中摔跟头，重者船毁人亡。在此情况下，谁从事海洋事业，谁就必须从自己的实际出发，灵活地处理自己的事情，也就是说，他必须自主，必须自己做自己的主人，对自己负责。听从别人的，不管是自愿的，还是被迫的，造成的后果往往是事与愿违，损失胜过所得，为了维护自己的自主权，海洋人才打出了民主的旗帜。在海洋文化中，民主只是解决协调矛盾的方式，绝对不可以危及自主权，一旦危及自己的自主权，海洋人作为民主的参与者就会退出民主，尽全力保护自己。自主权是海洋文化自主、民主精神的核心内容。所以，营运中的远洋船舶船长不是选举产生，而且具有相对的"绝对权利"，依照体系文件实现船舶民主。

海洋文化是一个漫长发展过程的沉淀。这个过程的实质是海洋作为人类生产力的一个有机要素，进入人类的生产和生活中，对人类生活的影响。只要海洋存在于人类的生产生活中，海洋文化的基本特征就会不同程度地表现出来。并给予人们以经验和教训，同时也为人们所优化和传播。

感悟 开放是必须，千辛万苦的奋斗过程就是人生历程，历经风雨才能惊见彩虹。

知识要点三：中国海洋文化的发展及其内涵

一、中国传统海洋文化的发展及特点

第一阶段是"拾贝为生"，为了生存，温饱。原始社会，旧石器时代，中国沿海地区就已经有在海滩上以拣拾小型水产动物为生的人类活动。中国从事海洋渔猎的原始人也被称为"贝丘人"，他们是这一时期海洋文化的代表。这也是中国海洋农业文化的萌芽。随着新石器时代沿海陆地农业的兴起，虽然耕作业、畜牧业逐渐上升到主要经济地位，但是人类海洋采集和捕捞活动并没有停止，而且海洋生物始终是沿海地区主要的肉食来源。随着船的出现和捕捞工具的先进化，海洋农业生产力的逐步提高，海洋渔业得到了较快的发展。但是，后来由于民族大迁移，以山顶洞人为代表的古华北原始人类在北、南两条路线沿太平洋沿海地带和岛屿不断扩散，逐渐形成了以古中国为起点，以龙凤文化为特征的远古环太平洋文化圈。

第二阶段是"靠海吃海"，为了改善生活，丰富资源。夏商西周时期，时间约为公元前21世纪到公元前771年，夏代沿海农业经济区已经发展，各地特有的海产品开始成为沿海地区向中原朝廷的进贡物品，海洋文化有了较大的发展。到了西周时期，海洋的开发活动得到了加强，但仍主要以渔盐业为主。

第三阶段是"渔盐之利"，谋求发展，争夺权益。春秋战国时期，南方的吴越，北方的齐、鲁国都是海洋文化发达的诸侯国。他们都能从发展渔盐业中获利，为了争夺海洋权益而经常暴发海战。在这一时期，为了保护海洋资源，发展海洋文化，政治家们开始强调制定专门的保护海洋生物资源的政策法规。正是在这一时期，思想界的开放引发了中国历史上著名的"诸子百家争鸣"，出现了非正统的海洋开放型的地球观。主要有：邹衍的"大九州说"，认为世界陆地很多，中国只不过是其中的一块而已；张衡的"浑天说"，认为地球像一个蛋黄，天像蛋壳。这些观点在当时应该是可以引导"发现新大陆的理论"，但是这些观点在当时的中国并没有引起重视。中原大陆文化中的"盖天说"和"地平观"的束缚在这一时期遍及了中国海洋文化的各个方面。就这样中国错失了千年辉煌的机遇。

第四个阶段"舟楫之便"，自给自足，朴实文明。秦汉到南北朝时期。多民族的中央集权统一国家的诞生大大促进了社会生产力，使得沿海地区经济有了很大发展，海洋的农业文化也随之发展起来。海洋资源也被有效开发和利用，海洋生物的食用、药用和观赏价值被开发，盐业和珍珠生产都有所发展。经济的发展提高了人们对海洋的认识。启发了人们对海洋现象的注意和研究，诸如海市蜃楼、台风、海啸、海潮等现象开始被

有系统地记录和分析，著名的"钱塘江观潮"活动即始于此时。以政治目的为主的海上航行也在此时得到开辟和发展。例如：在北方沿海有秦始皇和汉武帝的拜神求仙的航海活动；在南方有孙权派人在海上航行抵达台湾和周围的其他一些国家。

第五阶段是"以海为障"，畏惧海洋，畅想农家乐。隋朝、唐朝、宋朝、元朝时期是中国封建社会的鼎盛时期。农业、商业、文化和科学技术都有突飞猛进的发展。造船技术、地图绘制技术和司南在航海中的运用，也为航海业的发展提供了良好的技术条件。出现了国际贸易，并且政府还专门设立了"市舶司"部门来加强对航海业的管理。据《新唐书》的记载，中国与外国的联系已经抵达幼发拉河口和亚丁。从唐朝开始，日本就开始派"遣唐使"来中国学习，而当时季风航海的发展，促使祈风活动盛行起来，人们还塑造了航海保护神——天妃的形象。在宋代，沿海的人工海水养殖业开始发展起来，主要是养殖珍珠和贝类。天文潮汐表和相关的潮汐理论以及一些与海洋相关的著作和民俗都得到了发展。

第六个时期是"以海为防"，自满保守，千古惆怅。明清时期，初期通过海洋进行的国际贸易活动非常发达，从中国朝廷来说，纳贡与赏赐活动主要是通过海洋进行，而从民间来看，水上运输和水上交通成为常态，各种海上贸易活动都很发达。后来为了打击日趋严重的走私和倭寇对沿海地区的侵扰，明清政府实行了中国历史上最严厉的海禁，这样就阻止了中国海洋文化的发展，扼杀了中国的资本主义萌芽。

迅速成长的西方先进海洋文化储备了超强的能量，冲击着中华民族的海疆。于是从1840年鸦片战争之后，在西方殖民者的炮舰轰击之下，中国逐渐丧失了自己的领海主权，沦为半殖民地半封建社会。

但在这一时期，中国的传统海洋文化仍然有所发展。其主要表现在具体的航海实践上。郑和七次下西洋就是这一时期的著名壮举。另外以利玛窦和汤若望等西方传教士为代表的西方学者也是在这一时期来到了中国，带来了一些西方近代的科学文化知识，从而对中国的古代传统科学进行了挑战，于是，在西方海洋商业文化和中国海洋农业文化之间发生了冲撞和对抗。中华民族文化也经历了一场血雨腥风的洗礼。

从上述中国海洋文化的发展历史我们可以看出，在中国文化中以黄河文化为中心的"黄土文化"与以沿海为中心的"海洋文化"是相交融的，具有早期先进性、内向性、稳定性和"陆主海从"的多元性。传统中国海洋文化缔造了亚洲的重心，成就了早期亚洲的稳定、完整和可持续发展。同时，也彰显了"和平、合作、和谐"的中华海洋观。

感悟　人类总是从无知到有知，从混沌到清醒，从鲁莽到睿智；但醒悟是前提条件。

二、中国传统海洋文化与内陆文化的关系

海洋文明与大陆文明虽同属于古老文明，但地理环境上的差异决定了生产生活方式的差异，也就注定了受不同文化影响的民族特性的差异。生活在大陆上的人可以凭借土地安身立命，过着日出而作日入而息的平静生活，久而久之便形成了安稳保守、淳朴守矩的民风。但临近海洋的居民，在没有广阔的耕地面积赖以生存之时，便不得不扬帆出海进行交换甚至掠夺。他们凭借自己的果敢和智谋，与大海周旋，向未知挑战，把冒险视作家常便饭。在这样特殊的环境中繁衍生息的民族，经历漫长的历史时期，形成了独特的族群心理特征——坚韧无畏、敢于冒险、喜动好斗。

而中国海洋文化带有浓厚的农业特色和黄土地元素。主要表现在以下三个方面：

第一，农业附属。中国传统海洋文化以服务陆地农业的发展为要旨，用海之利，避海之害。这就使中国的海洋文化，具有鲜明的农业性。为保卫河口海岸地区的农业，抵御风暴潮的危害，而建设了宏伟的海滨长城——海塘。近海航行和漕运都是为了农业物资运输和内部贸易，也只是陆地漕运的一种替代或补充。

第二，以海为田。靠海、吃海、用海是中国古代海洋文化的基本内涵。海洋采集和捕捞，海洋渔业仍然只是沿海农业经济区肉食的主要补充。即便水产品内需日益增长，人们也只是像发展陆地农业一样发展海洋种植。

第三，舟楫之便。中国古代海洋文化都有着一定的内聚倾向，只有"舟车劳顿"的内涵，这不能不说是黄河农业文化制约的结果。但是，海洋是一种重要的商品交换和文化交流通道，是商业和文化及政治交流和融通的战场，所以海洋文化应该有较强的开放倾向。

如果把西方海洋文化称为海洋商业文化，那么中国等东方国家的海洋文化则可称为海洋农业文化，两者均是世界海洋文化的基本模式。这样不仅纠正了长期来国内外学术界关于东方国家没有海洋文化的错误认知，同时也诠释了世界基本海洋文化结构的多元化，为中国传统文化的多元结构增加了一种基本的海洋文化层次。随着中国改革开放的稳步推进，海洋强国战略的进一步实施，充分发挥中华民族多元化结构的海洋文化优势，采取和平、和谐、合作等方式妥善解决海洋权益纠纷，从而进一步彰显中国海洋文化的魅力，为中国海洋文化增添更深层次的内涵。

感 悟　宁上山不下海，搞不过日本仔；老婆孩子热炕头，住不上小洋楼。

三、中西传统海洋文化发展背景比较和分析

中国传统海洋文化与西方海洋文化的根本区别在于传统中国海洋文化是以海洋生产为主导的海洋文化，具有鲜明的农业性，其核心内容是"以海为田"，也就是把海洋看作是陆地农田的延伸，过度地强调了海洋本身具有的农业价值，而忽视了海洋本身具有的开放性。西方海洋商业文化的核心则是"以海为途"和"以海为治"，即把海洋看作是进行贸易，开辟市场，探索和认识世界的通道，同时又是政治、军事和金融的领地。所以就开放性来说，传统中国的海洋文化仍然是一种封闭的、内向型的海洋文化，而西方的海洋商业文化则是一种开放型的，扩张型的文化。

（一）中国特殊的地理环境造就了传统中国海洋文化的"内向性、稳定性"

中国北面是蒙古高原、西伯利亚原始森林和北极冰原。西面是极其广袤而荒凉的茫茫沙漠，在大漠南北，更有天山、阿尔泰山、昆仑山等雪峰横亘。西南，则耸立着地球上最高大、险峻的青藏高原。就陆路来说，北、西北、西南三面都是难以通过的。最后，再看中国的东面，面临的则是世界最大的海洋——太平洋，对于古人来说，太平洋的浩瀚无际，波涛汹涌，凶险异常，同样是难以征服的障壁。而中国中原内部平原地带幅员辽阔，在这种地理条件下，中华民族便"避重就轻"，把绝大部分的精力投入在土地之上，依靠广大的陆地和千万条河流的滋养哺育而生存和发展，并形成了以农耕为主要生产方式的大河文明。同时也形成了中国传统海洋文化的内向性、稳定性的特征。

而欧洲人所聚居的地中海地区，被称为"上帝遗忘在人间的脚盆"。簇拥地中海的

陆地森林茂密，丘陵遍布，土地贫薄，不适和农作物的生长。但其地陆海交错、港湾纵横，海面大多是波平浪静，为地中海人航行海上从事商贸活动创造了得天独厚的地理条件。航程短而安全，视野开阔，且参照物多，地中海人一旦懂得了用槽桨，就可以走进海洋，而在世界其他地方，人们必须耐心等待"帆"的出现。航海活动简易便捷和农业资源贫乏促使了地中海人航海业和海上贸易的发展，而且形成了一种向外拓展型的海洋文化。

（二）相对繁盛的农业形成了传统中国海洋文化的"自给性、依附性和封闭性"

农产品能够直接满足人们对食物的需求，经济农作物能满足人们对衣着的需求，广袤陆地能满足人们对居住的要求。陆岸活动完全符合中国传统意识的"衣食住行"需要。从而形成了自给自足形态的传统文化特征。海洋产品仅仅作为生活物质需求的补充，从而形成了中国传统海洋文化的陆地依附性和自给性，封闭式的小农经济生活也就引导形成了中国传统海洋文化的封闭性。

而欧洲和各岛国因陆地资源贫乏，海洋生活资源丰富，海洋食物所具有的流动性造成食物获取的不定性，当不能获取食物资源时，海上为了生存而经常性地发生食物掠夺的行为形成了西方海洋文化的殖民扩张性。而海洋食物难于储藏的特性，引发海上生活富余资源浪费，结合海洋食物获取的不定性，为满足海上长期生存需要便产生了交易、交换和相互救济的海上活动。从而促进了西方国家以商业贸易为主的流通性海洋文化。为了生存需要而主动地制定方案和采取行动形成了西方开放性的海洋文化。正因为如此，依附于农业文明，以"渔盐之利"为特征的中国古代航海活动，不像地中海海上民族那样具有掠夺性和殖民侵略性，也不像他们那样具有极强的冒险精神和竞争意识。

作为一个拥有五千年历史的文明古国，中华文明既是内陆文明，也是海洋文明，海洋不仅是我们的出路，也是我们的家园。让我们以大海一样广阔的开放心态去看待自己的历史，挖掘自己的历史，研究自己的历史，开发自己的历史，时代呼唤我们打造出一艘既属于自己、也属于世界，既属于现在、也属于未来的"中华海洋文化航母"。

感悟　　　黑猫白猫，抓到老鼠就是好猫；求实、笃实、创新、立业。

知识要点四：　现代海洋文化的内涵

一、中国现代海洋文化精神内涵

中华民族是拥有海洋的民族，勤劳智慧的中国人民在长期生产与生活实践中接近海洋、认识海洋、开发和利用海洋，创造了辉煌的海洋文明。中国的海洋文明，是中华民族文明宝库中不可分割的一部分。海洋文明极大地丰富了中华民族的文明，推动了中华民族文化形态的形成和发展；同时又受到传统文化的制约和规范。

回顾中华文明沧桑渐进的成长历史，我们不得不承认中国海洋文化的发展和中华民族的兴衰荣辱息息相关。从唐宋的灿烂辉煌到清末的悲怆没落，从新中国的艰苦奋斗到现在海洋强国建设的如火如荼，无不饱含着沧桑血泪。我们能一次次从艰难竭蹶中站立起来，迎难而上创造辉煌，靠的不是委曲求全和妥协投降，而是靠自强不息、睿智创新的海洋文化精神。对照中国传统文化，中国现代海洋文化从精神方面具有以下四个显著的特征：

（一）创造和进取精神

海洋文化是"逆水行舟，不进则退"的文化。所以，海洋人总是要不满现状，总是在不断的追求中。这一点，必将强烈冲击自给自足、知足常乐，从而不思进取的中国传统小农意识。这里的"小农意识"并非指"农业人口"的意识；在改革开放的浪潮下，许多农村人口率先下海，接受商业浪潮的洗礼，跨越海洋的阻隔，接受现代海洋文化的熏陶和考验，极具创造和进取精神，从而成为现代海洋文化的引领者，也在人类文化史上开创了一个新时代。反而，有些从事海洋职业的人员抱着"小农意识"都已经被淹没在现代海洋文化构建的浪潮之中。

（二）坚忍顽强的拼搏精神

辽阔的海洋上只有星岛点点，绝没有土地上的阡陌纵横；只有狂风恶浪，没有土地上的长城堡垒。这将使中国传统文化从"固若金汤""稳操胜券"的封闭守旧意识扭转向开放和发展。"摸着石头过河"的历程，使中国人更加不怕输，会从连绵不断的海洋浪潮中悟出胜败乃兵家常事的道理，同时会更加坚忍顽强，勇于拼搏，再接再厉。

（三）和谐的团结协作精神

这是一种集体主义精神，应该说中国传统文化中已经拥有大量的集体主义元素。但是，中国传统文化的集体主义精神是以农业为根基的，集体的利益和性质千百年来都不会有大的变化，海洋文化的团队——船队，则是集体利益不断变动的集体表现。因此，中国传统文化的集体主义将会进化成和谐统一，灵活多变的多维多元性集体主义精神，也就是中国现代海洋文化的团结协作精神。

（四）坚定的自主、民主精神

海洋文化的自主、民主精神的重点在于自主。中国是个民族众多、幅员辽阔的大国，中国海洋文化是一个大国的多元海洋文化。大国海洋文化总是要在海洋中掌握好自己的船舵，必须有一位得力的"船长"，创造或拥有雄厚坚实的自主资源。这一点决定了中国现代海洋文化更应注重自主，这也是海洋新时代的要求。

二十一世纪纷繁复杂的海洋权益竞争局势告诉我们，从现在起到未来的几十年，是中国现代化建设的关键时期，我们只有充分发扬海洋文化精神，紧密地团结在党中央这位睿智进取的"船长"周围，做到万众一心，艰苦奋斗、奋发图强，勇敢地接受中国现代海洋文化的洗礼，并合理扬弃和创新，中华民族文化的伟大复兴才能实现，中国现代海洋文化才能绽放璀璨的光芒。

> **感悟** 倒一倒，搞一搞，发财致富才能早。学一学，跟一跟，科技创新才能精。

二、中国现代海洋文化的精髓和灵魂

中国海洋文化的精髓，概括起来就是：爱国主义、民族气节；国际主义、和平友好；

博大胸怀、无私奉献；自强不息、开拓进取；机智勇敢、顽强拼搏。其中"爱国主义"是中华海魂的核心。在中华海魂中，最具感召力的，莫过于爱国主义。有了爱国主义，才会激励人们去顽强拼搏，开拓进取；有了爱国主义，才会促使人们自强不息，无私奉献；有了爱国主义，才会有仁人志士舍生忘死，杀身成仁。中华海魂精神不仅有中华海洋文化的特色，而且体现了伟大的中华民族精神的重要组成部分。

中华海魂绝不是一种抽象的概念，古往今来，海上事业的开拓者、创业者所表现的豪情壮志，所创造的丰功伟绩，就是中华海魂的具体体现。翻开中华历史画卷，海上风云变幻莫测，英雄业绩功在千秋。无数伟大的航海家，为铸就中华海魂而谱写了可歌可泣的壮丽篇章。鉴真东渡，郑和七下西洋，郑成功收复台湾，邓世昌誓与敌舰同归于尽，西沙群岛自卫反击战英雄与烈士英勇捍卫国土，科学家秦大河成为横穿南极大陆的中华第一人。他们用高尚的优秀品质和感人事迹充分证明了中华海魂所具有的强大生命力。他们都表现了一种大无畏的海魂精神和民族精神，他们是海之骄子，真正体现了大海之魂。他们的精神，是中华海洋文化的底蕴。他们的精神值得世人学习，值得后人崇敬。

有现代海洋文化的精髓为民族精神发展指明方向，有民族海魂为海洋实践提供榜样，我们可以大踏步地走在中华民族伟大复兴的康庄大道上。

感悟｜　拼爹拼妈，还靠她，没她就没家。我不在，你不在，中华民族还得爱。

三、振兴中国海洋文化的必要性

在加快海洋强国建设的新时期，不断深化中国海洋文化理论研究，发掘海洋文化的内涵，对提高民族意志和素养有着十分重大的现实意义。海洋文化对于弘扬中华文明、推进国家经济社会发展、维护国家海洋权益，都有着突出价值。

（一）提高全民海洋意识，助力海洋强国战略的需要

海洋文化带来民族海洋观念的根本转变。中国经历了古代以"渔盐之利，舟楫之便"为主体的朴素海洋观；明清"闭关锁国"的以海为防海洋观；新中国成立以后，我们从"海防前线"战略和"近海防御"的海防战略思想出发，把握时代发展的脉搏，在继承和改革中国传统海洋观念的基础上，对中国海洋安全问题进行了深刻的反思和探索，提出了具有中国社会主义特色的新型海洋观，即从国家安全、国家权益、国家发展、和平崛起的高度上认识海洋。党的十八大进一步提出了"海陆一体，加快海洋强国建设"的崭新海洋观念。明确要求"要提高海洋资源开发能力，坚决维护国家海洋权益，建设海洋强国"。

但是，我国公众海洋意识淡薄的现状仍未从根本上改变，到2017年我国国民海洋意识综合指标仍未达到"及格"水平，不能满足海洋强国建设的迫切需要。

中华民族拥有历史悠久、丰富多彩的海洋传统文化，增强全民海洋意识，加强海洋文化建设，将有利于海洋战略地位的提升，有利于全民科学素养的提升，有利于民族进取精神的形成，有利于社会主义核心价值观的弘扬和发展。因此，增强全民海洋意识是建设海洋强国和"一带一路"海上丝绸之路的重要组成部分。如果说海洋意识是奠基海洋强国战略理念的重要基础，海洋文化则是夯实这一基础不可或缺的组成部分。海洋文化作为海洋意识的载体是提高全民海洋意识的支柱产业，必须大力予以振兴。从而为海洋强国建设提供强有力的社会共识、舆论环境、思想基础和精神动力。

党的十九大报告中提出了"加快海洋强国建设"的战略目标，海洋强国的实现不仅需要强大的海洋经济、科技、军事等硬实力，也需要海洋意识和海洋文化等"软实力"的支撑。海洋强国建设离不开全民海洋意识的提升，更离不开繁荣的海洋文化。

感悟 走出去是必须，即便千辛万苦，只有经历风雨，才能喜见彩虹。

（二）发挥海洋文化内在动力，支撑海洋经济可持续发展的需要

随着当代科学技术的飞速发展，文化与经济的关系日益紧密，世界经济和文化日趋一体化，文化力和经济力相交融促进，已经形成了一种全新的社会经济发展力量。从某种程度上讲，现代经济也就是"文化经济"。

海洋文化与海洋产业相互促进，形成强大的经济动力。海洋文化本身就是重要的海洋产业，海洋产业无一不显示出丰富的文化内涵；海洋文化为产业发展提供思想引擎，海洋产业为海洋文化进步提供经济支撑。因此，海洋文化与产业相互影响、相互促进、相辅相成，共存共荣。

妈祖文化作为一种独特的航海文化，盛行整个东南亚，既丰富了祈福太平的航海民俗文化，也促进了旅游业的发展和基于统一海洋文化底蕴的多方经济合作；海上捕捞、贸易及科考则显示出更高层次的科技文化特点，具有前所未有的经济发展潜力。滨海旅游充分利用了海洋历史文化遗产和优美的海洋环境，发掘了人们对海洋休闲保健的需求。在当今经济全球化的大环境下，滨海旅游形成了巨大的可持续发展的经济流动，同时激发了人们走向海洋，开发海洋的潜在动力。

如果说文化是经济的精神动力，那么海洋文化就是海洋经济的内在动力。人们对丰富多彩、内容充实、高雅的海洋文化的关注和追求，是海洋经济发展的潜在动力，在21世纪海洋新时代，发展海洋文化产业已经成为发展海洋经济必不可少的重要途径。

所以，发展海洋经济，就要充分振兴海洋文化，发掘海洋文化的内在动力，用成熟的海洋文化指导未来海洋经济产业的发展方向，确保海洋经济协调稳定地持续发展。

感悟 文化引导意识，意识引导消费，消费形成需求，需求决定经济的发展方向。

（三）激活海洋核心利益载体，维护国家领土完整的需要

国家主权、安全、发展利益作为中国的核心利益，关系着国家和民族的前途和命运，维护国家的核心利益需要中华儿女发扬同呼吸共命运的团结奋斗精神。弘扬海洋文化所饱含的和谐团结精神，结合对中华近代屈辱的海洋文化历史和当前复杂的国际海洋权益争端形势，有利于透彻理解关心核心利益，强化底线思维的重要性，有效激活全民的爱国热情，为维护国家海洋权益呐喊助威。

如果说维护海洋权益事关国家领土完整、国家安全和发展利益的话，海洋文化则是展现海洋核心利益的重要载体之一。中国海洋文化的历史源远流长，给我们留下了不可胜数的宝贵遗产，有待我们去发现、去挖掘、去解析、去阐释、去继承、去弘扬。同时，在东西方海洋文化的激烈碰撞和冲突中，中华民族曾付出了极其惨重的代价。海洋文化的重要体现之一是国民自觉的海权意识。在国际海洋争端中，海权意识的不足或缺位往

往往会导致海洋权益的丧失。到目前为止，中国"三海"权益争端不断，南海诸岛没有全数收回，钓鱼岛和台湾还没有统一，这些更需要我们理性分析和总结，并在痛定思痛中进行刻骨铭心的比较、鉴别、思考，制定有效的海洋文化振兴战略，采取有效的振兴措施，谋取中华民族海洋文化的伟大复兴。

所以，只有充分激活海洋文化这一海洋核心载体，才能有效提高全民海洋权益意识，实现全民维护国家领土完整，从而促进国家和平统一大业的历史进程。

总而言之，中国要加快海洋强国建设，海洋文化作为人文生活的底蕴和精神沟通的先导，起着不可替代的枢纽作用。我们应以提升海洋文化水平为突破口，增强中华民族海陆一体的海洋国土意识、可持续利用的海洋资源意识和可持续发展的海洋经济意识；以自主创新思维为主线，全面推动海洋科技和海洋经济的健康发展，为早日建成海洋强国提供强有力的科技文化支撑。

【思考与练习】

1. 辨析文化与文明的概念和内涵。
2. 回顾中国海洋文化的发展，分析中国现代海洋文化的发展方向与趋势。
3. 综述海洋文化的深层次内涵，引证现实生活中海洋文化的作用。

参 考 文 献

［1］国家海洋局 . 中国海洋统计年鉴：2000[M]. 北京：海洋出版社，2000.

［2］国家海洋局 . 中国海洋年鉴：1999[M]. 北京：海洋出版社，2000.

［3］中国海洋年鉴编委会 . 中国海洋年鉴：1994-1996[M]. 北京：海洋出版社，1997.

［4］中国海洋年鉴编委会 . 中国海洋年鉴：1991-1993[M]. 北京：海洋出版社，1994.

［5］雷远高 . 中国近代反侵略战争史 [M]. 北京：解放军出版社，1998.

［6］何立居 . 海洋观教程 [M]. 北京 : 海洋出版社，2009.

［7］曲金良 . 海洋文化概论 [M]. 青岛：青岛海洋大学出版社，1999.

［8］干炎平 . 中国的海洋国土 [M]. 北京：海洋出版社，1998.

［9］干炎平 . 国际海洋法知识 [M]. 北京：海军出版社，1989.

［10］刘成武，杨志荣，方中权 . 自然资源概论 [M]. 北京：科学出版社，2000.

［11］张世平 . 中国海权 [M]. 北京：人民日报出版社，2009.

［12］鲍中行 . 中国海防的反思：近代帝国主义从海上入侵史 [M]. 北京：国防大学出版社，
1990.

［13］乔尔根·舒尔茨，维尔弗雷 . 亚洲海洋战略 [M]. 鞠海龙，吴艳，译 . 北京：人民日
报出版社，2014.

［14］金永明 . 中国建设海洋强国的路径及保障制度 [J]. 毛泽东邓小平理论研究，
2013(2):81-35.

［15］薛桂芳 . 新形势下我国海洋权益面临的挑战及对策建议 [J]. 行政管理改革，
2012,7(5):20-25.

［16］赵江林 .21 世纪海上丝绸之路 [M]. 北京：社会科学文献出版社，2015.

［17］胡波 .2049：中国海上权力 [M]. 北京：中国发展出版社，2015.

［18］矢吹晋 . 钓鱼岛冲突的起点 [M]. 北京：社会科学文献出版社 ,2015.

［19］秦天，霍小勇 . 中华海权史论 [M]. 北京：国防大学出版社，2000.

［20］王诗成 . 海洋强国论 [M]. 北京：海洋出版社，2000.

［21］张俏 . 习近平海洋思想研究 [D]. 大连：大连海事大学，2016.

［22］徐质斌，张莉 . 蓝色国土经略 [M]. 济南：泰山出版社，2002.